大学物理实验

学理验

下

冷文秀　叶　青　冯金波　主编
唐军杰　王　芳　副主编

清华大学出版社
北京

内 容 简 介

本套书依据《理工科类大学物理实验课程教学基本要求》(2023 年版),在中国石油大学(北京)大学物理实验课程建设及多年的教学改革经验所取得成果的基础上编写而成。

本套书分为上、下两册,主要根据实验方法进行分类,包括基础实验、转换法实验、比较法实验、放大法实验、模拟法实验、近代和特色实验等各类实验共计 47 个。本套书特色鲜明,为大学物理实验课程体系结合各专业差异开展因材施教的教学模式提供了参考,可作为理工科类高等院校大学物理实验课程的教材,也可作为相关工程技术人员及对大学物理实验有兴趣的读者的参考书。

图书在版编目(CIP)数据

大学物理实验. 下 / 冷文秀,叶青,冯金波主编.
北京 : 清华大学出版社,2024. 9. -- ISBN 978-7-302
-67370-5

Ⅰ. O4-33
中国国家版本馆 CIP 数据核字第 2024WL7927 号

责任编辑:陈凯仁
封面设计:傅瑞学
责任校对:赵丽敏
责任印制:刘 菲

出版发行:清华大学出版社
   网   址:https://www.tup.com.cn,https://www.wqxuetang.com
   地   址:北京清华大学学研大厦 A 座   邮   编:100084
   社 总 机:010-83470000   邮   购:010-62786544
   投稿与读者服务:010-62776969,c-service@tup.tsinghua.edu.cn
   质量反馈:010-62772015,zhiliang@tup.tsinghua.edu.cn
印 装 者:三河市龙大印装有限公司
经   销:全国新华书店
开   本:185mm×260mm   印   张:12.75   字   数:311 千字
版   次:2024 年 9 月第 1 版   印   次:2024 年 9 月第 1 次印刷
定   价:49.00 元

产品编号:097663-01

前言

本套书依据教育部高等学校大学物理课程教学指导委员会编制的《理工科类大学物理实验课程教学基本要求》(2023 年版),在中国石油大学(北京)大学物理实验课程建设及多年的教学改革经验所取得成果的基础上编写而成,适合理工科类各专业大学物理实验课程教学使用。

一直以来,中国石油大学(北京)从事物理实验教学的教师密切关注国内外教学改革的发展状态及不断涌现的新材料、新技术对物理实验教学的影响,结合本校实验教学的特点,经过多年不懈的探索、整理,逐渐形成了具有自己特色的实验教学模式,并在本套书中得以体现,主要表现在以下几个方面。

首先,传统的大学物理实验教材,一般按照以下两种方式对实验项目进行分类:一是按照实验内容(力学、热学、电磁学、光学、量子物理)分类;二是按照实验层次(基础性、综合性、设计性、研究性)分类。这两种分类方法,有利于教师分内容教学和分层次教学,突出了"教"。本套书按照实验方法进行分类,主要基于两方面考虑。一方面强调了实验方法对实验本身的重要性,有利于学生养成"实验思维";另一方面彰显了实验方法的共性,有利于学生在自己的专业中"学以致用"。这种分类方法,在某种程度上突出了"学",希望能成为对传统实验教材的重要补充,进一步完善实验课的"教学"工作。

其次,信息技术的发展推动了教与学模式的转型升级,传统的教学模式和学习方式正在发生巨大的变化,传统教材和数字化媒体相结合的方式成为新形态教材的主流形式,即传统纸质教材与富媒体资源的融合成为必然。强调读者与教材之间的自主交互学习模式是富媒体教材的最大特点,能最大限度满足当今大学生对新事物好奇的心理,激发学生学习兴趣。本套书是把包含视频、动画、图片、实验演示等互动内容、虚拟现实、增强现实等多种媒体形式与传统的纸质教材有机结合起来编写而成的富媒体教材,这种方式使教学内容丰富多彩、教学方法灵活多样。例如,在"实验 8.5 分光计的调节及应用"中,对于仪器分光计的调节方法及过程,教师在实验室对学生进行讲解时,由于演示过程中学生不能看见望远镜镜筒内的实验现象,因此对仪器结构、调节步骤的实质普遍感到困惑,给教学带来诸多不便。而我们在书中插入媒体资源——"分光计的调节"视频,可让学生直观快捷地了解该仪器的调节方法及步骤。本套书将丰富的数字化教学资源与传统的实验课堂教学相结合,给学生提供了全方位、多角度、立体化的实验教学模式,有利于提高学生的动手能力,培养学生的创新精神。同时,学生使用教学资源丰富的富媒体电子教材进行实验预习,能提高自学能力和学习效果,有利于激发学生对物理实验的学习兴趣,充分挖掘学生的学习潜力,使学生对物理实验的学习在时间和空间上得到延伸,在教学内容上得到拓展。

再次,编者经过多年教学经验的积累与积极探索,找到经典内容和现代科技新成就的最佳结合点，在实验教学内容上进行了拓展。实验教学内容的拓展是本套书的特色之一，这样有利于进一步强化分层次实验教学要求，提倡大学物理实验课程体系结合各专业差异开设，因材施教，为不同院系的实验课程在培养专业性人才方面发挥更有效的作用。从现有的实验项目内容着手，实验教学内容的拓展更好地培养了学生独立的工作能力，拓宽了学生的想象空间，开启了学生的创新思维，培养和发展了学生创新的潜在能力和素质，为探索未知世界和后继专业课程的学习打下良好的基础。

最后，为了提高学生的自主学习能力，每个实验项目都增加了课前预习思考题，提高了学生对实验项目预习活动的水平和效率。

本套书是中国石油大学（北京）从事物理实验教学的工作者集体智慧与辛勤工作的结晶。直接参与本书编写工作的有：唐军杰（实验9.1、实验10.8）、冷文秀（实验7.4、实验7.9、实验7.10、实验7.11、实验9.3、实验9.5、实验10.5、实验10.7）、冯金波（实验7.3、实验7.7、实验8.4、实验9.4、实验10.2、实验10.4、实验10.6）、王芳（实验7.5、实验7.6、实验8.3、实验9.2、实验10.1、实验10.3）、叶青（实验7.1、实验7.2、实验7.8、实验8.1、实验8.2、实验8.5、实验8.6）。编写组成员在编写过程中参考了许多兄弟院校的相关教材，在此表示衷心的感谢！由于编者经验及水平有限，个别疏漏与差错在所难免，恳请读者及同行专家不吝赐教并批评斧正。

编　者

2023 年 12 月

目录

第 7 章

比较法实验

实验 7.1　电位差计的原理与使用

电位差计是一种精密测量电位差(电压)的仪器,由于其在电路设计中采用补偿原理和比较法,在实际测量时不从被测电路支取电流,因此可以达到非常高的测量准确度。电位差计不仅可以用来测量电动势、电压、电阻、电流等,还被广泛地应用在精密测量和自动控制中。随着科学技术的进步,高内阻、高灵敏度的仪表不断出现,在许多测量场合新型仪表都可以逐步取代电位差计的作用,但电位差计采用的补偿原理和比较法是一种典型的实验方法和手段,不仅在历史上有着十分重要的意义,至今仍然是值得借鉴的好方法。

【课前预习】

1. 为什么测量电动势用电压表测出的不是它的值?
2. 什么是补偿法? 它有哪些优点?
3. 十一线电位差计包含哪两个回路? 如何定标?
4. 电位差计定标后,是否可以再改变电阻箱的阻值? 为什么?

【实验目的】

1. 学习补偿法在实验中的应用。
2. 掌握十一线电位差计的补偿原理及使用方法。
3. 练习用电位差计测电池电动势及电路中某一部分的电压。

【实验原理】

如图 7-1-1(a)所示,若用内阻 $R_g = 1\ \text{k}\Omega$ 的电压表测量 AB 间的电压 U_{AB},在未接入电压表前 $U_{AB} = 3\ \text{V}$;接入电压表后,AB 间总电阻减少,电压重新分配,U_{AB} 变为 2.4 V,所以电压表测得的结果亦为 2.40 V。可见,引入电压表测量时,电压表内阻会影响测量结果,内阻越小,引起的误差就越大。如图 7-1-1(b)所示,若用内阻 $R_g = 500\ \Omega$ 的电压表测量电源 E 的电动势,已知电源电动势为 1.5 V,内阻为 30 Ω,则接入电压表后,电源端电压变为 $U = 1.42\ \text{V}$,用电压表测得 1.42 V 的结果,而非真正的电源电动势。在以上两例中,要获得准确的结果,要求电压表内阻为无穷大,即不从被测电路分流,但这是不可能的。因此,用电压表测量电源电动势在测量原理上存在着无法克服的缺陷。

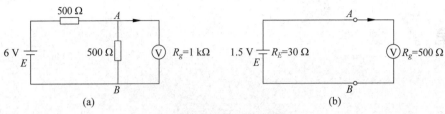

图 7-1-1　利用电压表测电阻

(a) $R_g = 1$ kΩ；(b) $R_g = 500$ Ω

1. 补偿原理

电位差计是一种根据"补偿法"思想设计的测量电动势（电压）的仪器。如图 7-1-2 所示的电路中，当 $E_1 = E_2$ 时，电路中无电流，通常把这种状态称为 E_1 与 E_2 相互补偿；这时就能保证测量结果（E_1）与待测量（E_2）严格相等，从这个效果来说，电位差计相当于一只"内阻为无穷大的电压表"。

2. 电位差计工作原理

电位差计所采用的基本电路如图 7-1-3 所示。它由三个基本回路构成：①工作电流回路，由工作电源 E、可变电阻 R_1（用来调节回路的工作电流）、均匀电阻丝 R_{ab}、开关 K_1 组成；②校准回路，由标准电池 E_0、检流计 G_1、电阻 $R_{c'd'}$、开关 K_2 组成；③测量回路，由待测电源 E_x、检流计 G_2、电阻 R_{cd}、开关 K_3 组成。

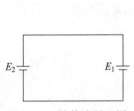

图 7-1-2　补偿法原理图

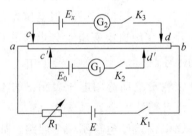

图 7-1-3　电位差计工作原理图

当闭合 K_1 后，将有电流 I 通过电阻丝 R_{ab}，并在 R_{ab} 上产生电压降 IR_{ab}，如再接通 K_3，可能出现三种情况：

(1) 若 $E_x > U_{cd}$，G_2 中有自右向左的电流（指针偏向一方）；

(2) 若 $E_x < U_{cd}$，G_2 中有自左向右的电流（指针偏向另一方）；

(3) $E_x = U_{cd}$，E_x 与 U_{cd} 相互补偿，G_2 中无电流（指针无偏转）。

设电阻丝 R_{ab} 的线电阻率为 λ，补偿时有

$$E_x = I\lambda L_x \tag{7-1-1}$$

式中，L_x 为 cd 段电阻丝的长度。

同样，若接通 K_2，当 E_0 与 $U_{c'd'}$ 补偿时，G_1 无电流（指针无偏转），有

$$E_0 = I\lambda L_0 \tag{7-1-2}$$

式中，L_0 为 $c'd'$ 段电阻丝的长度。

注意到式(7-1-1)和式(7-1-2)中电流相同，联立可得

$$E_x = \frac{L_x}{L_0} E_0 \tag{7-1-3}$$

为测量不同大小的电动势(或电压),可以改变电流 I 值。通常把确定工作电流大小(调 R_1)和接通 K_2 求得该电流下补偿时的 L_0 值的过程称为电位差计定标(或称校准);把接通 K_3 求得该电流下补偿时的 L_x 值称为测量。用电位差计测量前必须先定标(校准)。定标有两种方式,可以先确定 I 后再确定 L_0,也可以先确定 L_0 后再确定 I。

【实验方法】

本实验采用的是比较法和平衡法。其实质是,不断地用已知标准电动势与待测的电动势进行比较,当检流计指示电路中的电流为零时,电路达到平衡补偿状态,此时被测电动势与标准电动势相等。

在电位差计的测量过程中,电路平衡时,其标准回路和测量回路中的电流均为零,表明测量时既不从标准电路或待测电路中产生电流,也不从工作电流回路中分出电流,因而是一种不改变被测对象状态的测量方法,从而避免了测量回路的导线电阻、标准电池内阻、待测电池内阻等对测量结果的影响,使得测量结果的准确度仅取决于电阻比和标准电路中电源(电池)的电动势,因此这种方法可以达到很高的测量准确度。

【实验器材】

1. 器材名称

十一线电位差计、饱和式标准电池、待测电池、精密稳压电源、直流电流表、直流电阻箱、指针式检流计、开关等。

2. 器材介绍

1)标准电池

标准电池的电动势非常稳定,适于用作测量电位差的参照基准。普通电池的用途是对外提供能量,标准电池则是提供一个标准的电动势,因此,可以说标准电池是不对外提供电流的"电池"。

饱和式标准电池(化学原电池)的电动势 E_0 会随环境温度 t 的改变稍有变化,其经验关系式为

$$E_0(t) = E_0(20) - [4.06(t-20) + 0.095(t-20)^2] \times 10^{-5}(\text{V}) \qquad (7\text{-}1\text{-}4)$$

式中,$E_0(20) = 1.01860\ \text{V}$,为20℃时的电动势;$E_0(t)$ 为 t℃时的电动势。

2)十一线电位差计

十一线电位差计的结构如图7-1-4所示。电阻丝 ab 长5.500 m,往复绕在十一个插孔 $0, 0.5, \cdots, 5$ 上,每两个连续标号的插孔间电阻丝长度为0.5 m,余下的0.5 m拉在0与 b 之间。插头 c 可选择0~5中的任一个插孔,用来改变电阻丝长度(粗调);滑动端 d 可在0~b 段连续改变位置(细调),故 c、d 相互配合,可以实现 cd 间的电阻丝长度在0~5.5 m 间连续变化,并借助插孔号和米尺将该长度读出。仅当插头 c 插入0~5中任一插孔内,且压触键 d 压下时,电路才接通,压触键松开后电路断开。

电阻箱 R_1 用来调节电流 I,I 由毫安表读出。开关 K_0 拨至 E_0 端可进行定标,拨向 E_x 端可进行测量。

【实验内容】

用十一线电位差计测量待测电池的电动势 E_x,要求分别采用5种工作电流 I 进行重复测量,并记下每次的工作电流值。

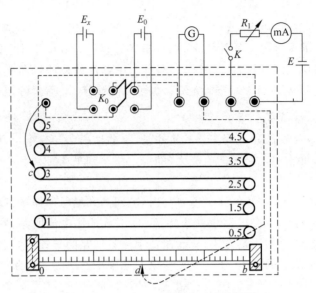

图 7-1-4　板式十一线电位差计结构图

1．连接线路

参照图 7-1-4 连接实验线路。

注意　稳压电源、标准电池和待测电池的极性不能接错，否则，不仅不能找到补偿点还可能损坏标准电池和检流计；电阻箱预设到最大量程；连接导线时，开关处于打开状态。

2．确定工作电流

闭合开关 K，观察电流表是否有偏转；调节电阻箱改变工作电流，使电流表显示为 25 mA。

3．定标

（1）粗调：将开关 K_0 倒向 E_0 一侧，插头 c 插入面板上 0～5 中任一插孔，使得检流计通过电流尽可能接近零，记录此时插孔所在长度 L_1。

（2）细调：保持插头 c 的位置不变，连续改变滑动端 d 在 0～b 段的位置，直至检流计指针指零。记录此时滑动端 d 在米尺上的长度 L_1'，$L_0 = L_1 + L_1'$。

4．测量

（1）粗调：将开关 K_0 倒向 E_x 一侧，插头 c 插入面板上 0～5 中任一插孔，使得检流计通过电流尽可能接近零，记录此时插孔所在长度 L_2。

（2）细调：保持插头 c 的位置不变，连续改变滑动端 d 在 0～b 段的位置，直至检流计指针指零，记录此时滑动端 d 在米尺上的长度 L_2'，$L_x = L_2 + L_2'$。

（3）调节电阻箱，使工作电流 I 分别为 30 mA、35 mA、40 mA、45 mA，测量不同工作电流时的 L_0 和 L_x。

【数据记录与处理】

1．对饱和式标准电池的电动势值进行温度修正。用室内温度计测出环境温度 t，代入式（7-1-4）计算出 E_0。

2．将由十一线电位差计测得的 5 组数据分别填入表 7-1-1，并根据式（7-1-3）计算出 E_x 值。

表 7-1-1　电位差计测量数据

次　　数	1	2	3	4	5
I/A					
L_0/m					
L_x/m					
E_x/V					

3. 计算 E_x 的平均值 $\bar{E}_x$，并用贝塞尔公式求其标准差（$s_{\bar{E}_x}$）作为 E_x 的不确定度 σ_{E_x}，最后给出 E_x 完整的表达式。

【注意事项】

1. 电位差计定标后，电路中的工作电流必须保持稳定不变，即不可再调节电阻箱。

2. 饱和式标准电池的内阻很大，其工作电流不能超过 $1\,\mu A$，否则会损坏或造成其电动势永久性衰落，因此绝不允许用它作电源给电路提供电能，亦不允许用电压表测它的端电压，也不允许振动和倒置。

3. 直流指针式检流计是一种高灵敏度的电流检测仪表，使用时必须先用 G_1 挡粗调，接近平衡后再使用 G_0 挡，以免过流而损坏仪表。

【思考题】

1. 在可以补偿的前提下，为使测得的电动势更准确，工作电流应该调大一些还是小一些？为什么？

2. 若在定标或测量时总是实现不了"补偿"，可能的原因有哪些？

3. 试分析用电位差计测量 E_x 存在哪些误差因素。

【实验拓展】

补偿法有温度补偿法、光程补偿法、电压补偿法等。其中一种最新应用为无功补偿装置，广泛适用于负载功率变化较大、对电压波动和功率因数有较高要求的石油、电力、汽车、化工、冶金、铁路、港口、煤矿等行业。

众所周知，一般工厂低压配电都是通过厂用变压器将 $10\,kV$ 变成 $380\,V$，然后通过低压配电系统，给用电设备提供电源，驱动动力设备工作的。动力设备多为感性负载，当它投入运行以后，将产生很大的感性电流，这种电流不做功，是无功电流。由于电感电流的存在使得损耗大量增加，它的损耗大小与电感电流的平方成正比，这些损耗在变压器及线路中转变成热量散发，使得变压器及配电设备温度升高。这不仅会影响设备的利用率，还会破坏设备的绝缘，缩短设备的使用寿命，甚至损坏设备。

无功补偿，是一种在电力供电系统中起提高电网的功率因数、降低供电变压器及输送线路的损耗、提高供电效率、改善供电环境的技术。合理地选择补偿装置，可以做到最大限度地减少电感电流，从而减少能源损耗，提高经济效益与社会效益。

实验 7.2　用电位差计校准电表和测电阻

磁电式电表在电学测量中得到广泛应用，使用和携带都很方便，但这类电表在经常使用或长期保存后，它的各个元件参数及性能都会发生变化，如电阻老化、磁性减弱、转动部件的磨损等,使电表的准确度等级可能降低,因此电表需要定期进行检定或校准。如果它的误差已经超过原来预定的数值,则该电表只能降低级别,或用校准所得的校准曲线加以修正。

【课前预习】

1. 预习"实验 7.1　电位差计的原理与使用",简述电位差计测量电压的原理。

2. 预习 UJ-31 型直流电位差计,熟悉其面板及各接口功能。

3. 根据给定仪器,尝试自行设计利用箱式电位差计校准电压表和测量未知电阻的方案。

【实验目的】

1. 训练设计简单的测量电路。

2. 了解箱式电位差计的工作原理,学会它的调整和使用。

3. 学习用箱式电位差计校准电压表和测量电阻。

【实验原理】

1. 用电位差计校准电压表

电表校准的基本方法就是用一个标准表来校准被校表,也就是在同一电路和条件下比较标准表和被校表的指示值的差异。在校准中要求标准表的准确度等级应该比被校表至少高两个级别。如被校表为 2.5 级或 1.5 级表,则标准表可以用 0.5 级表。但如果要校准的是一个 0.5 级电表,那么标准表就应该是 0.1 级以上;如果标准表用的是 0.05 级的电位差计(如 UJ-I 型、UJ-31 型等),则几乎所有的一般实验室电表都可用它来校准。因此我们可以采用电位差计来校准电压表。

电压表本身并不能产生电势差,必须通过一个辅助电源及一套调节装置,才能使电压表有示值并发生变化。在电压表不同示值情况下,用电位差计进行精确测量,比较二者结果,进行校准。

由于电位差计的测量范围一般都不大,低电势的电位差计的量程只有几十或几百毫伏(如本实验提供的 UJ-31 型电位差计最大测量范围为 0～171 mV),而电压表的量程范围很宽(本实验的待校准电压表量程为 5 V),因此无法直接用电位差计校准电压表。

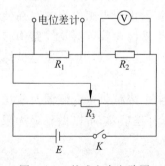

图 7-2-1　校准电表电路图

为了扩大电位差计校准电压表的范围,必须进行"量程扩充"。所设计的校准电压的电路如图 7-2-1 所示。图中 R_1、R_2 为电阻箱,V 为被校电压表。电位差计的待测端接至 R_1 两端,被校电压表的待测端接至 R_2 两端。为使电压表可在 0～5 V 范围连续变化,同时 UJ-31 型电位差计的示值也可相应地在 0～171 mV 范围内连续变化,应有

$$R_1 : R_2 = 171 : 5000 \approx 1 : 29.2$$

则可取 $R_2 = 30R_1$。R_1、R_2 设定好阻值后即为定值电阻。这种扩大电位差计测量范围的方法称为"量程扩充"。

同时,为使电压表示值能够在 0～5 V 范围内连续变化,需采用"分压"装置,即将 R_1、R_2 所在回路通过滑动变阻器 R_3 作为电路的一条支路。如此,调节滑动变阻器,就能实现 R_2 两端电压的连续变化。

设被校电压表示值为 $U_{2示}$，电位差计读数为 U_1，则实际电压表的压降 U_2 为

$$U_2 = \frac{R_2}{R_1}U_1 \qquad\qquad (7\text{-}2\text{-}1)$$

电压表的偏差为

$$\Delta U = U_2 - U_{2示} \qquad\qquad (7\text{-}2\text{-}2)$$

2. 用电位差计测量未知电阻

实验前，计算 R_x 允许通过的最大电流 I_{max}，为避免电阻在测量过程中发热，常取 $I_{max}/5$ 为最大工作电流。

设计电路如图 7-2-2 所示。将一已知电阻 R_0 与待测电阻 R_x 串联，当稳恒电流流过两电阻时，用电位差计分别测出 R_0 和 R_x 两端的电压 U_0 和 U_x，便可得到待测电阻 R_x 的阻值为

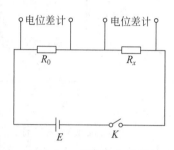

$$R_x = \frac{U_x}{U_0}R_0 \qquad\qquad (7\text{-}2\text{-}3)$$

R_0 的阻值和电流大小要选择合适，除考虑电位差计的量程和电阻的额定电流外，应尽可能使得测量结果有较高准确度。

图 7-2-2　测电阻电路图

【实验方法】

本实验中，电位差计测量电压采用的是平衡法。其实质是，不断地用已知标准电动势与待测的电动势进行比较，当检流计指示电路中的电流为零时，电路达到平衡补偿状态，此时被测电动势与标准电动势相等。

在校准电表、测量电阻的过程中，通过和标准电阻进行比较，从而获得待测电表的电动势或未知电阻的电阻值，因此它也属于比较法。

【实验器材】

1. 器材名称

UJ-31 型直流电位差计、ACI5/4 型直流复射式检流计、饱和式标准电池、直流稳压电源、滑线电阻器、电阻箱 2 个、待校电压表(量程 5 V)、被测电阻(约 1 kΩ,1/4 W)、开关、导线等。

2. 器材介绍

本实验所用的 UJ-31 型电位差计是一种便携式箱式直流电位差计，所需的工作电源和标准电池均装在箱内，一般无须外接，标准电池也可外接。其面板布置如图 7-2-3 所示。工作电源电压为 5.7～6.4 V，工作电流为 10 mA。测量范围分为两挡：①在"×10"挡为 0～171 mV，游标尺最小分辨力值为 1 μV；②在"×1"挡为 0～17.1 mV，游标尺最小分辨力值为 0.1 μV。

【实验内容】

1. 给电位差计定标

（1）将测量选择开关 K_2 指示在"断"位置，按钮全部松开。

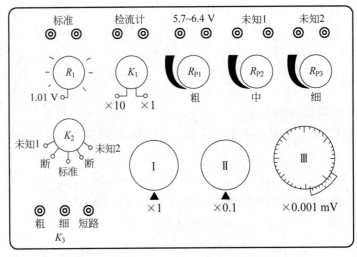

图 7-2-3   UJ-31 型直流电位差计面板图

（2）按面板上端接线柱的极性，分别给"标准"接上饱和式标准电池、"检流计"接上直流复射式检流计、"5.7～6.4 V"接上稳压电源。

（3）根据温度修正公式（7-2-4）计算室温下的饱和式标准电池电动势，并将电位差计面板上的 R_1 开关设置为计算值。即

$$E_t = E_{20} - [4.06(t - 20) - 0.095(t - 20)^2] \times 10^{-5} \tag{7-2-4}$$

式中，标准电池电压 $E_{20} = 1.018\,60$ V；t 为室内温度值。

（4）将量程选择开关 K_1 指示在"×10"位置，测量选择开关 K_2 指示在"标准"位置。

（5）按下工作电流调节开关 K_3"粗"按钮，调节工作电流调节盘 R_{P1}、R_{P2} 使检流计指零。松开"粗"按钮，按下"细"按钮，调节 R_{P2}、R_{P3} 使检流计指零。若短促地按下"短路"，可进一步细调。

注意   电位差计定标后，切勿再调节 R_{P1}、R_{P2}、R_{P3}，直至实验结束。

2. 用电位差计校准电压表

（1）按照电路图（图 7-2-1）连接电路。设置电阻箱 $R_1 = 100\ \Omega$，$R_2 = 3000\ \Omega$。电阻箱 R_1 的两端接在电位差计的"未知 1"或"未知 2"接线柱上。

（2）将测量选择开关 K_2 转至"未知 1"或"未知 2"的位置（选择取决于 R_1 所接位置）。

（3）闭合开关 K，检查电压表是否有偏转。

（4）调节滑动变阻器使得电压表示值 $U_{2示}$ 为 5 V。

（5）按下"粗"按钮，调节读数盘 I、II 使检流计指零。松开"粗"按钮，按下"细"按钮，调节 II、III 使检流计指零。读数盘 I、II、III 的示值乘以相应的倍率后相加，再乘以 K_1 所用的倍率，即为 R_1 两端被测电动势 U_1。

（6）调节滑动变阻器，使待校电压表的示值 $U_{2示}$ 分别为 4 V、3 V、2 V、1 V。重复步骤（5），测量不同示值电压时的 U_1，并记录相应的电压表读数 $U_{2示}$ 和电位差计读数 U_1。

3. 用电位差计测未知电阻

（1）定标。若校准电表时已定标，则测量电阻时无须再次定标。

（2）测量。按图 7-2-2 连接电路，设置 $R_0 = 1000\ \Omega$。先将电位差计连接至 R_0 两端，测

量 R_0 两端电压 U_0，再将电位差计移至 R_x 两端，测量 R_x 两端电压 U_x，并记录相应的值。

（3）仪器使用完毕后，将量程选择开关 K_2 置"断"的位置。检流计置"短路"。K_3 处于松开状态。

【数据记录与处理】

1．用电位差计校准电压表

（1）将测量数据填入表 7-2-1。

表 7-2-1　校准电压表数据

次数	1	2	3	4	5
$U_{2示}/V$					
U_1/mV					
U_2/V					
$\Delta U/V$					

（2）计算电压表的标准值 U_2 与指示值 $U_{2示}$ 的差值，即为修正值 ΔU。

（3）以指示值 $U_{2示}$ 为横坐标，修正值 ΔU 为纵坐标作校准曲线（折线）。

（4）求出被校准电表的等级，计算方法如下：

$$电表等级 \geqslant （最大示值误差／量程）\times 100$$

式中，最大示值误差是在所测量的数据中，电压表标准值与指示值的差值中最大的一个数值。我国国家标准规定电表等级为 0.1，0.2，0.5，1.0，1.5，2.5，5.0（共 7 级），若用上式计算的结果为 1.23，则此电表属于 1.5 级。等级数越小，其测量精度越高。

2．用电位差计测未知电阻

（1）将测量电阻数据填入表 7-2-2。

表 7-2-2　测量电阻数据

R_0/Ω	U_0/V	U_x/V

（2）计算未知电阻的阻值 R_x。

【注意事项】

1．为了使被校准电流表校准后有较高的准确度，电位差计与标准电阻的准确度等级必须比被校电表的级别高得多。

2．饱和式标准电池只能短时间通过小于 1 μA 的电流，否则将影响标准电池的寿命直到造成永久性电动势衰落。所以，使用 K_3 时要短促，以保护标准电池。

【思考题】

1．测量电阻时，是否一定要先定标再测量？为什么？

2．如果待测电压大于电位差计的量程，在不影响测量精度的情况下应该采取什么措施？

3．尝试设计用电位差计校准电流表。

4．测量标准电阻的实验过程中，若标准电阻 R_0 和未知电阻 R_x 的额定功率都是 1/4 W，标准电阻 R_0 的阻值应取为多大，才能保证其不被烧毁，并可以尽可能地提高测量的精度？说明依据。

实验 7.3　数字万用表的设计、制作与校准

数字电表具有显示直观、准确度高、分辨率强、功能完善、性能稳定、体积小易于携带等特点，在科学研究、工业现场和生产生活中得到了广泛应用。数字电表工作原理简单，理解并利用它来设计对电流、电压、电阻、压力、温度等物理量的测量，有利于提高动手能力和解决问题能力。

【课前预习】

1. 数字电压表头测量电压的原理是什么？
2. 将数字电压表头改装为多量程的数字直流电压表的原理是什么？
3. 将数字电压表头改装为多量程的数字直流电流表的原理是什么？
4. 将数字电压表头改装为多量程的数字电阻表的原理是什么？

【实验目的】

1. 了解数字电表的基本原理和特性。
2. 掌握数字电表的校准方法和使用方法。
3. 设计数字万用表（即多量程数字电压、电流和电阻表）。
4. 了解交流电压和二极管相关参数的测量。

【实验原理】

1. 数字电表原理

常见的物理量都是幅值大小连续变化的模拟量，指针式仪表可以直接对模拟电压和电流进行测量并显示。而对于数字式仪表，需要把模拟电信号（通常是电压信号）转换成数字信号，再进行显示和处理。

数字信号与模拟信号不同，其幅值大小是不连续的，即数字信号的幅值大小只能是某些分立的数值，所以需要进行量化处理。若最小量化单位为 Δ，则数字信号的大小是 Δ 的整数倍，该整数可以用二进制码表示。设 $\Delta = 0.1$ mV，我们把被测电压 U 与 Δ 比较，得出 U 是 Δ 的多少倍，并把结果四舍五入取为整数 N（二进制）。一般情况下，$N \geqslant 1000$ 即可满足测量精度要求（量化误差 $\leqslant 1/1000 = 0.1\%$）。所以，最常见的数字表头的最大示数为 1999，被称为三位半 $\left(3\dfrac{1}{2}\right)$ 数字表。如 U 是 $\Delta(0.1$ mV$)$ 的 1861 倍，即 $N = 1861$，显示结果为 186.1（mV）。这样的数字表头，再加上电压极性判别显示电路和小数点选择位，就可以测量显示 $-199.9 \sim 199.9$ mV 的电压，显示精度为 0.1 mV。

本实验使用的数字电表是一个三位半数字电压表头，其显示的是一个比值，即 $\dfrac{U_{\text{IN}}}{U_{\text{REF}}/1000}$，其中，$U_{\text{IN}}$ 是测量电压，U_{REF} 是参考电压。当 $U_{\text{IN}} = U_{\text{REF}}$ 时显示"1000"，$U_{\text{IN}} = 0.5 U_{\text{REF}}$ 时显示"500"，依次类推，这称为比例读数特性。实际使用中，若取参考电压为 100 mV，则可以测量的最大输入电压为 199.9 mV；若取参考电压为 1 V，则最大输入电压为 1.999 V。

该数字电表主要由三部分组成：①ICL7107 集成电路，主要功能为双积分式模数（A/D）转换、比较运算和译码驱动；②发光二极管（LED）数码管，用来显示由集成芯片输出的译码驱动信号，即测量电压的数值；③其他外围元件。该表头的 V_r+ 和 V_r- 端分别为参考电压正、负输入端；IN＋和 IN－端分别为测量电压正、负输入端；dp_1、dp_2、dp_3 分别为小数点个、十、百位的驱动信号输入端；Com 端为模拟公共端；C_{int} 和 R_{int} 端分别为积分电容和积分电阻，C_{az} 端为自动调零电容；V_{int} 端为示波器接口，用示波器可以观测电容充放电过程。

2. 数字万用表基本原理

数字万用表的构成如图 7-3-1 所示。

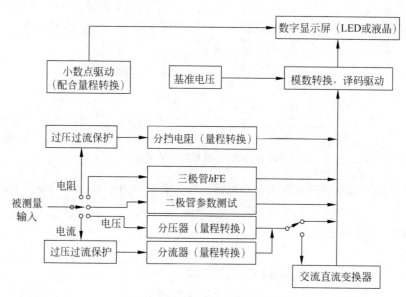

图 7-3-1　数字万用表基本原理图

3. 常见物理参量的测量原理

1) 直流电压的测量

　　在数字电压表头前面加一级分压电路（分压器），可以扩展直流电压测量的量程。如图 7-3-2 所示，U_0 为数字电压表头的量程（如 200 mV），r 为其内阻，r_1、r_2 为分压电阻，U_{i0} 为扩展后的量程。

　　由于 $r \gg r_2$，所以分压比为

$$\frac{U_0}{U_{i0}} = \frac{r_2}{r_1 + r_2}$$

扩展后的量程为

$$U_{i0} = \frac{r_1 + r_2}{r_2} U_0$$

　　数字万用表的电压表一般有 5 个量程（表 7-3-1），制作这样的多量程数字直流电压表，需要 5 个电阻串联组成分压器（图 7-3-3）。

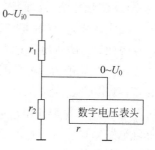

图 7-3-2　电压测量

表 7-3-1　数字万用表（电压表）的量程及对应的分压比

量程（挡位）	200 mV	2 V	20 V	200 V	2 kV
分压比	1	0.1	0.01	0.001	0.0001

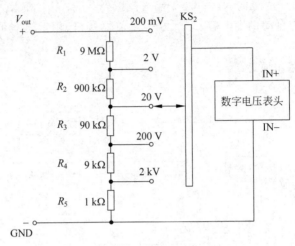

图 7-3-3　实用电压测量原理

实际设计是根据各挡的分压比和总电阻来确定各分压电阻的。先确定总电阻为

$$R_{总} = R_1 + R_2 + R_3 + R_4 + R_5 = 10 \text{ M}\Omega$$

再计算 2 kV 挡的电阻为

$$R_5 = 0.0001 R_{总} = 1 \text{ k}\Omega,$$

依次可计算出 R_4、R_3、R_2、R_1 等各挡的分压电阻值（略）。

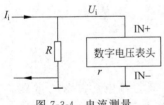

图 7-3-4　电流测量

2）直流电流的测量

根据欧姆定律，若选择合适的分流电阻，并将其与数字电压表头并联，就可把待测电流转换为相应的电压，然后进行测量。其原理电路如图 7-3-4 所示。由于被测电路接入了电阻 R，因此会对原电路产生影响，实际测量电流变成

$$I_i' = R_i \times I_i / (R_i + R)$$

其中，R_i 为被测电路的内电阻。从上式可以看出被测电路的内电阻 R_i 越大，接入的电阻 R 越小，此测量方法引起的误差就越小。

在实际中，为防止电流过大损坏仪器，可在分流电阻前串联一个最大熔断电流为 2 A 的保险丝；为防止电压过大，可将分流电阻与两只反向连接的二极管并联，从而起到过压保护作用。其原理为：正常测量时，输入电压小于硅整流二极管的正向导通压降，二极管截止，对测量毫无影响；一旦输入电压大于 0.7 V，二极管立即导通，双向限幅，电压嵌位在 0.7 V，起过压保护作用。为防止因量程转换开关接触不好而导致数字电压表头过载，而将原理电路略做修改，改动过的实用电路连接如图 7-3-5 所示（数字电压表头的内阻较大，按实用电路连接线路，也不会引起电压测量的不准）。

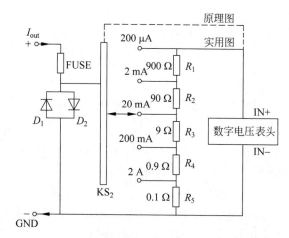

图 7-3-5　实用电流测量

用 2 A 挡测量时,若发现电流大于 1 A,应使测量时间小于 20 s。本仪器提供了待测电流,测量时可直接在直流电压电流模块上接入电流表进行测量。

图 7-3-5 中的各挡分流电阻是按照如下方法计算的:先计算最大电流挡(2 A)的分流电阻 R_5(数字电压表头最大输入为 200 mV):

$$R_5 = \frac{U_0}{I_{m5}} = \frac{0.2 \text{ V}}{2 \text{ A}} = 0.1 \ \Omega$$

再计算 200 mA 挡的分流电阻 R_4:

$$R_4 = \frac{U_0}{I_{m4}} - R_5 = \left(\frac{0.2}{0.2} - 0.1\right) \Omega = 0.9 \ \Omega$$

依次可以计算出 R_3、R_2 和 R_1(略)。

3) 交流电压与交流电流的测量

在数字万用表设计中,交流电压与交流电流的测量电路是在直流电压与直流电流测量的基础上,在分压器或分流器之后加入了一级交流-直流(AC-DC)转换器(其原理如图 7-3-6 所示),再将转换后的直流电压接入数字电压表头的 IN+ 和 IN− 端。

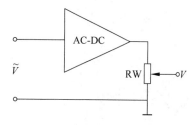

图 7-3-6　交直流电压转换原理简图

该 AC-DC 转换器主要由集成运算放大器、整流二极管、RC 滤波电容等组成;还包含一个能调整输出电压高低的电位器 RW,用来对交流电压挡进行校准之用,调整该电位器可使数字电压表头的显示值等于被测交流电压的有效值。

4) 电阻的测量

数字万用表中的电阻挡采用的是比例测量的方法。其原理电路如图 7-3-7 所示。

由稳压二极管(ZD)提供测量基准电压,将其加在两个串联在一起的标准电阻 R_S 和待测电阻 R_x 两端;将 R_S 两端的电压输入数字电压表头的参考电压输入端 V_{REF},R_x 两端的电压输入数字电压表头的测量电压输入端 V_{IN}。

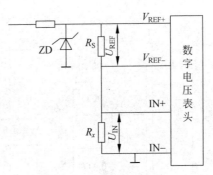

图 7-3-7　电阻测量原理

由于流过 R_S 和 R_x 的电流基本相等（数字电压表头的输入阻抗很高，其分走的电流可忽略不计），所以数字电压表头的参考电压 U_{REF} 和测量电压 U_{IN} 有如下关系：

$$\frac{U_{REF}}{U_{IN}} = \frac{R_S}{R_x}$$

据此可测出

$$R_x = \frac{U_{IN}}{U_{REF}} R_S$$

根据数字电压表头的特性可知，只需要选取不同的标准电阻，并适当对小数点进行定位，就能得到不同的电阻测量挡。

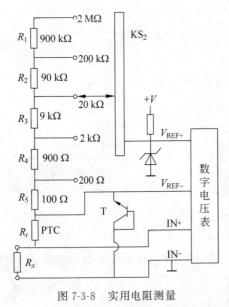

图 7-3-8　实用电阻测量

如对 200 Ω 挡，取 $R_S = 100$ Ω，小数点定在第三位后（即点亮 dp3，显示为 ×××.×），当 $R_x =$ 100 Ω 时，表头就会显示出 100.0 Ω；当 R_x 变化时，显示值相应变化，可以从 0.1 Ω 测到 199.9 Ω（其余各挡请自行推导）。

在实际测量时，在 R_S 与 R_x 之间串入一正温度系数（PTC）热敏电阻 R_t，并把 R_S 的低电压端与晶体三极管 T 的发射极连接（不接地），把 R_x 的低电位端与三极管的基极和集电极同时相连并接地（等电位），这样就组成了一过压保护电路。其实用电路如图 7-3-8 所示（此图中的量程扩展分挡电阻即为 R_S）。当误测量高电压时，晶体管发射结将击穿从而限制了输入电压的升高，同时 R_t 随着电流的增加而发热，其阻值迅速增大，从而限制了电流的增加，使三极管击穿电流不超过允许范围，即三极管在短时间内只是处于软击穿状态，不会损坏，一旦解除误操作，R_t 和三极管均能恢复正常。

【实验方法】

本实验中，数字电压表头测量电压的方法，是典型的比较法，即把被测电压与标准电压进行比较而获得被测电压；多量程的数字直流电压表测量更高电压的方法，也是比较法，是把更高的电压与数字电压表头测量的电压进行比较而测得更高电压的值。多量程的数字直流电流表测量电流的方法,可以归属为转换法,是通过分流电阻把待测电流转换为相应的电压后再进行测量。多量程的数字电阻表测量电阻的方法,既用了比较法,又用了转换法;比较的是标准电阻和待测电阻两端的电压,同时把对电阻的测量转化为对电压的测量。

【实验器材】

本实验所用的实验器材包括:ZKDB-A 型数字电表改装实验仪 1 套,通用数字万用表 1 个。其中,ZKDB-A 型数字电表改装实验仪包含如下模块。

(1) 三位半数字电压表头,如图 7-3-9(a)所示。

(2) AD 参考电压模块,如图 7-3-9(b)所示,其功能为提供数字电压表头中模数转换芯片所需的参考电压(V_{r-},V_{r+}),有两挡(0.1 V 和 1 V),有电位器可进行电压调节。

(3) 量程转换开关模块,如图 7-3-9(c)所示。

(4) 交直流电压转换模块,如图 7-3-9(d)所示,其功能为把交流电压转换成直流电压,模块中有电位器进行调整。

(5) 参考电阻模块,如图 7-3-9(e)所示,其功能为提供可调参考电阻和可调待测电阻各 1 只。

(6) (量程扩展)分压器模块,如图 7-3-9(f)所示。

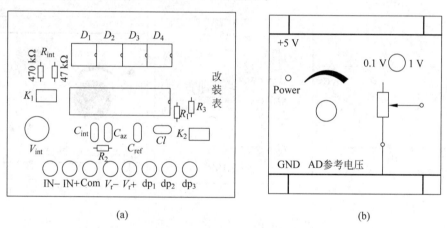

(a)　　　　　　　　　　　　　　　　　　　(b)

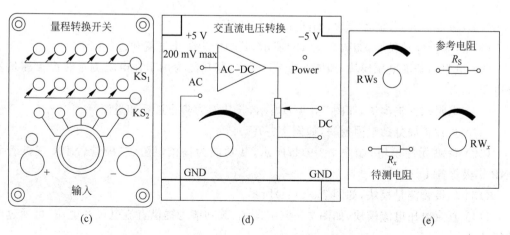

(c)　　　　　　　　　(d)　　　　　　　　　(e)

图 7-3-9　ZKDB-A 型数字电表改装实验仪包含模块

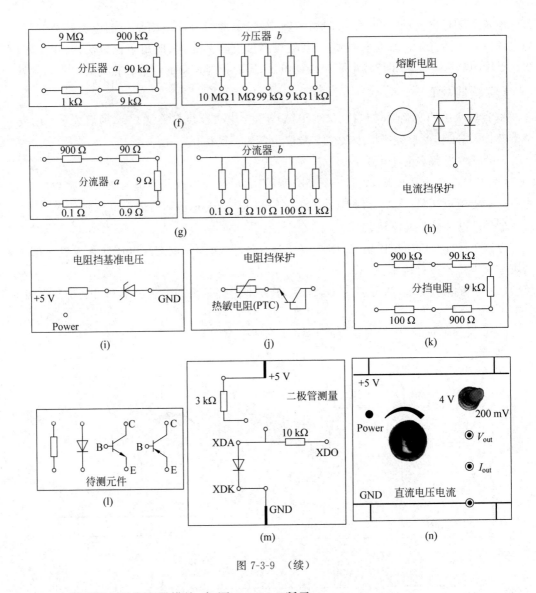

图 7-3-9　（续）

（7）（量程扩展）分流器模块，如图 7-3-9(g)所示。

（8）电流挡保护模块，如图 7-3-9(h)所示，其功能为防止过流和过压。

（9）电阻挡基准电压模块，如图 7-3-9(i)所示，其功能为用于在电阻测量时提供测量基准电压。

（10）电阻挡保护模块，如图 7-3-9(j)所示，其功能为防止过压和过流。

（11）量程扩展分挡电阻模块，如图 7-3-9(k)所示。

（12）待测元件模块，如图 7-3-9(l)所示，其功能为提供电阻、二极管、NPN 三极管和 PNP 三极管各 1 只。

（13）二极管测量模块，如图 7-3-9(m)所示。

（14）直流电压电流模块，如图 7-3-9(n)所示，其功能为提供直流电压和电流，可通过电位器调节。

【实验内容】

使用本实验器材时,应注意以下事项。

(1) 因采用开放式模块化设计,为了安全起见,严禁使用本实验仪测量超过 36 V 的电压。

(2) 严格按照实验内容及要求进行实验。遵循"先接线,再加电;先断电,再拆线"的原则。在加电前,应确认接线已准确无误(特别是在测量高压或大电流时),避免短路而发生安全事故。

(3) 虽然测量电路已加入保护电路,但是不得用电流挡或电阻挡测量电压,避免对仪器造成损坏。

(4) 当数字电压表头最高位显示"1"(或"-1")而其余位都不亮时,表明输入信号过大,即超量程。此时应立即减小(断开)输入信号或换大量程挡,避免长时间超量程工作而损坏仪器。

数字电压表头上的拨位开关 K_1(拨到上方为 ON,拨到下方为 OFF),是积分电阻 R_{int} 的选择开关。当参考电压为 0.1 V 时,选择 47 kΩ 电阻(K_{1-2} 拨到 ON,其他开关拨到 OFF),满量程为 199.9 mV;当参考电压为 1 V 时,选择 470 kΩ 电阻(K_{1-1} 到 ON,其他开关拨到 OFF),满量程为 1.999 V。

数字电压表头上的拨位开关 K_2(拨到上方为 ON,拨到下方为 OFF),是控制各小数点位的点亮开关。为了有效保护该拨位开关 K_2,在实际测量时,并不直接对其操作,而是将其都拨向 OFF;然后利用量程转换开关模块(见图 7-3-10)来控制各小数点位的点亮,该模块将用在所有的实验内容中。

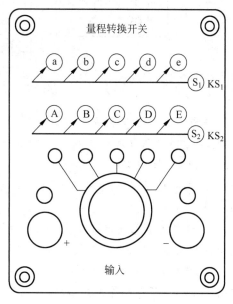

图 7-3-10　量程转换开关模块

量程转换开关模块,用于实现多量程间的切换。KS_2 这组插孔 A、B、C、D、E,连接分压器、分流器或分挡电阻,用于量程转换电路;KS_1 这组插孔 a、b、c、d、e,连接数字电压表头小数点的驱动信号输入端,用于控制小数点的显示。

按设计的量程,用导线把插孔 a、b、c、d、e 和 dp_1、dp_2、dp_3 对应连接起来,以控制相应量程的小数点位;具体的接线是:dp_1-b、dp_1-e；dp_2-c；dp_3-a、dp_3-d。当转动量程转换开关的旋钮时,插孔 a、b、c、d、e 与 dp_1、dp_2、dp_3 中只有一个是接通的,从而点亮相应量程的小数点位。

1. 设计制作多量程的数字直流电压表

(1) 制作 200 mV(199.9 mV)数字直流电压表,并校准。

所用模块:三位半数字电压表头、量程转换开关模块、AD 参考电压模块、直流电压电流模块。

提示　① 将数字电压表头上的拨位开关 K_{1-2} 拨到 ON,其他开关拨到 OFF。

② 给 AD 参考电压模块供电，选择该模块中的参考电压 0.1 V 挡，调节该模块中的电位器，同时用通用数字万用表 200 mV 挡测量该模块的输出电压，直到通用数字万用表的示数为 100.0 mV 为止。

③ 按图 7-3-11 连接电路。

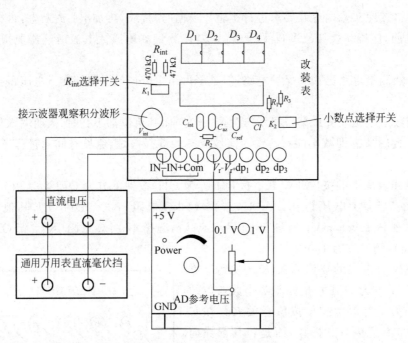

图 7-3-11　直流电压测量接线

注意　数字电压表头的 V_{r+} 和 V_{r-} 端应与 AD 参考电压模块的输出电压相连（V_{r-} 接 GND）；直流电压电流模块提供待测直流电压，其输出端应接入数字电压表头的 IN＋ 和 IN－ 端（IN－ 接 GND）。

④ 正确连接量程转换开关模块中的 KS_1 这组开关，转动其上旋钮至"a"位置，点亮 dp_3，显示为 ×××.×。

⑤ 调节直流电压电流模块上的电位器，同时用通用数字万用表 200 mV 挡测量该模块的电压输出值，使其电压输出值为 0～199.9 mV 的某一具体值（如 150.0 mV）。

⑥ 观察数字电压表头的数码管显示是否为前述 0～199.9 mV 中的那一具体值（如 150.0 mV）。若有些许差异，则稍微调整 AD 参考电压模块中的电位器使模块显示读数为前述的那一具体值（如 150.0 mV）。

⑦ 调节直流电压电流模块中的电位器，使模块输出电压分别为 199.9 mV、180.0 mV、160.0 mV、…、20.0 mV、0 mV（用数字电压表头测量），同时记录通用数字万用表所对应的读数（在此过程中，不要再调节 AD 参考电压模块中的电位器），并以数字电压表头显示的读数 $U_{改}$ 为横坐标，以 ΔU 为纵坐标，绘制校准曲线。

（2）扩展数字电压表头成为多量程的数字直流电压表。

所用模块：三位半数字电压表头、量程转换开关模块、AD 参考电压模块、直流电压电流模块、量程扩展分压器模块。

提示 参照图 7-3-3 连接电路。与 200 mV 的数字直流电压表相比,该电路需接入量程扩展分压器模块,应正确连接该模块与量程转换开关模块中的 KS_2 这组开关。

要求 制作完多量程的数字直流电压表后,须请任课教师检查电路,确认无误后方可通电实验。

(3) 用自制数字直流电压表测直流电压。

① 将红、黑两表棒分别插入直流电压电流模块的输出电压中,缓慢调节电位器,记录电压变化的范围。

② 将红、黑两表棒互相调换,观察数字电压表头有何反应(为什么?)。

2. 设计制作多量程的数字直流电流表

(1) 首先制作 200 mV(199.9 mV)数字直流电压表,并校准。

(2) 制作多量程数字直流电流表。

所用模块:三位半数字电压表头、量程转换开关模块、AD 参考电压模块、直流电压电流模块、量程扩展分流器模块、电流挡保护模块。

提示 参照图 7-3-5 连接电路。与 200 mV 的数字直流电压表相比,该电路需接入量程扩展分流器模块,应正确连接该模块与量程转换开关模块中的 KS_2 这组开关。注意必须接入电流挡保护模块。

要求 制作完多量程的数字直流电流表后,须请任课教师检查。

(3) 用自制数字直流电压表测直流电流。

① 将红、黑两表棒分别插入直流电压电流模块的输出电流中,缓慢调节电位器,记录电流变化的范围。

② 将红、黑两表棒互相调换,观察数字电压表头有何反应(为什么?)。

3. 设计制作多量程数字电阻表

(1) 制作多量程数字电阻表。

所用模块:三位半数字电压表头、量程转换开关模块、电阻挡基准电压模块、量程扩展分挡电阻模块、参考电阻模块、电阻挡保护模块。

提示 参照图 7-3-8 连接电路。应正确连接量程扩展分挡电阻模块与量程转换开关模块中的 KS_2 这组开关。注意必须接入电阻挡保护模块。

由于电阻挡基准电压为 1 V,所以数字电压表头上的积分电阻 R_{int} 应选择 470 kΩ 电阻,即把表头上的拨位开关 K_{1-1} 拨到 ON,其他开关拨到 OFF。

要求 制作完多量程的数字电阻表后,须请任课教师检查。

(2) 用设计好的电阻表测量待测元件。

① 待测元件模块中的电阻阻值。

② 参考电阻模块中的可调待测电阻 R_x 的变化范围。

③ 待测元件模块中二极管的正反向电阻阻值。

4. 设计制作多量程的数字交流电压表和交流电流表(选做)

(1) 在上述数字直流电压表(参照实验内容 1)和直流电流表(参照实验内容 2)的基础上,在分压器或分流器之后加入一级交流-直流(AC-DC)转换器,再将转换后的直流电压接入数字电压表头的 IN+和 IN−端,就可以制作出交流电压表和交流电流表。

(2) 用自制的交流电压表和交流电流表,测量待测交流电压电流模块所提供的交流电压和电流。

【数据记录与处理】

将所测得的数据记录于表 7-3-2，并绘制 200 mV 数字直流电压表的校准曲线。

表 7-3-2　实验数据记录表

$U_改$/mV	199.9	180.0	160.0	140.0	120.0	100.0	80.0	60.0	40.0	20.0	0.0
$U_标$/mV											
ΔU											

注　$\Delta U = U_改 - U_标$。

【思考题】

1. 数字信号与模拟信号有什么不同？数字测量仪表的核心是什么？

2. 在设计制作多量程的数字直流电流表时，把原理电路略做修改成为实用电路，为什么要做这样的修改？修改后对测量结果有何影响？

【实验拓展】

用准确度等级更高的电表（标准表）对改装后的电表（被校表）进行校准，可以得到改装表的校准曲线。校准曲线的用途有两个，一是用来评定被校表的准确度等级，二是对被校表的测量值进行修正。改装表的准确度等级可以用下式来确定：

$$标称误差 = \frac{最大绝对误差}{量程} \times 100\% \leqslant \alpha\%$$

式中，α 是电表的等级。我国国家标准规定电表准确度有 0.1，0.2，0.5，1.0，1.5，2.5 和 5.0 共 7 个等级。若改装表的标称误差为 1.83%，则改装表的准确度等级为 2.5 级。

实验 7.4　铜丝电阻温度系数的测定

电阻温度系数表示当温度改变 1℃时，电阻值的相对变化，包括负温度系数、正温度系数及在某一特定温度下电阻值会发生突变的临界温度系数。紫铜的电阻温度系数为 1/(234.5℃)。电阻温度系数是一个与金属的微观结构密切相关的参数，在没有任何缺陷的情况下，它具有理论上的最大值。也就是说，电阻温度系数本身的大小在一定程度上表征了金属工艺的性能。在新技术工艺的研发过程或在线监测中，可以利用电阻温度系数对金属的可靠性进行早期监测与快速评估。

【实验目的】

1. 通过测定铜丝的电阻温度系数，加强对设计性实验的练习，培养独立工作能力。

2. 学习测定铜丝的电阻温度系数 α_R 的一种方法。

【实验器材】

加热、控温、测温装置，漆包线绕制的铜线电阻（$R \approx 25~\Omega$），2 个滑线电阻器（1750 Ω，100 Ω），直流电流表（25～100 mA，0.5 级），2 个电阻箱（0.1 级、1/4 W），1 个灵敏检流计，烧杯，导线，蒸馏水等。

【实验方法】

本实验为设计性实验,请根据实验器材,选择适当的方法实现对铜丝 α_R 的测量。

【提示与要求】

1. 关于电阻温度系数

任何物质的电阻都与温度有关,多数金属的电阻随温度升高而增大,它们满足如下关系:

$$R_t = R_0(1 + \alpha_R t)$$

式中,R_t、R_0 分别是 $t℃$、$0℃$ 时金属的电阻值;α_R 是电阻温度系数,其单位是 $℃^{-1}$。α_R 一般与温度有关,但对于本次实验用的纯铜材料来说,在 $-50\sim100℃$ 的范围内,α_R 的变化非常小,可当作常数,即 R_t 与 t 呈线性关系。

2. 实验要求

(1) 实验前,按实验目的、实验室提供的器材,结合前面的提示,设计出实验方案。画出电路图,标明各仪器名称,设计出测量方法,拟定实验步骤和数据记录表格。实验方案经教师认可,连线后请任课教师检查,确认无误后才能进行实验。

注意　水温不能超过 $80℃$。

(2) 数据处理

先用作图法计算 α_R,再用最小二乘法进行直线拟合,算出 α_R,并求出相关系数 r。要充分考虑仪器的安全,要避免因电流过大而烧坏所用仪器或材料。

注意　本实验不要求计算不确定度。

【思考题】

1. 测铜丝电阻时应该注意什么?

2. 直流电流表在该实验中的作用是什么? 请详细说明。

【实验拓展】

设计出非平衡电桥(电压输出形式)测量电阻温度系数的实验方案。

实验7.5　直流电桥测量电阻

电阻是电学最基本的物理特征量,其测量方法有许多,包括中学就熟知的伏安法、伏欧法等。直流电桥测量电阻是大学物理实验的一个基础实验,其中,电桥是利用比较法进行测量的仪器,不仅可以测量电阻,还可以测量电容、电感等多种基本电学量。测量线圈电感量的电桥称为电感电桥,测量电容器电容量的电桥称为电容电桥,既可以测量电感又能测量电容的电桥是交流电桥等。尽管各种电桥测量的对象不同、构造各异,但基本原理和测量方法大致是相同的。因此,本实验介绍的原理和方法不仅能让学生学习如何正确地使用单臂电桥,还能为学生掌握分析其他电桥的原理和使用方法奠定基础。

不仅如此,电桥结构简单,测量精度高,还可以成为测量一些非电学量的基本电路结构。因此,电桥测试不仅是大学物理实验中最基本的测量方法之一,还在现代工业测量技术中起着重要的作用。

【课前预习】

1. 电桥的基本结构是什么？电桥平衡的条件是什么？
2. 电桥灵敏度的概念是什么？它和哪些因素有关？
3. 试分析本实验需要计算的不确定度有哪些？
4. 箱式电桥中比率臂的倍率值选取的原则是什么？
5. 下列哪些因素会使电桥测量的误差变大？
   　A. 电源电压不稳定；
   　B. 检流计灵敏度不够高；
   　C. 检流计零点没有调试好。

【实验目的】

1. 掌握直流单臂（惠斯通）电桥测量中值电阻的原理和特点。
2. 了解电桥的灵敏度，学习用"交换抵偿法"消除系统误差。
3. 掌握箱式电桥测量电阻的方法。
4. 掌握开尔文双臂电桥测试低值电阻的原理和方法（拓展选做）。

【实验原理】

电阻按阻值的大小可大致分为三类：阻值在 10 Ω 以下的电阻称为低值电阻；阻值在 10 Ω～100 kΩ 的电阻称为中值电阻；阻值在 100 kΩ 以上的电阻称为高值电阻。不同阻值范围的电阻测量方法不同。本实验主要介绍用电桥测量中值电阻和低值电阻的原理和方法。

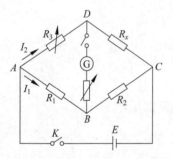

图 7-5-1　惠斯通电桥原理图

1. 电桥的基本原理和平衡条件

电桥是一种电路的名称，是基于比较法的基本测量仪器。如图 7-5-1 所示的电路，它由四个电阻组成一个四边形，每一边称为电桥的一个臂，对角的 A、C 之间接电源 E，对角 B、D 之间接检流计 G（称为桥）；整个电路称为单臂电桥（也称为惠斯通电桥）。

当检流计 G 中电流 $I_g = 0$ 时，B、D 两点等电位（电压为零），称为电桥平衡，此时可认为 B、D 相当于断开，应有

$$I_1 R_1 = I_2 R_3, \quad I_1 R_2 = I_2 R_x$$

故得

$$R_x / R_3 = R_2 / R_1$$

即

$$R_x = \frac{R_2}{R_1} R_3 = K R_3 \tag{7-5-1}$$

式中，$K = R_2 / R_1$ 称为电桥的比率（或倍率），而 R_1、R_2 称为电桥的比率臂；R_3 称为比较臂；R_x 称为测量臂。当 R_1、R_2、R_3 和 R_x 满足式（7-5-1）时，即可由已知电阻 R_1、R_2、R_3 求出待测阻值 R_x。

从以上分析可见，电桥是通过使 $I_g = 0$ 来测电阻的，这种测量方法称为"零示法"。

2. 滑线电桥与交换抵偿法

为了掌握惠斯通电桥的基本原理,学会自组惠斯通电桥测电阻,以及了解提高电桥灵敏度的几种途径,本实验提供了一种自组的惠斯通电桥(图 7-5-2),称为滑线电桥。长为 0.5 m 的均匀金属电阻丝被触点 C 分为两部分,对应电阻分别为 R_1 和 R_2(作为比率臂),它们和电阻箱 R_3(比较臂)及待测电阻 R_x(测量臂)组成电桥的四个臂。电源 E 通过开关 K 为电桥提供电流。

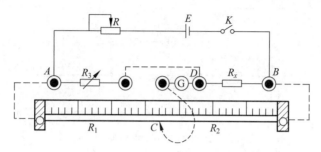

图 7-5-2 自组滑线电桥示意图

设电阻丝的电阻率为 ρ,截面积为 S。R_1 部分长为 L_1,R_2 部分长为 L_2,则

$$R_1 = \rho(L_1/S), \quad R_2 = \rho(L_2/S)$$

当电桥平衡时,则有

$$R_x = \frac{R_2}{R_1}R_3 = \frac{L_2}{L_1}R_3 \tag{7-5-2}$$

已知 R_3,利用米尺测出 L_1 及 L_2,即可求出 R_x。

滑线变阻器 R 作用如下:当电桥未平衡时,G 中电流 $I_g \neq 0$,其大小与电源加在电桥上的电压成正比。为防止远离平衡状态时 I_g 太大而烧坏检流计,可把 R 的阻值调大,增加其电压,以减小 I_g,保护检流计。而接近平衡状态时,减小 R 阻值,相应地放大了检流计指针偏转角,以便能精细地调节电桥使其尽可能接近完全平衡状态。使用方法是:开始测量时,把 R 值调大,而接近平衡时逐渐调小,直至 $R \approx 0$。

但由于图 7-5-2 所示电阻丝不可能绝对均匀,长度 L_1 和 L_2 的测量值也存在一定的误差,因此,由式(7-5-2)所测的 R_x 值也会存在一定的误差。为此,可采取"交换抵偿法"消除这种误差,即交换 R_3 和 R_x 的位置再测量一次,可得

$$R_x = \frac{L_1}{L_2}R_3' \tag{7-5-3}$$

将式(7-5-2)与式(7-5-3)相乘并开方可得

$$R_x = \sqrt{R_3 R_3'} \tag{7-5-4}$$

由此可消除上述误差,这种方法称为交换抵偿法。式(7-5-4)的运算称为 R_3 与 R_3' 的"几何平均值",若测得 $R_3 \approx R_3'$,则可证明,式(7-5-4)近似又等于 R_3 与 R_3' 的"算术平均值",即 $R_x = \dfrac{R_3 + R_3'}{2}$。由式(7-5-4)求得的中值电阻 R_x 的误差主要取决于标准电阻 R_3(和 R_3')的误差,以及检流计的灵敏度。

3. 用双臂电桥(或开尔文电桥)测量低电阻的原理(拓展选做)

当用单臂电桥测 1 Ω 以下的低电阻时,电阻值的误差较大,这是因为,测量臂上的引线

电阻和接点处的接触电阻的大小约为 $10^{-4} \sim 10^{-2}$ Ω 的量级，它们均与被测电阻串联在一起，当被测电阻与其接近甚至比它更小时，将引入不可忽略的系统误差，甚至会得到完全错误的测量结果。

为减小上述误差的影响，可采用图 7-5-3 的电路。它由五个已知电阻和一个待测电阻 R_x 构成，称为双臂电桥（或开尔文电桥）。

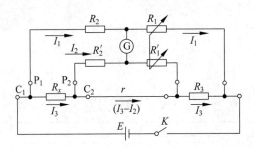

图 7-5-3   开尔文电桥原理

双臂电桥在单臂电桥的基础上做了如下改进。

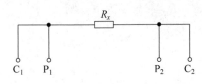

图 7-5-4   低电阻测量接线

（1）被测电阻和标准电阻均采用"四端接法"（见图 7-5-4），图中的 C_1、C_2 称为电流端，通常接电源回路，从而将这两端的引线电阻和接触电阻折合到电源回路的其他串联电阻中（而不包括在测量臂中），不会引起测量误差。P_1、P_2 称为电压端，通常接测量用的较高电阻回路（或电流几乎为零的补偿回路），从而可使这两端的引线电阻和接触电阻对测量结果的影响也大为减小（或基本消除）。

（2）如图 7-5-3 所示的双臂电桥电路比惠斯通电桥增加了两个电阻 R_1' 和 R_2'，具有较高的阻值。当 R_1、R_2、R_1'、R_2'、R_3 及 R_x 满足一定条件时，可使 $I_g = 0$，电桥即达到平衡，于是可由检流计两端等电位的条件及欧姆定律写出以下方程：

$$I_3 R_x + I_2 R_2' = I_1 R_2$$
$$I_3 R_3 + I_2 R_1' = I_1 R_1$$
$$I_2(R_1' + R_2') = (I_3 - I_2)r$$

以上三式可整理为关于电流 I_1、I_2 及 I_3 的齐次方程组：

$$R_2 I_1 - R_2' I_2 - R_x I_3 = 0$$
$$R_1 I_1 - R_1' I_2 - R_3 I_3 = 0$$
$$(R_1' + R_2' + r)I_2 - r I_3 = 0$$

则以上方程组具有非零解的条件为：系数行列式等于零，即

$$\begin{vmatrix} R_2 & -R_2' & -R_x \\ R_1 & -R_1' & -R_3 \\ 0 & R_1' + R_2' + r & -r \end{vmatrix} = 0$$

于是解得

$$R_x = \frac{R_2}{R_1} R_3 + \frac{R_1' r}{R_1' + R_2' + r}\left(\frac{R_2}{R_1} - \frac{R_2'}{R_1'}\right) \tag{7-5-5}$$

同时，双臂电桥在结构设计上应使 r 的值尽量地小，且满足：

$$R_2/R_1 = R_2'/R_1' \tag{7-5-6}$$

实际采用的双臂电桥往往使其中的四个电阻 R_1、R_1' 及 R_2、R_2' 两两相等（即 $R_1=R_1'$，$R_2=R_2'$）。

因此可得

$$R_x = \frac{R_2}{R_1}R_3 \tag{7-5-7}$$

如此，电阻 R_x 和 R_3 的两对电压端上的附加电阻因与较高阻值的臂 R_1、R_1' 及 R_2、R_2' 串联，其对测量的影响大大减小；而两对电流端上的附加电阻因分别与电源回路和小电阻 r 串联，在满足式（7-5-6）所给条件的情况下，显然对测量结果几乎无影响。于是，只需将被测电阻按照四端接法接入电桥进行测量（实际上测量的是两电压端之间的电阻），即可像单电桥那样利用式（7-5-7）求得 R_x。

【实验方法】

本实验利用比较法测量电阻。比较法就是将相同类型的被测量与标准量直接或间接地进行比较，测出被测量量值的测量方法。本实验就是利用电桥作为比较系统，将待测电阻与标准量电阻箱先后代替接入统一测量装置中，在保持测量装置工作状态不变的情况下，通过电桥检流计指针的指零的平衡状态时，用电阻箱的标准值来确定未知的待测电阻的阻值。

【实验器材】

1. 器材名称

（1）自制的滑线板一个（长为 0.5 m 的均匀金属电阻丝被触点 C 分为均等的两部分）、电阻箱 1 个、待测电阻（510 Ω 或 470 Ω，1 只；5.1 kΩ 或 4.7 kΩ，1 只）、检流计 1 个、直流稳压电源、导线若干、开关两个。

（2）QJ23 型箱式惠斯通电桥 1 个，开关、导线、待测电阻等。

（3）QJ44 型箱式开尔文电桥 1 个，电源，开关、导线、待测电阻等。

2. 器材介绍

1）滑线式惠斯通电桥

关于滑线式惠斯通电桥的介绍请参考左侧二维码。

2）QJ23 型箱式惠斯通电桥

QJ23 型直流电桥采用惠斯通电桥线路（如图 7-5-5 所示），具有内附检流计和内接电源，测量 1～9 999 000 Ω 范围的电阻时较为方便。

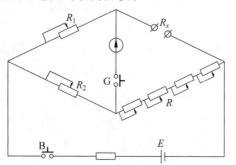

图 7-5-5　QJ23 型直流电桥原理图

电桥适用于在环境温度 +5～+35℃,相对湿度小于 80% 的条件下工作。

（1）主要规格。

① 总有效量程：1～9 999 000 Ω；

② 有效量程：10～9999 Ω；

③ 测量盘：9×1 Ω、9×10 Ω、9×100 Ω、9×1000 Ω；四个读数盘总电阻值可达到 9999 Ω；

④ 比例系数：×0.001、×0.01、×0.1、×1、×10、×100、×1000；

⑤ 准确度：如表 7-5-1 所示；

表 7-5-1　QJ23 型直流电桥的准确度

倍　率	测 量 范 围	检 流 计	准 确 度	电 源 电 压
×10⁻³	1～9.999 Ω		±2%	
×10⁻²	10～99.99 Ω	内附	±0.2%	4.5 V
×10⁻¹	100～999.9 Ω			
×1	10³～9999 Ω			
×10	10⁴～99 990 Ω	外附	±0.5%	6 V
×100	10⁵～999 900 Ω			15 V
×1000	10⁵～9 999 000 Ω		±2%	

注　选择比较臂读数的电阻值不小于 1000 Ω。

⑥ 检流计：内附；

⑦ 电流常数：小于 $6×10^{-7}$ A/mm；

⑧ 阻尼时间：4 s 以内；

⑨ 电源：4.5 V(2#)干电池 3 节。

（2）使用方法。

① 检查外接检流计：接线柱是否处于短路状态,调节指针和零线重合。

② 被测电阻接"R_x"两接线柱。适当选择 $\dfrac{R_1}{R_2}R$ 阻值,使得当按钮"B"和"G"闭合（按下状态）时,检流计没有电流通过,则可得下式：

$$R_x = \frac{R_1}{R_2}R$$

R_1/R_2 可直接从比例臂上读出,比较臂的四个盘的组合示值,就是 R 的值。

③ 测量前,首先要知道 R_x 的大概数值,调节比较臂的四个旋钮,使检流计指零,具体操作如下。

在一般情况下,比例臂置×1 挡,比较臂置 1000 Ω 挡,按下按钮"B",然后轻按检流计按钮"G",这时可以观察到检流计指针在"＋"或"－"的方向偏转。如果指针在"＋"的一边偏转,说明被测电阻 R_x 大于 1000 Ω,可把比较臂置×10 挡,再次按动按钮"B"和"G",如果指针还在"＋"的一边,则可把比例臂置×100 挡,如果开始时指针向"－"一边晃动,则可知被测电阻 R_x 小于 1000 Ω,可把比例臂置×0.1 或×0.01 挡。此时可得到 R_x 的大约数值,然后根据表 7-5-1 选定一个比例臂的倍率再次调节四个比较臂,使电桥处于平稳状态。

R_x 值可用下式求得：
$$R_x = （比较臂读数盘计数之和）\times（比例臂读数的示值）$$

当 R_x 值超过 10 kΩ，或在测量中调节比较臂最小一挡读数盘很难分辨检流计读数时，需外接高灵敏度的检流计，短接内附检流计，以提高测量的准确度。为了保证电桥的准确度，测量时电桥的比较臂×1000 读数盘不可放在"0"上以使测量结果获得最多的有效数字位数。

（3）使用与维护。

① 使用完毕，将"B"和"G"按钮松开。

② 在测量含有电感的测试电阻器（如电机、变压器等）时，必须先按"B"按钮，然后再按"G"按钮。如果先按"G"按钮，当再按按钮"B"瞬间，因自感而引起的逆电势将对检流计产生冲击而使其损坏。断开时，先放开"G"，再放开"B"。

③ 为提高电桥线路灵敏度而采用外接电源时，外接电源的电压值要符合说明书的规定，注意避免因电流过大而烧毁电桥元件。在外接电源时，开始时先用较低电压，当电桥大致达到平衡后，逐渐将电压升高，特别要注意测量盘×1000 读数盘，不可放在"0"上。否则，应改变比较臂挡位。

④ 更换内附电池时，打开电桥背面铭牌盖板，将 3 节干电池串联放入电池仓。当电桥长期搁置不用时，应将电池取出。

⑤ 在携带或不使用时应将检流计连接片放在"内接"位置，使内附检流计短路。

⑥ 电源电压要求超过 4.5 V 时，内接电池不要取出，只需断开仪器左上角 B 端钮短路片，并在此两端钮上按极性加接直流稳压源或若干个电池即可。内接电池加外接电源的电压值不超过表 7-5-1 的规定 。

⑦ 电桥应存放在温度为 5～35℃，相对湿度低于 80%，空气内不含有腐蚀性气体的室内。

【实验内容】

1. 用滑线电桥测出给定的两个待测电阻的阻值 R_{x1} 和 R_{x2}。

采用可变电阻箱作为标准电阻 R_3，取供电回路的工作电流 $I=0.3$ A。为减小误差，应采用交换抵偿法：取 $L_1=L_2$（即令触点每次都置于滑线的中点），仔细调节标准电阻箱，当电桥达到平衡后，记下阻值 R_3，然后交换测量臂与比较臂，再次调节电阻箱使电桥达到平衡，记下阻值 R_3'，最后利用式(7-5-4)求出待测电阻的阻值。

用电桥测量电阻主要利用通电后使检流计指针偏转为零来调节并检验电桥平衡，所以，应使检流计的灵敏度足够高，以保证较高的测量精度。为保护电桥的检流计，使其不因流入过大的电流而将其指针"打歪"或烧毁检流计，在正式用电桥测量电阻前，通常应预先粗略测量（如用万用表）R_{x1} 和 R_{x2} 的值，然后将滑线电桥比较臂中的 R_3 预置于该值附近，再进行精密测量。

2. 滑线电桥的测量不确定度。

如前所述，利用交换抵偿法由式(7-5-4)所求得的电阻 R_x 的误差主要来源于标准电阻 R_3 和 R_3' 本身的示值误差，同时，在判断电桥是否达到平衡时，还会受到所用测量电路即显示仪表的灵敏度的限制，这也会引入误差。待测 R_x 的值越大，电路灵敏度的限制可能引起的误差越大，则相应的测量不确定度也越大，且常常是主要因素，不可忽略。又因实验中满足 $R_3 \approx R'_3$，故得 $R_x = \sqrt{R_3 R'_3} \approx R_3$，于是应有 $\sigma_{R_x} = \sigma_{R_3}$，因此，可通过直接估算 R_3 的不确定度而求得 R_x 的不确定度。

下面从上述两个方面分别对不确定度 σ_{R_3} 进行定量估算。

（1）由标准电阻箱的示值误差引起的不确定度分量 σ_a。

按照国家计量标准的规定，电阻箱的仪器误差限可取为

$$\Delta_{仪} = \frac{电阻箱精度等级}{100} \times 电阻箱示值$$

式中，电阻箱的精度等级由生产厂家给出，本实验所用电阻箱均为 0.1 级。故可取

$$\sigma_a = \Delta_{仪} / \sqrt{3}$$

（2）电桥的灵敏阈所贡献的不确定度分量 σ_s。

所谓"灵敏阈"，指的是用测量仪器测量某一物理量时，若待测量发生变化，则总存在着某一确定的正值，只有当待测量变化的绝对值大于或等于该值时，仪器才能够"感知"或反映这一变化。例如，实验中所用的检流计是靠其通有电流时表头指针的偏转来判断电桥平衡的，在此，我们将"0.2 分格"作为检流计指针偏转的灵敏阈。

作为测量电阻用的电桥，其灵敏阈可以用下述方法确定：当调节电桥平衡（或接近平衡）后，改变 R_x 的值（在本实验中可用改变 R_3 的办法代替）使检流计指针偏转幅度为其灵敏阈（即 0.2 分格）时，R_x（在本实验中实为 R_3）的改变量 Δ_s。在具体操作时，可这样测得：电桥平衡后，再调节 R_3 至 $R_3 + \Delta R$，使检流计偏转分格数为 Δd（可为 2 或 3 分格，注意测准），则应有比例关系：$\Delta_s / 0.2 = \Delta R / \Delta d$，故有

$$\Delta_s = 0.2 \times \frac{\Delta R}{\Delta d}$$

显然，电桥灵敏阈 Δ_s 的值越小，说明其灵敏度越高，反之，Δ_s 的值越大，则灵敏度越低，由此可能引起的误差就越大，对测量结果的不确定度的贡献也越大。这里，我们可以简化地将 Δ_s 作为因灵敏度不够高而引起的误差限值，相应的不确定度取为

$$\sigma_s = \Delta_s / \sqrt{3}$$

最后，按如下的公式得出测量结果的不确定度：

$$\sigma_{R_x} = \sqrt{\sigma_a^2 + \sigma_s^2} = \frac{1}{\sqrt{3}} \sqrt{\Delta_{仪}^2 + \Delta_s^2} \tag{7-5-8}$$

注意　本实验要求用以上方法分别测出两个待测电阻 R_{x1} 和 R_{x2} 所对应的电桥灵敏阈 Δ_{s1} 和 Δ_{s2}，再代入式（7-5-8）求出各自的不确定度 $\sigma_{R_{x1}}$ 和 $\sigma_{R_{x2}}$。

3. 用 QJ23 型箱式惠斯通电桥再次测量上面的两个电阻 R_{x1} 和 R_{x2}，然后，将两电阻串联或并联后各测一次等效电阻，验证电阻的串并联公式。

4. 用 QJ44 型箱式开尔文电桥测量给定电阻丝的电阻或金属棒的电阻率（拓展选做）。

【数据记录与处理】

1. 用滑线电桥测电阻。

将所测得的数据记录于表 7-5-2 中，并分别求出实验室给定的两个电阻的阻值、灵敏阈及不确定度，最后分别写出它们的完整表达形式。

表 7-5-2 滑线电桥测电阻数据记录表

待测电阻	比较臂电阻		测量值 R_x/Ω	偏转分格	改变量 Δ_{R_x}/Ω	灵敏阈 Δ_s/Ω	误差限值 $\Delta_{仪}/\Omega$	不确定度 σ_{R_x}/Ω	完整表示 $(R_x\pm\sigma_{R_x})/\Omega$
	R_3/Ω	R_3'/Ω							
R_{x1}									
R_{x2}									

2. 用箱式惠斯通电桥测电阻。

将所测得的数据记录于表 7-5-3 中,并分别求出两个被测电阻的阻值、误差限值及不确定度和它们串联、并联后的阻值、误差限值及不确定度,最后分别写出它们的完整表达形式。

表 7-5-3 箱式惠斯通电桥测电阻数据记录表

待测电阻	比例臂读数	测量盘读数/Ω	测量值 R_x/Ω	准确度	误差限值 Δ_{R_x}/Ω	不确定度 σ_{R_x}/Ω	完整表示 $(R_x\pm\sigma_{R_x})/\Omega$
R_{x1}							
R_{x2}							
$R_{串}$							
$R_{并}$							

注意 (1) 对比例臂读数的选择应保证能够充分利用电桥的测量精度;

(2) 表 7-5-3 中的"误差限值 Δ_{R_x}"由厂家给出为 $\Delta_{R_x}=$ 准确度×测量值,其中的"准确度"以百分比的形式给出,具体值见仪器说明书;

(3) 将表 7-5-3 中的 $R_{串}$、$R_{并}$ 与理论计算的值比较,并得出必要的结论。

3. 用箱式双臂电桥测低值电阻(选做)。

仿照 2 中的要求,列出数据表格,进行数据处理并给出最终结果的表示式。

注意 根据厂家的仪器说明书上规定,"误差限值 Δ_{R_x}"的计算公式应为

$$\Delta_{R_x}=\frac{C}{100}\times\left(R_x+\frac{R_N}{10}\right)$$

式中,C 为电桥的"准确度等级指数";R_N 称为"基准值",是一个常数,C 和 R_N 的具体数值可查阅实验室提供的电桥使用说明书。

【思考题】

1. 为什么用电桥的"零示法"测电阻一般比用欧姆表(或万用表)直读法或伏安法测电阻更加准确?

2. 在用滑线电桥测电阻时,"交换抵消法"可消除哪一类误差?各接触电阻和引线电阻分别对测量结果有何影响?将结果引入哪类误差?

3. 用电桥测量电阻时,其灵敏阈指的是什么?它的大小对测量结果的精度有何影响?

4. 在用箱式电桥测量电阻时,在保证能得出待测阻值的前提下,所选择比率臂的值越大越好还是越小越好?为什么?

【实验拓展】

1. 热电偶是一种利用温差效应制成的测量温度的元件。它通过将热电偶连接到桥式电路中，利用热电偶产生的电压差来测量温度。通过调节电桥的平衡状态，可以得到与温度相关的电压值。试着理解并实现利用桥式电路制作一个温度传感器。

2. 查找文献，了解电桥测试电容的具体电路和原理。

3. 查找文献，了解电桥测试电感的具体电路和原理。

【附录】

QJ44 型直流双臂电桥使用说明

1. QJ44 型直流双臂电桥的用途

QJ44 型直流双臂电桥的主要用于测量 $0.0001\sim11\ \Omega$ 的低值电阻、金属导体的电阻率、导线电阻、直流分流器电阻，以及开关、电器的接触电阻，各类电机、变压器的绕线电阻和升温试验等。

2. 面板图（图 7-5-6）

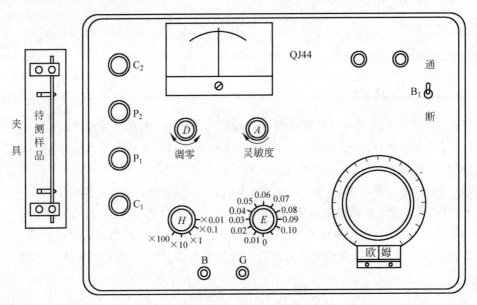

图 7-5-6　QJ44 型直流双臂电桥面板图

3. 技术数据

（1）总有效量程：$0.0001\sim11\ \Omega$，分 5 个量程。

（2）电桥的参考温度为 $(20\pm1.5)\ ^{\circ}\mathrm{C}$，参考湿度为 $40\%\sim60\%$。

（3）电桥的标称使用温度为 $(20\pm1.5)\ ^{\circ}\mathrm{C}$，标称使用相对湿度为 $25\%\sim80\%$。

（4）在参考的温度和参考相对湿度的条件下，电桥各量限的允许极限为

$$E_{\lim}=\pm C\left(\frac{R_{\mathrm{N}}}{10}+X\right) \tag{7-5-9}$$

式中，$E_{\lim}$ 为允许误差极限（Ω）；X 为标度盘示值（Ω）。

（5）电桥各量限、有效量程、等级指数和基准值如表 7-5-4 所示。

表 7-5-4 电桥的量限、有效量程、等级指数和基准值

量程因素	有效量程/Ω	等级指数/C	基准值 R_N/Ω
×100	1~11	0.2	10
×10	0.1~1.1	0.2	1
×1	0.01~0.11	0.2	0.1
×0.1	0.001~0.011	0.5	0.01
×0.01	0.0001~0.0011	1	0.001

(6) 相对湿度在参考条件下,湿度超过参考温度范围,但在标称使用范围之内,温度变化引起的附加误差不应超过相应一个等级指数值。

(7) 温度在参考条件下,湿度超过参考相对湿度范围,但在标称使用相对湿度范围之内,由于湿度变化引起的附加误差不应超过相应一个等级值的 20%。

(8) 电桥的工作电源为 1.5 V(内附电源 1.5 V,一号[R20]电池 4 节并联),晶体管指零仪放大器工作电源用型号 6F22,9 V(2 节并联)的电池。

(9) 内附晶体管指零仪,灵敏度可以调节。在测量范围为 0.01~11 Ω,在规定的电压下,当被测量电阻变化允许一个极限误差时,指零仪的偏转大于等于一个分格,就能满足测量准确度的要求。灵敏度不要过高,否则不易调节平衡,使测量电阻时间过长。

4. 线路和结构

(1) 晶体管指零仪包括一个调制型放大器、一个调零电位器和一个调节灵敏度电位器以及一个中心零位的指示表头。指示表头上有机械调零装置,在测量前,可预先调整零位,当放大器接通电源后,若表针不在中间零位,可用调零电位器,调整表针至中央零位。

(2) 在指零仪和电源回路中设有可锁住的按钮开关。仪器有外接指零仪装置,供外接高灵敏度指零仪之用。

(3) QJ44 型双臂电阻电桥的原理线路如图 7-5-7 所示。

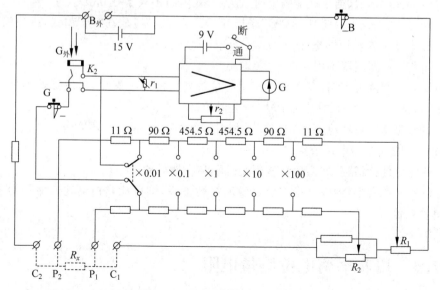

图 7-5-7 QJ44 型双臂电阻电桥

（4）仪器上有 6 只接线柱，其中 4 只大接线柱，供接被测电阻，2 只小接线柱供外接工作电源用。"$G_{外}$"插座供外接指零仪使用。当外接指零仪插入插座时，内附指零仪即时断开。

5. 使用方法

（1）在外壳底部的电池盒内，装入 4～6 节 1.5 V 一号 R20 型电池（并联使用）和 2 节 6F22 型、9 V 电池（并联使用），并联线内部已经连好，此时电桥就能正常工作。如用外接直流电源 1.5～2 V 时，电池盒内的 1.5 V 电池应预先全部取出（本次实验不用外接电源）。

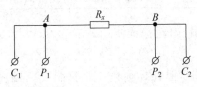

图 7-5-8　被测电阻接线示意图

（2）将被测电阻按四端连接法，接在电桥相应的 C_1、P_1、P_2、C_2 的接线柱上。如图 7-5-8 所示，A、B 之间为被测电阻。

（3）将开关"K_1"扳到通位置，晶体管放大器电源接通，等待 5 min 后，调节指零仪指针指在零位上。

（4）估计被测电阻值大小，选择适当量程因素位置。实验时，先按下按钮"B"，再按下按钮"G"，调节步进和滑线读数盘，使指零仪指针指在零位上，则电桥平衡。被测量电阻按下式计算：

$$被测电阻值(R_x) = 量程因素读数 × (步进盘读数 + 滑线盘读数)$$

（5）在测量未知电阻时，为保护指零仪指针不因偏转过激而被打坏，指零仪的灵敏度调节旋钮应放在最低位置，待电桥初步平衡后再增加指零仪灵敏度。当改变指零仪灵敏度或环境等影响因素时，有时会引起指零仪指针偏离零位，在测量之前，随时都可以调节指零仪零位。

6. 注意事项和维修保养

（1）在测量电感电路的直流电阻时，应先按下按钮"B"，再按下按钮"G"，断开时，应先断开按钮"G"，后断开按钮"B"。

（2）当测量 0.1 Ω 以下阻值时，按钮"B"应间歇使用。

（3）当测量 0.1 Ω 以下阻值时，接线柱 C_1、P_1、P_2、C_2 到被测量电阻之间的连接导线电阻为 0.005～0.01 Ω，测量其他阻值时，连接导线电阻不大于 0.05 Ω。

（4）电桥使用完毕，按钮"B"与"G"应松开。开关"K_1"应放在"断"位置，避免消耗晶体管检流计放大器工作电源的电能。

（5）如电桥长期搁置不用，应将电池取出。

（6）仪器长期搁置不用，在实验连接用的接触处可能产生氧化，造成接触不良，为使其接触良好，可涂上一薄层无酸性凡士林，予以保护。

（7）电桥应储放在环境温度 5～35℃、相对湿度 25%～80% 的环境内，室内空气不应含有能腐蚀仪器的气体和有害杂质。

（8）仪器应保持清洁，并避免直接阳光暴晒和剧烈震动。

（9）仪器在使用中，如发现指零仪灵敏度显著下降，则可能是由电池寿命耗尽引起的，应及时更换电池。

实验 7.6　用非平衡电桥测量电阻

电桥按测量方式可分为平衡电桥和非平衡电桥。虽然它们都可以准确地测量电阻，但平衡电桥只能用于测量相对稳定的电阻值，而非平衡电桥可用于测量连续变化的电阻值，是一种动态测量,因此有着更为广泛的应用。

【课前预习】

1. 非平衡电桥与平衡电桥有何异同?
2. 为什么给热敏电阻加热或加温时要有一个上限值,此值是多少?

【实验目的】

1. 利用非平衡电桥测量电阻。
2. 研究半导体热敏电阻的阻值与温度的关系。

【实验原理】

1. 平衡电桥

惠斯通电桥(直流单臂电桥)的原理如图 7-6-1 所示,当调节 R_3 使检流计 G 无电流流过时,C、D 两点等电位,即电桥平衡,从而得到

$$R_x = \frac{R_2}{R_1} R_3 \tag{7-6-1}$$

2. 非平衡电桥

非平衡电桥也称不平衡电桥或微差电桥。图 7-6-2 为非平衡电桥的原理图,B、D 之间为一负载电阻 R_g。当用非平衡电桥测量电阻时,先使 R_1、R_2 和 R_3 保持不变,然后改变 R_x(即 R_4)使得 U_0 变化,最后根据 U_0 与 R_x 的函数关系,通过检测 U_0 的变化而测得 R_x。由于可以检测连续变化的 U_0,所以可以检测连续变化的 R_x。

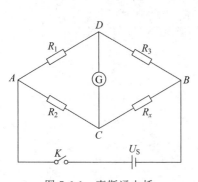

图 7-6-1 惠斯通电桥

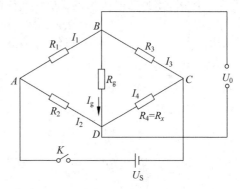

图 7-6-2 非平衡电桥原理图

1)非平衡电桥的桥路形式

(1)等臂电桥。

电桥的四个桥臂阻值相等,即 $R_1 = R_2 = R_3 = R_4$。

(2)输出对称电桥,也称为卧式电桥。

这时电桥的桥臂电阻对称于输出端,即 $R_1 = R_3 = R'$,$R_2 = R_4 = R$,且 $R \neq R'$。

(3)电源对称电桥,也称为立式电桥。

这时从电桥的电源端看桥臂电阻对称,即 $R_1 = R_2 = R'$,$R_3 = R_4 = R$,且 $R \neq R'$。

(4)比例电桥。

这时桥臂电阻之间成一定的比例关系,即 $R_1 = KR_2$,$R_3 = KR_4$ 或 $R_1 = KR_3$,$R_2 =$

KR_4，K 为比例系数。实际上，这是一般形式的非平衡电桥。

2）R_g 相对桥臂电阻很大时的非平衡电桥（电压输出形式）

当负载电阻 $R_g \to \infty$，即电桥输出处于开路状态时，$I_g = 0$，仅有输出电压，用 U_0 表示。R_1、R_3 组成的半桥的电压降为 U_s（即电源电压），根据分压原理，通过 R_1、R_3 两臂的电流为

$$I_1 = I_3 = \frac{U_s}{R_1 + R_3} \qquad (7\text{-}6\text{-}2)$$

则 R_3 上的电压降为

$$U_{BC} = \frac{R_3}{R_1 + R_3} U_s \qquad (7\text{-}6\text{-}3)$$

同样地，R_4 上的电压降为

$$U_{DC} = \frac{R_4}{R_2 + R_4} U_s \qquad (7\text{-}6\text{-}4)$$

输出电压 U_0 为 U_{DC} 与 U_{BC} 之差，即

$$U_0 = U_{DC} - U_{BC} = \frac{R_4}{R_2 + R_4} U_s - \frac{R_3}{R_1 + R_3} U_s = \frac{R_1 R_4 - R_2 R_3}{(R_2 + R_4)(R_1 + R_3)} U_s \qquad (7\text{-}6\text{-}5)$$

当满足条件 $R_2 R_3 = R_1 R_4$ 时，电桥输出 $U_0 = 0$，即电桥处于平衡状态。为了测量的准确性，在测量的起始点，电桥必须调至平衡，称为预调平衡。预调平衡可使输出只与某一臂的电阻变化有关。若 R_1、R_2 和 R_3 固定，R_4 为待测电阻，当 R_4 因外界条件变化（如温度 t）而变为 $R_4 + \Delta R$ 时，此时因电桥不再平衡而产生的输出电压为

$$U_0 = \frac{R_1 R_4 + R_1 \Delta R - R_2 R_3}{(R_2 + R_4)(R_1 + R_3) + \Delta R(R_1 + R_3)} \cdot U_s \qquad (7\text{-}6\text{-}6)$$

各种电桥的输出电压公式如下。

(1) 等臂电桥（$R_1 = R_2 = R_3 = R_4 = R$）。

$$U_0 = \frac{R \Delta R}{4R^2 + 2R \Delta R} U_s = \frac{U_s}{4} \cdot \frac{\Delta R}{R} \cdot \frac{1}{1 + \frac{1}{2} \frac{\Delta R}{R}} \qquad (7\text{-}6\text{-}7)$$

(2) 输出对称电桥（$R_1 = R_3 = R'$，$R_2 = R_4 = R$，且 $R \neq R'$）。

$$U_0 = \frac{U_s}{4} \cdot \frac{\Delta R}{R} \cdot \frac{1}{1 + \frac{1}{2} \frac{\Delta R}{R}} \qquad (7\text{-}6\text{-}8)$$

(3) 电源对称电桥（$R_1 = R_2 = R'$，$R_3 = R_4 = R$，且 $R \neq R'$）。

$$U_0 = U_s \frac{RR'}{(R + R')^2} \cdot \frac{\Delta R}{R} \cdot \frac{1}{1 + \frac{\Delta R}{R + R'}} \qquad (7\text{-}6\text{-}9)$$

注意　式(7-6-7)～式(7-6-9)中的 R 和 R' 均为预调平衡后的电阻。此外，当电阻增量 ΔR 较小时，即满足 $\Delta R \ll R$ 时，式(7-6-7)～式(7-6-9)三式的分母中含 ΔR 项可略去，公式可得以简化，这里从略。

一般来说，等臂电桥和输出对称电桥的输出电压比电源对称电桥高，因此灵敏度也高；但电源对称电桥的测量范围大，可以通过选择 R 和 R' 来扩大测量范围，R 和 R' 差距越大，

测量范围也越大。

在用非平衡电桥测电阻时,需将被测电阻 R_x 作为桥臂 R_4 接入非平衡电桥,并进行预调平衡,这时电桥输出电压为零。改变外界条件(如温度 t),则被测电阻发生变化,这时电桥输出电压 $U_0 \neq 0$,开始发生相应变化。测出这个电压 U_0 后,可根据式(7-6-7)~式(7-6-9)计算得到 ΔR,从而求得 $R_x = R_4 + \Delta R$。

3) R_g 相对桥臂电阻可比拟时的非平衡电桥(功率输出形式)

当负载电阻 R_g 与桥臂电阻可比拟时,则电桥不仅有输出电压 U_g,也有输出电流 I_g,也就是说有输出功率,此种电桥也称为功率电桥。功率电桥可画为图 7-6-3(a)形式。

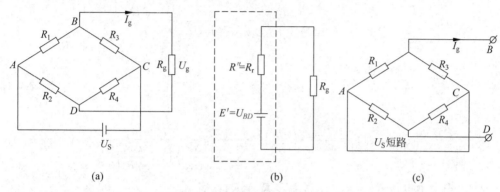

图 7-6-3　非平衡电桥功率输出电路

应用有源端口网络定理,功率电桥可以简化为如图 7-6-3(b)所示电路。U_{BD} 为 BD 之间的开路电压,由式(7-6-5)表示,R'' 是有源一端网络等值支路中的等效电阻,其值等于该网络入端电阻 R_r,参见图 7-6-3(c),即

$$R'' = R_r = \frac{R_2 R_4}{R_2 + R_4} + \frac{R_1 R_3}{R_1 + R_3} \tag{7-6-10}$$

由图 7-6-3(b)可知,流经负载电阻 R_g 的电流为

$$I_g = \frac{U_{BD}}{R'' + R_g} = \frac{R_1 R_4 - R_2 R_3}{(R_2 + R_4)(R_1 + R_3)} \cdot U_S \Big/ \left(\frac{R_2 R_4}{R_2 + R_4} + \frac{R_1 R_3}{R_1 + R_3} + R_g \right)$$

$$= U_S \cdot \frac{R_1 R_4 - R_2 R_3}{(R_2 + R_4)(R_1 + R_3)R_g + R_2 R_4 (R_1 + R_3) + R_1 R_3 (R_2 + R_4)}$$

$$\tag{7-6-11}$$

当 $I_g = 0$ 时,有 $R_2 R_3 = R_1 R_4$,这是功率电桥的平衡条件,与式(7-6-5)一致,也就是说功率输出形式与电压输出形式的非平衡电桥的平衡条件是一致的。

当以最大功率输出时,电桥的灵敏度最高。当电桥的负载电阻 R_g 等于输出电阻(电源内阻)时,有

$$R_g = R_r = \frac{R_2 R_4}{R_2 + R_4} + \frac{R_1 R_3}{R_1 + R_3} \tag{7-6-12}$$

即阻抗匹配时,电桥的输出功率最大。此时电桥的输出电流由式(7-6-11)得

$$I_g = \frac{U_S}{2} \cdot \frac{R_1 R_4 - R_2 R_3}{R_2 R_4 (R_1 + R_3) + R_1 R_3 (R_2 + R_4)} \tag{7-6-13}$$

输出电压为

$$U_g = I_g R_g = \frac{U_S}{2} \cdot \frac{R_1 R_4 - R_2 R_3}{(R_2 + R_4)(R_1 + R_3)} \tag{7-6-14}$$

当桥臂 R_4 的电阻有增量 ΔR 时，可以得到三种桥路形式的电流、电压和功率变化。测量时都需要预调平衡，平衡时，I_g、U_g 及其对应的功率 P_g 均为 0，电流、电压和功率变化都是相对平衡状态而言的。

最大功率输出时，三种桥路形式的电流、电压和功率变化分别如下。

（1）等臂电桥 $R_1 = R_2 = R_3 = R_4 = R$，则有

$$
\begin{cases}
\Delta I_g = \dfrac{U_S}{2} \cdot \dfrac{R \Delta R}{2R^2(R + \Delta R) + R^2(2R + \Delta R)} = \dfrac{U_S}{8} \cdot \dfrac{\Delta R}{R^2} \cdot \dfrac{1}{1 + \dfrac{3}{4}\dfrac{\Delta R}{R}} \\[4mm]
\Delta U_g = \dfrac{U_S}{8} \cdot \dfrac{\Delta R}{R} \cdot \dfrac{1}{1 + \dfrac{1}{2}\dfrac{\Delta R}{R}} \\[4mm]
\Delta P_g = \Delta I_g \cdot \Delta U_g = \dfrac{U_S^2}{64R} \cdot \left(\dfrac{\Delta R}{R}\right)^2 \cdot \dfrac{1}{\left(1 + \dfrac{3\Delta R}{4R}\right)\left(1 + \dfrac{\Delta R}{2R}\right)}
\end{cases}
\tag{7-6-15}
$$

（2）输出对称电桥 $R_1 = R_3 = R'$，$R_2 = R_4 = R$，则有

$$
\begin{cases}
\Delta I_g = \dfrac{U_S}{2} \cdot \dfrac{R' \Delta R}{2R^2 R' + 2RR'\Delta R + 2R(R')^2 + (R')^2 \Delta R} \\[2mm]
\quad\quad = \dfrac{U_S}{4(R + R')} \cdot \dfrac{\Delta R}{R} \cdot \dfrac{1}{1 + \dfrac{2R + R'}{2(R + R')} \cdot \dfrac{\Delta R}{R}} \\[4mm]
\Delta U_g = \dfrac{U_S}{8} \cdot \dfrac{\Delta R}{R} \cdot \dfrac{1}{1 + \dfrac{1}{2}\dfrac{\Delta R}{R}} \\[4mm]
\Delta P_g = \Delta I_g \cdot \Delta U_g = \dfrac{U_S^2}{32(R + R')} \cdot \left(\dfrac{\Delta R}{R}\right)^2 \cdot \dfrac{1}{1 + \dfrac{2R + R'}{2(R + R')} \cdot \dfrac{\Delta R}{R}} \cdot \dfrac{1}{1 + \dfrac{\Delta R}{2R}}
\end{cases}
\tag{7-6-16}
$$

（3）电源对称电桥 $R_1 = R_2 = R'$，$R_3 = R_4 = R$，则有

$$
\begin{cases}
\Delta I_g = \dfrac{U_S}{4(R + R')} \cdot \dfrac{\Delta R}{R} \cdot \dfrac{1}{1 + \dfrac{2R + R'}{2(R + R')} \cdot \dfrac{\Delta R}{R}} \\[4mm]
\Delta U_g = \dfrac{U_S}{2} \cdot \dfrac{RR'}{(R + R')^2} \dfrac{\Delta R}{R} \cdot \dfrac{1}{1 + \dfrac{\Delta R}{R + R'}} \\[4mm]
\Delta P_g = \Delta I_g \cdot \Delta U_g = \dfrac{U_S^2 RR'}{8(R + R')^3} \cdot \left(\dfrac{\Delta R}{R}\right)^2 \cdot \dfrac{1}{1 + \dfrac{2R + R'}{2(R + R')} \cdot \dfrac{\Delta R}{R}} \cdot \dfrac{1}{1 + \dfrac{\Delta R}{R + R'}}
\end{cases}
\tag{7-6-17}
$$

测得 ΔI_g 和 ΔU_g 后，很方便可求得对应的功率 ΔP_g，通过上述相关公式（注意：这些式

中的 R 和 R' 均为预调平衡后的电阻)可运算得到相应的 ΔR_I 和 ΔR_U,然后运用公式

$$\Delta R = \sqrt{\Delta R_I \Delta R_U} \tag{7-6-18}$$

可得到 ΔR,从而求得 $R_x = R_4 + \Delta R$。

当电阻增量 ΔR 较小时,即满足 $\Delta R \ll R$ 时,式(7-6-15)~式(7-6-17)的分母含 ΔR 项可略去,公式得以简化,这里从略。

3. 半导体热敏电阻(MF51 型)

阻值为 2.7 kΩ 的 MF51 型半导体热敏电阻,是由一些过渡金属氧化物(主要用 Mn、Co、Ni 和 Fe 等氧化物)在一定的烧结条件下形成的半导体金属氧化物作为基本材料制成的温度敏感电阻,具有 P 型半导体的特性。对于一般半导体材料,电阻率随温度的变化主要依赖于载流子浓度,而迁移率随温度的变化相对来说,其影响较小,可以忽略。但上述过渡金属氧化物则有所不同,在室温范围内基本上已全部电离,即载流子浓度基本上与温度无关,此时主要考虑迁移率与温度的关系。随着温度升高,迁移率增加,电阻率下降,故这类金属氧化物半导体是一种具有负温度系数的热敏电阻元件,其电阻-温度特性见表 7-6-1。

根据理论分析,半导体热敏电阻的电阻-温度特性的数学表达式通常可表示为

$$R_t = R_{25} e^{B_n(1/T - 1/298)} \tag{7-6-19}$$

式中,R_{25} 和 R_t 分别为 25℃ 和 t℃ 时热敏电阻的阻值;$T = 273 + t$;B_n 为材料常数,其值因制作时不同的处理方法而异,对确定的热敏电阻,可以由实验测得的电阻-温度曲线求得。我们也可以把式(7-6-19)写成比较简单的表达式:

$$R_t = R_0 e^{B_n/T} \tag{7-6-20}$$

式中,$R_0 = R_{25} e^{-B_n/298}$。可见,热敏电阻的阻值 R_t 与 T 为指数关系,是一种典型的非线性电阻。

表 7-6-1　MF51 型 2.7 kΩ 热敏电阻的电阻-温度特性(供参考)

温度/℃	25	30	35	40	45	50	55	60	65
电阻/Ω	2700	2225	1870	1573	1341	1160	1000	868	748

【实验方法】

在实验方法上,非平衡电桥和平衡电桥一样,都是基于比较法的测量原理。根据电路平衡条件,非平衡电桥可对不同温度下的阻值进行测量。

【实验器材】

1. 器材名称

DHQJ-3 型非平衡电桥实验仪,磁力搅拌加热器。

2. 仪器介绍

DHQJ-3 型非平衡电桥实验仪面板示意图如图 7-6-4 所示,桥臂电阻调节范围为 10 Ω～11.11 kΩ,步进值为 1 Ω。

图 7-6-5 为非平衡电桥实验仪内部电路示意图。R_1、R_2、R_3、R_3' 为桥臂电阻,其中 R_3、R_3' 可联动调节;开关 K 为电桥输出转换开关,当拨向"内接"时,电桥上的输出电压通过数字电压表(digital volt meter,DVM)显示,当拨向"外接"时,电桥上的输出电压通过"＋"

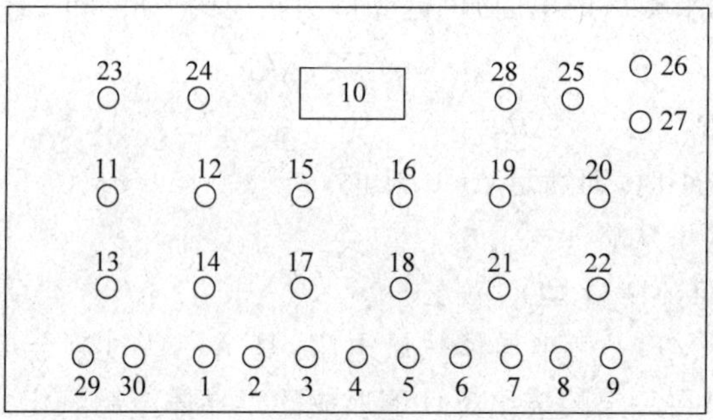

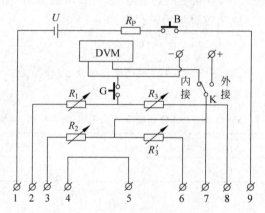

图 7-6-4　非平衡电桥实验仪面板示意图

1—工作电源负端；2—R_1 电阻端；3—R_2 电阻端；4、5—双桥电流端；6—R_3' 电阻端；7—单桥被测端；8—R_3 电阻端；9—工作电源正端；10—数字电压表；11～14—R_1 电阻调节盘，分别为×1000、×100、×10、×1 电阻盘；15～18—R_2 电阻调节盘，分别为×1000、×100、×10、×1 电阻盘；19～22—R_3 和 R_3' 电阻调节盘，分别为×1000、×100、×10、×1 电阻盘；23—非平衡电桥和双桥的电压调节旋钮；24—电源选择开关，分别可选：电压测量、双桥/非平衡、3 V、6 V、9 V 五种方式；25—G（电桥输出）选择开关，按向下为内接，按向上为外接；26、27—G（电桥输出）外接端；28—量程选择开关，按向下为 200 mV，按向上为 2 V；29、30—电桥的按钮 B、G，即工作电源和电桥输出通断按钮

"一"接线端输出至外接电压表显示；按钮 B 为桥路工作电源通断开关，按钮 G 为电桥输出通断开关；电阻 R_P 为电源保护电阻；最下一排为 9 个接线端。

图 7-6-5　非平衡电桥实验仪电路

实验仪内置数字电压表，量程 1：200 mV，量程 2：2 V，三位半数字显示，量程通过开关切换；其在平衡电桥中作指零仪使用，而在非平衡电桥中作数字电压表使用。

使用仪器进行实验时，需要注意以下事项。

（1）避免将 R_1、R_2、R_3 同时调到零值附近测量，否则可能会出现较大的工作电流，测量精度也会下降。

（2）使用完毕，务必关闭电源。

（3）电桥应存放于温度为 0～40℃，相对湿度低于 80% 的室内空气中，不应含有腐蚀性气体，避免在阳光下暴晒。

（4）鉴于热敏电阻耐高温的局限，设定加温的上限值不能超过 120℃。

仪器使用前，需要做好如下准备工作。

（1）用实验仪配备的电源线将电桥连至 220 V 交流电源，打开电桥背面的电源开关，接通电源。

（2）若选择实验仪内置的数字电压表测量，则将实验仪的 G（电桥输出）选择开关置于"内接"；若选择其他外部的电压表测量，则将 G（电桥输出）选择开关置于"外接"，这时数字电压表不点亮。

（3）根据被测对象选择合适的工作电源。若进行非平衡电桥和双臂电桥（开尔文电桥）实验，则将电源选择开关打向"双桥/非平衡"；若进行单桥和三端电桥实验，则根据被测电阻阻值大小，选择 3 V、6 V 或 9 V 为工作电源；"电压测量"挡用于测量电源电压 U_s。

【实验内容】

1. 用输出对称非平衡电桥的电压输出形式测量热敏电阻

（1）根据热敏电阻的特性（表 7-6-1）设计各桥臂电阻（R_1、R_2、R_3 和 R_4）的阻值，以及选择电源电压 U_s 的大小，以确保电桥的电压输出不会溢出（预习时设计计算好）。

（2）根据图 7-6-5 所示的实验仪内部电路示意图，正确搭建输出对称电桥。

（3）预调平衡。按设计要求调节 R_1、R_2、R_3。通过"电压调节"旋钮调节非平衡电桥的电源电压 U_s 为设计值；电源选择开关的"电压测量"挡用来测量这时桥路的电源电压 U_s。拨动"电源选择"开关至"双桥/非平衡"，将待测电阻 R_x 接入非平衡电桥实验仪，先后按下按钮 B、G 开关，微调桥臂电阻使数字电压表的电压 $U_0 = 0$。记下预调平衡后的各桥臂电阻（R_1、R_2 和 R_3），如此可测出初始电阻 R_{x0}；记录实验时的初始温度 t_0。

（4）调节控温仪并升高温度，则待测电阻 R_x 的阻值改变，相应的数字电压表的电压 U_0 亦改变。每升温 5℃ 测一个点，列表记录温度 t 和相应的电压 U_0。

2. 用电源对称非平衡电桥的电压输出形式测量热敏电阻

用电源对称电桥重复 1 中的实验步骤（1）～步骤（4）。

【数据记录与处理】

1. 输出对称电桥

（1）根据式（7-6-8），由 U_0 计算得到 ΔR，进而得到 $R_x = R_{x0} + \Delta R$。

（2）根据得到的实验结果作出 R_x-t 图。

（3）根据式（7-6-20），可得

$$\ln R_t = \ln R_0 + \frac{B_n}{T} \qquad (7\text{-}6\text{-}21)$$

由此可知，$\ln R_t$ 与 $1/T$ 成线性关系。用最小二乘法拟合该直线，求出 R_0 和 B_n，得出经验方程。

2. 电源对称电桥

数据处理的要求同上。比较两实验内容的结果，得出必要的结论。

【思考题】

1. 有人这样进行测量：先将温度设置为 70℃，然后持续通电加热，此时电阻的温度必然连续上升，于是他开始观察温度指示值，从室温开始每隔 5℃ 记录一次装置上显示的电压值。请问这样的操作方式正确吗？请说明理由。

2. 你所设计的电桥在测量中发生电表显示溢出时，应采取什么措施？

3. 举例说明非平衡电桥可以应用在哪些工程技术中？

【实验拓展】

在非电学量测量中，非平衡电桥有着广泛的应用。采用一些特殊的传感器可以将位移、应变、压力、温度和真空度等非电学量转变为电阻量，再利用非平衡电桥来测量其电阻值，从而可以测量出这些非电学量的值。

实验 7.7　电热法测定液体的比热容

比热容是表征材料特性的一个重要物理量，常常用量热实验的方法进行测量。但由于散热因素复杂和环境条件不易控制等，量热实验的精密度往往较低，因而，在进行量热实验时，常常需要分析产生误差的各种主要因素，采用能减少主要误差分量的实验方法或数据处理方法。

【课前预习】

1. 调节电阻丝电流 I 和电压 V 的值时，应注意什么？为什么？
2. 实验中温度计放在何位置最好？要注意什么？
3. 记录 T_2 时，应注意什么？为什么？

【实验目的】

1. 掌握用电热法测量液体比热容的原理和方法。
2. 了解量热实验中产生误差的因素及减少误差影响的措施。
3. 通过设计性实验的练习，培养独立工作能力。

【实验原理】

一个物体的热容 C，是它吸收或放出的热量 Q 与由此引起的温度改变 ΔT 的比值，即

$$C = \frac{Q}{\Delta T}$$

热容的单位是 J/K。

当变化过程未被规定时，比值 $Q/\Delta T$ 是不完全确定的。如果系统的温度变化范围较大，则热容是指该温度范围内的平均热容。某一状态下的热容，则是 $\Delta T \rightarrow 0$ 的极限概念。温度变化不太大时，往往可以将热容看作常量。

比热容 c，也称质量热容，定义为单位质量的热容，即

$$c = \frac{C}{m} = \frac{Q/\Delta T}{m}$$

式中，m 为物体的质量。比热容的单位为 J/(kg·K)。

根据焦耳定律可知，当一段电阻丝两端电压为 U、流过的电流强度为 I、通电时间为 t 时，电阻丝产生的热量为

$$Q = IUt \tag{7-7-1}$$

把该电阻丝放在量热器内筒中的待测液体里，若系统和外界没有进行热交换，此时该电阻丝产生的热量 Q 被系统（所研究的系统包括量热器内筒、搅拌器、接线柱、电阻丝、待测液体等）全部吸收，使得系统温度由 T_1 升高到 T_2，则根据比热容的定义有

$$Q = cm(T_2 - T_1) + c_0 m_0 (T_2 - T_1) \tag{7-7-2}$$

式中，$c_0 = 0.386$ J/(g·K)为铜的比热容；m_0 为铜制内筒、搅拌器、接线柱和电阻丝的总质量；c 为待测液体的比热容；m 是待测液体的质量。

由式(7-7-1)和式(7-7-2)可得，待测液体的比热容为

$$c = \frac{IUt - c_0 m_0 (T_2 - T_1)}{m(T_2 - T_1)} \tag{7-7-3}$$

【实验方法】

本实验利用比热容的定义和焦耳定律，通过直接测量温差($\Delta T = T_2 - T_1$)、质量(m 和 m_0)、电流 I、电压 U 和通电时间 t 等物理量，得到比热容。对每一个物理量的测量，这里采用的都是直接比较法。值得一提的是，本实验还可以利用补偿法来消除(或明显降低)漏热所导致的系统误差。即在实验时，初、末态温度可取为与室温上下对称的温度值，这样在高于室温和低于室温的两个过程中，因漏热引起的系统误差可以相互补偿。

【实验器材】

量热器(含内筒、搅拌器、接线柱、电阻丝，质量由实验室给出)、天平($\Delta_仪 = 0.2$ g)、温度计($\Delta_仪 = 0.2$℃)、秒表($\Delta_仪 = 0.1$ s)、直流电压表(0.5 级、10 V)、直流电流表(0.5 级、1 A)、滑线电阻、直流稳压电源、导线、开关、制冷设备(冰柜)、待测液体等。

【实验内容】

实验时，需要注意以下事项。

(1) 实验前，应将量热器内筒擦拭干净，其他各部件也不留残液。

(2) 液体质量用天平称量。液体总量不能太少，要保证电阻丝、搅拌器叶片、温度计探头都浸泡在液体中；液体总量也不能太多，以免搅拌时溢出。

提示与要求：

(1) 本次实验所用的量热器不能做到真正绝热，系统与外界之间存在热交换，这会影响测量的准确性。可以通过合理选择初始温度 T_1 和终止温度 T_2 值，以减小这种影响。这一步非常重要，是本次实验的关键步骤，实验时应充分重视。

(2) 根据实验原理和提供的器材，自拟实验方案，画出连线图，设计实验步骤。方案经教师审阅后，即可独立完成实验操作。

(3) 写出完整的实验报告。

【数据记录与处理】

由于各项不确定度对总不确定度贡献不同，处理数据时，可以忽略贡献很小的项，并作必要的说明。

【思考题】

1. 实验过程中如果突然断电，应如何处理？为什么？

2. 试分析本实验的量热过程中，影响测量结果的因素有哪些？哪些已采取措施？还可以做哪些改进？

3. 试拟定一个用混合法测量固体比热容的实验方案。

测量液体比热容的方法还有很多，如混合法是一种将已知比热容和温度的固体投入待测液体进行测量的方法；比较法是将待测液体与已知比热容的纯水，在相同实验条件下比较的方法。

实验7.8　用波尔共振仪研究受迫振动

受迫振动是自然界中常见的运动形式，由受迫振动所导致的共振现象引起了人们极大的关注。共振现象一方面可能会产生破坏作用，另一方面又可能产生许多实用价值。例如，在机械制造和建筑工程领域，设计时需要避免共振现象引起的破坏；而乐器的共鸣箱、电子电器（收音机、微波炉等）又是运用共振原理设计制作的。因此，研究受迫振动和共振现象具有一定的现实意义。

表征受迫振动性质的物理量主要是幅频特性和相频特性。本实验中采用波尔共振仪定量测定机械受迫振动的幅频特性和相频特性，并利用频闪法来测定动态的物理量及其相位差。

【课前预习】

1. 写出阻尼振动和受迫振动的运动方程，理解各项的物理意义。

2. 理解阻尼振动的角频率、振幅与阻尼系数有什么关系。

3. 写出稳态受迫振动的振幅，稳态受迫振动与驱动力矩之间的相位差。

4. 写出共振角频率和共振振幅的关系式，比较不同阻尼受迫振动的幅频特性和相频特性。

【实验目的】

1. 观察波尔共振仪中弹性摆轮的自由振动和阻尼振动。

2. 研究波尔共振仪中弹性摆轮做受迫振动的幅频特性和相频特性。

3. 研究不同阻尼对受迫振动的影响，观察共振现象。

4. 学习用频闪法测定运动物体的相位差。

【实验原理】

物体在周期性外力（称为驱动力）的持续作用下发生的振动称为受迫振动。

波尔共振仪的摆轮在弹性力（回复力）矩作用下做自由振动，并可在驱动力矩、弹性力矩和电磁阻尼力矩共同作用下做受迫振动。以此来研究受迫振动，可以直观地显示机械振动中的一些物理现象。

当摆轮受到周期性驱动力矩 $M = M_0\cos\omega t$ 的作用，并在有空气阻尼和电磁阻尼的介质中运动时（阻尼力矩为 $-b\dfrac{\mathrm{d}\theta}{\mathrm{d}t}$），其运动方程为

$$J\,\frac{\mathrm{d}^2\theta}{\mathrm{d}t^2} = -\kappa\theta - b\,\frac{\mathrm{d}\theta}{\mathrm{d}t} + M_0\cos\omega t \tag{7-8-1}$$

式中，J 为摆轮的转动惯量；$-\kappa\theta$ 为弹性力矩；M_0 为驱动力矩的幅值；ω 为驱动力矩的角

频率。令 $\omega_0^2 = \dfrac{\kappa}{J}$，$2\beta = \dfrac{b}{J}$，$h = \dfrac{M_0}{J}$，则式(7-8-1)变为

$$\frac{\mathrm{d}^2\theta}{\mathrm{d}t^2} + 2\beta\frac{\mathrm{d}\theta}{\mathrm{d}t} + \omega_0^2\theta = h\cos\omega t \tag{7-8-2}$$

当 $h\cos\omega t = 0$，即在无驱动力矩时，式(7-8-2)即为阻尼振动方程。

当 $h\cos\omega t = 0$，$\beta = 0$，即在无驱动力矩和无阻尼情况时，式(7-8-2)变为简谐振动方程，ω_0 为系统固有角频率。

方程式(7-8-2)的通解为

$$\theta = A_0 \mathrm{e}^{-\beta t}\cos(\sqrt{\omega_0^2 - \beta^2}\, t + \varphi_0) + A\cos(\omega t + \varphi) \tag{7-8-3}$$

由式(7-8-3)可见，受迫振动可分成两部分：①$A_0 \mathrm{e}^{-\beta t}\cos(\sqrt{\omega_0^2 - \beta^2}\, t + \varphi_0)$ 是一个减幅的振动，经过一段时间后衰减到可忽略不计；②驱动力矩对摆轮做功，向振动物体传送能量，最后达到一个稳定的振动状态。该稳态受迫振动的振幅为

$$A = \frac{h}{\sqrt{(\omega_0^2 - \omega^2)^2 + 4\beta^2\omega^2}} \tag{7-8-4}$$

稳态受迫振动与驱动力矩之间的相位差为

$$\begin{cases} \varphi = \arctan\dfrac{-2\beta\omega}{\omega_0^2 - \omega^2}, & \omega \leqslant \omega_0 \\[4mm] \varphi = \arctan\dfrac{-2\beta\omega}{\omega_0^2 - \omega^2} - \pi, & \omega > \omega_0 \end{cases} \tag{7-8-5}$$

由式(7-8-4)和式(7-8-5)可看出，振幅 A 与相位差 φ 的数值，取决于驱动力矩幅值 M_0 与转动惯量 J 的比值 h、驱动力矩的角频率 ω、系统固有角频率 ω_0 和阻尼系数 β 等四个因素，而与振动初始状态无关。

由 $\dfrac{\partial A}{\partial \omega} = 0$ 的极值条件可得出，当驱动力矩的角频率 $\omega = \sqrt{\omega_0^2 - 2\beta^2}$ 时，产生位移共振，A 有极大值。若共振时的角频率和振幅分别用 ω_r、A_r 表示，则

$$\omega_r = \sqrt{\omega_0^2 - 2\beta^2} \tag{7-8-6}$$

$$A_r = \frac{h}{2\beta\sqrt{\omega_0^2 - 2\beta^2}} \tag{7-8-7}$$

式(7-8-6)和式(7-8-7)表明，阻尼系数 β 越小，共振时的角频率 ω_r 越接近于系统的固有角频率 ω_0，共振振幅 A_r 也越大。我们把受迫振动的振幅随外力矩频率变化的这种特性称为幅频特性。当 $0 \leqslant \omega \leqslant \omega_0$ 时，相位差 $0 \geqslant \varphi \geqslant -\pi/2$（负号表示摆轮振动相位落后于外力矩相位）；而当 $\omega \geqslant \omega_0$ 时，相位差 $-\pi/2 \geqslant \varphi \geqslant -\pi$；当 ω 很大时，相位差 φ 趋近于 $-\pi$。图 7-8-1 和图 7-8-2 表示不同 β 时受迫振动的幅频特性和相频特性。

在受迫振动状态下，系统除受到驱动力的作用外，同时还受到回复力和阻尼力的作用，所以，在稳定状态时物体的位移和速度变化，与驱动力变化不是同相位的，而是存在一个相位差。当驱动力角频率与系统固有角频率相同时产生共振，此时受迫振动的振幅最大，与驱动力矩之间的相位差为 $\pi/2$。

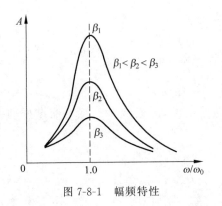

图 7-8-1　幅频特性

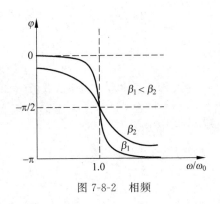

图 7-8-2　相频

　　利用波尔共振仪,可以定量测定机械受迫振动的振幅 A 和稳态受迫振动与驱动力矩之间的相位差 φ 等物理量,而驱动力矩的角频率 ω 可以定量的改变并测量,所以可以从实验上得到幅频特性和相频特性曲线,从而达到利用实验来研究受迫振动的目的。此外,本实验仪的电磁阻尼可以较方便地调节,并能测定阻尼系数 β,因而可以研究不同阻尼对受迫振动的影响。

【实验方法】

　　本实验利用波尔共振仪的光电门和齿轮测量角振动的振幅和周期,从而可以直接绘制受迫振动的幅频特性和相频特性曲线,属于直接比较法。

　　测量相位差采用的是频闪法。"频闪法"是指人眼看到周期性转动物体时,无法直接估计它的转速,但如果使用一个频闪灯,由于人的视觉暂留效应,看到第一次频闪时的叶片还没有消失,第二次频闪时的叶片又在同一位置上出现,所以看起来就像静止不动一样,就可以容易地测出转动物体的转速。频闪法测转速在工业中有着广泛应用,用这个简单方法不仅可以检验物体的转动速度和稳定性,还可以用来测量水滴流的流速、方向以及飞弹的运动轨迹等。

【实验仪器】

　　波尔振动仪、电器控制箱,分别如图 7-8-3 和图 7-8-4 所示。

【实验内容】

1. 实验准备

（1）按下电源开关后,出现欢迎界面,显示"按键说明"。

（2）选择实验方式：根据是否连接计算机选择联网模式或单机模式。

2. 自由振动

　　让摆轮自由振动,是为了测量摆轮振幅 A 与系统固有振动周期 T_0 的关系。

（1）选中"自由振动",再按"确定"键。

（2）用手转动摆轮至 160° 左右,放手后按"▲"或"▼"键,测量状态由"关"变为"开",电器控制箱开始记录实验数据,振幅的有效数值范围为：160°～50°（振幅小于 160° 测量开启,小于 50° 测量自动关闭）。当测量显示"关"时,此时数据已保存并发送至计算机主机。

（3）查询实验数据,选中"回查",再按"确定"键。通过"▲"或"▼"键查看并记录所有

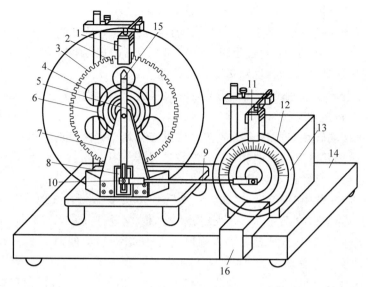

图 7-8-3　波尔共振仪

1—摆轮信号光电门 H；2—长凹槽 C；3—短凹槽 D；4—铜质摆轮 A；5—摇杆 M；6—蜗卷弹簧 B；7—支承架；8—阻尼线圈 K；9—连杆 E；10—摇杆调节螺丝；11—驱动力矩信号光电门 I；12—角度读数盘 G；13—有机玻璃转盘 F；14—底座；15—弹簧夹持螺钉 L；16—闪光灯

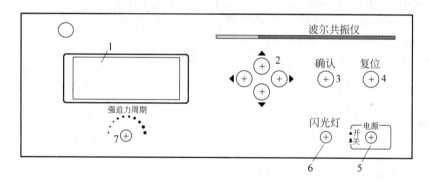

图 7-8-4　电器控制箱

1—液晶显示屏幕；2—方向控制键；3—确定按键；4—复位按键；5—电源开关；6—闪光灯开关；7—驱动力周期调节旋钮

数据；回查完毕，按"确定"键返回。把查得的数据 A_i 和 T_{0i} 列表记录，该表将在"幅频特性和相频特性"的数据处理过程中使用。

（4）自由振动完成后，选中"返回"，按"确定"键。

3. 测定阻尼系数 β

（1）选中"阻尼振动"，按"确定"键。阻尼分三个挡，阻尼 1 挡最小，阻尼 3 挡最大。选择阻尼 1 挡，按"确定"键。

（2）用手转动摆轮至 $160°$ 左右，按"▲"或"▼"键，测量由"关"变为"开"并记录数据，仪器记录 10 组数据后，测量自动关闭。

（3）阻尼振动的数据回查过程与自由振动类似，参照上述操作。读出摆轮做阻尼振动

时的振幅数值 A_i 和相应的振动周期 T_i，列表记录数据。

（4）阻尼振动测量完毕，选中"返回"，按"确定"键。

（5）重复步骤（1）～步骤（4）记录阻尼 2 挡和 3 挡下的振幅和周期。

4. 测定受迫振动的幅频特性和相频特性曲线

在进行受迫振动实验前必须先进行阻尼振动实验，否则无法实验。

（1）选中"受迫振动"，按"确定"键。

（2）将有机玻璃转盘 F 的标志线放在 0°位置，按"▲"或"▼"键，让电机启动。保持周期的设置为 1，待摆轮和电机的周期相同（末位数差异不大于 2），且振幅已稳定（变化不大于 1°）时，表明受迫振动已经稳定，此时方可开始测量。

（3）测量前应先选中"周期"，按"▲"或"▼"键把周期的设置由 1 改为 10，这么做的目的是减少误差；然后再选中"测量"，按下"▲"或"▼"键，测量打开并记录数据。

（4）显示测量关闭后，读取摆轮的振幅值 A 和受迫振动周期值 T；然后利用闪光灯测定稳态受迫振动位移与驱动力矩之间的相位差 φ。

（5）调节驱动力周期调节旋钮，改变电机的转速，即改变驱动力矩的周期 T，等待系统稳定（约 2 min），然后再进行测量，重复上述测量步骤。

为了便于研究与作图，在实际测量时，应依次增大（或减小）驱动力矩的周期 T，使之成为一个有序的测量列。该测量列必须包括共振点的数据，并使共振点尽可能位于中心。将所测得的周期 T、振幅 A 和相位差 φ 列表记录。

（6）测量完毕，选中"返回"，按"确定"键。

5. 关机

完成全部实验后关机。

【数据记录与处理】

1. 自由振动时摆轮振幅与周期关系

将摆轮做自由振动时所测得的数据记录于表 7-8-1 中，并利用公式 $\omega_0 = \dfrac{2\pi}{T_0}$ 计算 ω_0，填入表 7-8-1，求出摆轮系统的平均固有角频率 $\bar{\omega}_0$。

表 7-8-1　摆轮做自由振动时的测量数据

i	$A_i/(°)$	T_{0i}/s	$\omega_0/(\text{rad/s})$
1			
⋮			

2. 阻尼系数 β 的测量

将摆轮做阻尼振动时所测得的数据记录于表 7-8-2 中，并利用公式 $\ln \dfrac{A_0 \mathrm{e}^{-\beta}}{A_0 \mathrm{e}^{-\beta(t+n\bar{T})}} =$

$n\beta\bar{T} = \ln \dfrac{A_0}{A_n}$ 求出三种不同挡位的阻尼 β。

表 7-8-2   摆轮做阻尼振动时的测量数据(阻尼挡位：＿＿)

i	振幅 A_i/(°)	$10T_i$/s	$\ln\dfrac{A_i}{A_{(i+5)}}$	周期 T 的平均值 $\bar{T}$	$\ln\dfrac{A_i}{A_{(i+5)}}$ 的平均值
0					
1					
2					
3					
4					
5					
6					
7					
8					
9					

3. 受迫振动的幅频特性和相频特性

(1) 将受迫振动时所测得的数据记录于表 7-8-3 中,并利用公式 $\omega=2\pi/T$ 计算 ω。在表 7-8-3 中, T_0 为从表 7-8-1 中查得的与受迫振动的振幅 A 的值相等的自由振动的固有振动周期, $\varphi_\text{理论}$ 为用公式(7-8-5)计算的相位差。

表 7-8-3   摆轮做受迫振动时的测量数据(阻尼挡位：＿＿)

次数	T/s	A/(°)	φ/(°)	ω/s^{-1}	T_0/s	$\varphi_\text{理论}$/(°)
1						
2						
⋮						
11						

(2) 以 A 为纵坐标,以 ω 为横坐标,在同一坐标系内做出三种不同阻尼下的 A-ω 幅频特性曲线,并加以比较得出结论。

(3) 以 φ 为纵坐标,以 ω 为横坐标,在同一坐标系内做出三种不同阻尼下的 φ-ω 相频特性曲线,并加以比较得出结论。

(4) 从所作的幅频特性曲线上,求出共振角频率,并与用公式(7-8-6)求得的角频率 ω_r(把前面求得的平均固有角频率 ω_0 和阻尼系数 β 代入可得)进行比较,得出必要的结论。

【注意事项】

1. 在共振点附近由于曲线变化较大,因此测量数据相对密集些。

2. 因为闪光灯的高压电路及强光会干扰光电门采集数据,因此应待一次测量完成,显示测量关闭后,才可使用闪光灯读取相位差。

【思考题】

1. 阻尼系数对共振周期和共振振幅各有什么影响?

2. 什么是频闪法?本实验是如何利用频闪法来测量相位差的?

【实验拓展】

共振现象的范畴很多,如力学共振、光共振、电磁共振、核磁共振等,其应用也十分广泛。例如，微波炉在加热食品时，炉内会产生很强的振荡电磁场，使食物中的水分子作受迫振动，发生共振，将电磁辐射能转化为内能，从而使食物的温度迅速升高。

此外，在医学上，可以利用核磁共振研究物质结构等。其基本原理是将人体置于特殊的磁场中，用无线电射频(radio frequency，RF)脉冲激发遍布于人体内的自旋不为零的某种原子核(例如氢核、磷核等)，引起原子核的共振——核磁共振(nuclear magnetic resonance，NMR)，并吸收能量，在停止射频脉冲后，该原子核按特定频率发出射电信号，将吸收的能量释放，被体外的检测器检测并接收，输入计算机进行数据处理与转换，获得图像，这就是医学上的核磁共振成像(magnetic resonance imaging，MRI)。MRI能够提供脏器和组织的解剖学图像，同时，多个成像参数还能提供反应器官代谢功能、生理、生化信息的空间分布。因此 MRI 是诊断早期癌症、急性心肌梗死等疾病的非常有效的手段。

另外，基于受迫振动的谐振法油气检测技术是目前非常重要的探测石油、勘探地质的科技手段。该技术的实质是测定地下物体的谐振频率。即当特定的频率振动作用于地质体时，会使地质体发生共振，造成该频率的地震波振幅明显加大。因此可以从地震波中直接检测到油气的位置，从而排除了油气勘探的人为因素，提高了勘探成功率。

综上所述，研究受迫振动，理解受迫振动现象的机制，掌握其中的规律，有助于人类在日常生活和生产实践中尽可能地避开其有害的一面而利用其有利的一面。

实验 7.9　空气密度与气体普适常量的测量

气体密度是分子物理学中一个重要物理量，测量方法有很多，如称量法、浮漂法、声学方法和光学方法等。气体普适常量(摩尔气体常量)是热力学中的一个重要常数，其测定方法主要有三种：①通过测量气体密度和压力的方法确定；②通过黑体辐射公式用斯特藩-玻耳兹曼常量确定；③用声学干涉法通过测量单原子气体的声速确定。本实验利用抽真空法能够较方便地把这两个待测量测出来。

【课前预习】

1. 理想气体状态方程的表达式及适用条件是什么？
2. 抽完真空后关闭阀门的顺序是什么？为什么不能颠倒？

【实验目的】

1. 学习真空泵的工作原理，用抽真空法测量环境空气的密度，换算成干燥空气在标准状态下(0℃、1标准大气压)的数值，并与标准状态下的理论值比较。

2. 从理想气体状态方程出发，推导出压强改变时气体普适常量的表达式，利用逐次降压的方法测出气体压强 p_i 与总质量 m_i 的关系并作图，由直线拟合求得气体普适常量 R，并与理论值比较。

【实验原理】

1. 空气密度的测量

空气的密度 ρ 由下式求出：

$$\rho = \frac{m}{V}$$

式中,m 为空气的质量;V 为相应的体积。取一只比重瓶,设瓶中有空气时的质量为 m_1,比重瓶内抽成真空时的质量为 m_0,则瓶中空气的质量 $m = m_1 - m_0$。如果比重瓶的容积为 V,则 $\rho = \dfrac{m_1 - m_0}{V}$。由于空气的密度与大气压强、温度和绝对湿度等因素有关,故由此而测得的是在当时实验室条件下的空气密度值。如要把所测得的空气密度换算为干燥空气在标准状态下(0℃、1 标准大气压)的数值,则可采用如下公式:

$$\rho_n = \rho \frac{p_n}{p}(1 + \alpha t)\left(1 + \frac{3}{8}\frac{p_\omega}{p}\right) \tag{7-9-1}$$

式中,ρ_n 为干燥空气在标准状态下的密度;ρ 为在当时实验条件下测得的空气密度;p_n 为标准大气压强;p 为实验条件下的大气压强;α 为空气的压强系数(0.003 674℃$^{-1}$);t 为空气的温度(℃);p_ω 为空气中所含水蒸气的分压强(即绝对湿度值),$p_\omega =$ 相对湿度 × $p_{\omega 0}$,$p_{\omega 0}$ 为该温度下饱和水汽压强。在通常的实验室条件下,空气比较干燥,标准大气压与大气压强比值接近于 1,式(7-9-1)近似为

$$\rho_n = \rho(1 + \alpha t) \tag{7-9-2}$$

2. 气体普适常量的测量

理想气体状态方程为

$$pV = \frac{m}{M}RT \tag{7-9-3}$$

式中,p 为气体压强;V 为气体体积;m 为气体总质量;M 为气体的摩尔质量;T 为气体的热力学温度,其值 $T = 273.15 + t$。R 称为理想气体普适常量,也称为摩尔气体常量,其理论值 $R = 8.31$ J/(mol·K)。各种实际气体在通常的压强和不太低的温度下都近似地遵守这一状态方程,且压强越低,近似程度越高。

本实验将空气作为实验气体。空气的平均摩尔质量 M 为 28.8 g/mol(空气中氮气约占 80%,氮气的摩尔质量为 28.0 g/mol;氧气约占 20%,氧气的摩尔质量为 32.0 g/mol。)

取一只比重瓶,设瓶中装有空气时的总质量为 m_1,瓶的质量为 m_0,则瓶中的空气质量为 $m = m_1 - m_0$,此时瓶中空气的压强为 p,热力学温度为 T,体积为 V。理想气体状态方程可改写为

$$p = \frac{m}{M}\frac{T}{V}R$$

即

$$p = \frac{m_1}{M}\frac{T}{V}R + C' \tag{7-9-4}$$

式中,$C' = -\dfrac{m_0}{M}\dfrac{T}{V}R$,为常量。

设实验室环境压强为 p_0,真空表读数为 p',则 $p' = p - p_0 < 0$,式(7-9-4)改写为

$$p' = \frac{m_1}{M}\frac{T}{V}R + C' - p_0 = \frac{m_1}{M}\frac{T}{V}R + C \tag{7-9-5}$$

式中,$C = C' - p_0$,为常数。测出在不同的真空表负压读数 p' 下 m_1 的值,然后作出 $p' - m_1$ 关系图,求出直线的斜率 $k = \dfrac{RT}{MV}$,便可得到气体普适常量的值。

【实验方法】

本实验利用直接比较法测量空气的质量、体积、压强和温度。

【实验器材】

1. 器材名称

ZX-1 型旋片式真空泵、真空表（－0.1～0 MPa，最小分度 0.002 MPa）、真空阀、真空管、比重瓶（图 7-9-1）、电子天平（0～1 kg，最小分度 0.01 g）及水银温度计（0～50℃，最小分度 0.1℃）。

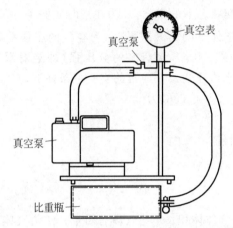

图 7-9-1　空气密度与摩尔气体常数测量装置图

2. 器材介绍

1）真空表

气压低于一个大气压（约 10^5 Pa）的气态空间，统称为真空。其中，按气压的高低，通常又可分为粗真空（10^5～10^3 Pa）、低真空（10^3～10^{-1} Pa）、高真空（10^{-1}～10^{-6} Pa）、超高真空（10^{-6}～10^{-12} Pa）和极高真空（低于 10^{-12} Pa）五种情况。其中，在物理实验和研究工作中经常用到的是低真空、高真空和超高真空。

图 7-9-2　真空表

用以获得真空的装置总称为真空系统。获得低真空的常用设备是机械泵；用以测量低真空的常用器件是热偶规、真空表等。真空表以大气压力为基准，是一种用于测量小于大气压力的仪表。本实验中使用的真空表量程为－0.1～0 MPa，最小分度 0.002 MPa，如图 7-9-2 所示。下面给出几个物理量的概念。

（1）大气压：地球表面上的空气柱因重力而产生的压力。它和所处的海拔高度、纬度及气象状况有关。

（2）差压（压差）：两个压力之间的相对差值。

（3）绝对压力：介质（液体、气体或蒸汽）所处空间的所有压力。

（4）负压：如果绝对压力和大气压的差值是一个负值，那么这个负值就是负压力，即负压力＝绝对压力－大气压＜0，即真空表读数。

2) 旋片式机械泵工作原理

旋片式真空泵主要由圆筒形定子、偏心转子和旋片等组成,如图 7-9-3 所示,其工作原理如图 7-9-4 所示。

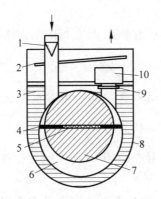

图 7-9-3　旋片式真空泵结构图

1—滤网;2—挡油板;3—真空泵泵油;4—旋片;5—旋片弹簧;6—空腔;7—转子;

8—油箱;9—排气阀门;10—弹簧板

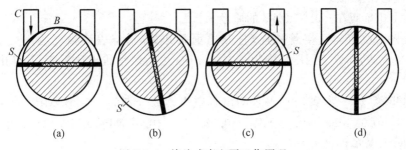

(a)　　　　　　(b)　　　　　　(c)　　　　　　(d)

图 7-9-4　旋片式真空泵工作原理

偏心转子绕自身的中心轴逆时针转动,转动中定子、转子在 B 处保持接触,旋片靠弹簧作用始终与定子接触。两旋片将转子与定子间的空间分隔成两部分。进气口 C 与被抽容器相连通。出气口装有单向阀。当转子由图 7-9-4(a)状态转向图 7-9-4(b)状态时,空间 S 不断扩大,气体通过进气口被吸入;转子转到图 7-9-4(c)位置,空间 S 和进气口隔开;转子转到图 7-9-4(d)位置以后,气体受到压缩,压强升高,直到冲开出气口的单向阀,把气体排出泵外。转子连续转动,这些过程就不断重复,从而把与进气口相连通的容器内气体不断抽出,使腔内达到真空状态。

【实验内容】

1. 测量空气的密度

(1)测量比重瓶的体积。用游标卡尺量出比重瓶的外径 D,长度 L,上底板厚度 δ_1,下底板厚度 δ_2,侧壁厚度 δ_0(侧壁厚度应该多量几次取平均值),算出比重瓶的体积 V(图 7-9-1)。

(2)将比重瓶开关打开,放到电子天平上称出空气和比重瓶总质量 m_1,然后将其平放桌面上,瓶口与真空管相接(见图 7-9-1)。

(3)将真空阀打开,插上真空泵电源,打开真空泵开关(打开开关前,应检查真空泵油位是否在油标中间位置），待真空表读数非常接近 $-0.1\,\text{MPa}$ 时（只需要等几分钟即可），先关上比重瓶开关，再关上真空阀门，最后才关闭真空泵。

（4）将比重瓶从真空管中拔出，注意这个过程应该缓慢进行，防止外界空气突然进入真空管中把真空表的指针打坏。

（5）将比重瓶放到电子天平上称出比重瓶的质量 m_0，算出气体质量，由公式 $\rho = \dfrac{m_1 - m_0}{V}$ 算出环境空气密度。

（6）由水银温度计读出实验室温度 $t(\text{℃})$，由公式 $\rho_n = \rho(1 + \alpha t)$ 算出标准状态下空气的密度，并与理论值比较。

2. 测定普适气体常量 R

（1）用水银温度计测量环境温度 $t_1(\text{℃})$（此实验过程较长，环境温度可能发生变化，应该测出实验始末温度取平均）。

（2）在实验内容 1 的基础上，将比重瓶与真空管重新连起来，打开比重瓶开关，真空表读数变到 $-0.1\,\text{MPa}$ 到 $-0.09\,\text{MPa}$ 之间，由于比重瓶与真空管接口处没有严格密封，所以存在缓慢的漏气，整个系统的压强会缓慢降下来，等降到 $-0.09\,\text{MPa}$ 时，迅速关闭比重瓶开关，再缓慢将比重瓶拔出。

（3）称出比重瓶在 $-0.09\,\text{MPa}$ 的质量 m_1。

（4）又将比重瓶与真空管相连，打开比重瓶开关，真空表读数变为 $-0.09\,\text{MPa}$ 到 $-0.08\,\text{MPa}$ 之间，同样等到压强降为 $-0.08\,\text{MPa}$ 之后缓慢拔出比重瓶，并称出此时比重瓶质量 m。

（5）同步骤（2）～步骤（4）一样，测出真空表读数分别为 $-0.07\,\text{MPa}$、$-0.06\,\text{MPa}$、$-0.05\,\text{MPa}$、$-0.04\,\text{MPa}$、$-0.03\,\text{MPa}$、$-0.02\,\text{MPa}$、$-0.01\,\text{MPa}$、$0\,\text{MPa}$ 时的比重瓶质量 m。

（6）测量环境的温度 $t_2(\text{℃})$。

（7）作出 $p' - m_1$ 图像，拟合出直线的斜率 $k = \dfrac{RT}{MV}$，求气体普适常量的值。

注意事项 （1）关闭阀门的顺序千万不能弄错，否则真空泵中的油可能会倒流入比重瓶中，给清洗和实验带来麻烦。

（2）将比重瓶口从真空管中拔出的过程应缓慢进行，防止外界空气突然进入真空管中而把真空表的指针打坏。

（3）应尽量保证环境温度不能变化太大。

（4）手不能长时间接触比重瓶，防止传热引起瓶内气体温度改变。

【数据记录与处理】

1. 测量空气的密度

1）测量比重瓶体积

记录比重瓶的外径 D、侧壁厚度 δ_0，得到瓶内径 d；记录总高度 L、上底板厚度 δ_1、下底板厚度 δ_2，得到瓶内高度 l，计算比重瓶容积 V。

2）测量空气的密度

记录空气和比重瓶总质量 m_1，空瓶质量 m_0，环境温度 t；计算实验室空气密度和标准状态下空气密度。已知标准状态下空气密度理论值为 $1.293\,\text{g/L}$，计算实验相对误差 E。

2. 测定气体普适常量 R

(1) 记录实验开始时环境温度 t_1 和实验结束时环境温度 t_2,取平均值。

(2) 设计表格记录不同压强 p' 下,空气和比重瓶总质量 m_1,作出 $p'-m_1$ 图(真空表负压 p' 与空气和瓶总质量 m_1 关系图),直线拟合得到斜率 k。已知 R 的理论值为 8.31 J/ (mol·K),计算 R 的相对误差 E。

【思考题】

真空表的读数是否为气瓶内空气压强? 如何利用真空表读数获得气瓶内空气压强?

【实验拓展】

在一般的科学实验中,一般通过真空泵来获取真空。最简单的真空泵是机械泵,如本实验。然而,这样的真空度还远远达不到很多物理实验的要求。

分子泵利用依靠高速旋转的动叶片和静止的定叶片相互配合,给空气分子一个额外的定向速度,而将空气从腔体中抽出。但它须经机械泵作用才能运行。常见的实验用分子泵满转速可以达到 1500 Hz,也就是一秒钟转 1500 圈。所以,利用分子泵可以达到 10^{-6} Pa 左右的真空度,即一个大气压的一千亿分之一。

实验 7.10　刚体转动惯量的测定

转动惯量(moment of inertia)是刚体绕轴转动时惯性的量度,等同于平动物体的质量。转动惯量在科学实验、工程技术、航天、电力、机械、仪表等领域也是一个重要参量。

对于形状不规则、质量分布不均匀的刚体,其转动惯量的确定通常只能通过实验手段进行测定。常用的测量方法有三线摆、双线摆、扭摆、复摆等,刚体转动惯量的测量是理工科专业大学生需要掌握的实验技能之一;对于形状规则、质量分布均匀的刚体,其转动惯量可通过数学方法计算得到,同时也可在实验室利用实验方法测量得到。

【课前预习】

1. 本实验中,刚体转动做匀加速运动时,如果绳子脱落绕线轮,对测量结果有什么影响? 转动系统的轴不竖直,对测量有影响吗? 有何影响?

2. 本实验中,角加速度测量由设定恒定的转动角度及转动该角度所需的时间测量来完成。如果仪器的计时系统出现故障,请设计合理的实验步骤完成实验。

3. 如果绕线时,将线交叉或堆积地缠绕在一起,那么如此绕线对实验结果有何影响。

【实验目的】

1. 学习掌握测量刚体转动惯量的方法。

2. 熟悉毫秒计的使用。

3. 验证平行轴定理。

4. 掌握作图法处理数据的方法。

【实验原理】

1. 转动惯量的测定

实验台的转动体系由承物台和塔轮组成,转动时体系对转动轴的转动惯量记为 I_0。本实验的待测物体为铝环、铝盘等，要测其对中心轴的转动惯量 I_X，可以将其放在承物台上。这时转动体系的转动惯量记为 I，即 $I = I_0 + I_X$，分别测出 I_0 和 I 后，便可求出 I_X：

$$I_X = I - I_0 \tag{7-10-1}$$

整个刚体转动体系受到的外力矩有两个，一个是细线的张力矩 $M = Tr$，r 为塔轮上绕线轮的半径；另一个是转轴的轴承处的摩擦力矩 M_μ。当砝码下落时，由牛顿第二定律有：

$$m_1 g - T = m_1 a$$

式中，m_1 是砝码和砝码钩的总质量；a 是砝码下落的加速度，由于一般情况下 $a \ll g$，所以可以近似认为 $T = m_1 g$，由转动定律得

$$\begin{cases} m_1 gr - M_\mu = I \cdot \beta（匀加速运动） \\ -M_\mu = I \cdot \beta'（匀减速运动） \end{cases} \tag{7-10-2}$$

所以有

$$\begin{cases} M_\mu = \dfrac{-\beta'}{\beta - \beta'} m_1 gr \\ I = \dfrac{m_1 gr}{\beta - \beta'} \end{cases} \tag{7-10-3}$$

注意 这时 β' 为负值，I 是转动惯量。用同样方法可测出转台空载时转动体系的转动惯量 I_0，则被测物体的转动惯量 I_X 为 $I_X = I - I_0$。由式（7-10-3）可以看出，测定转动惯量的关键是确定角加速度 β 和摩擦力矩 M_μ。

在转动过程中，转动体系受到的摩擦力矩的大小受转速的影响不大，这时把它视为恒力矩，这样就可把转动看作匀变速转动，所以有：

$$\theta = \omega_0 t + \frac{1}{2} \beta t^2 \tag{7-10-4}$$

用毫秒计测出转动体系从同一个起始点转过两个不同角位移所用时间 t_1、t_2：

$$\begin{cases} \theta_1 = \omega_0 t_1 + \dfrac{1}{2} \beta t_1^2 \\ \theta_2 = \omega_0 t_2 + \dfrac{1}{2} \beta t_2^2 \end{cases} \tag{7-10-5}$$

式中，ω_0 为初始角速度；θ_1 及 θ_2 为对应于 t_1 和 t_2 的角位移。

利用以上两个方程可求出匀加速时的角加速度：

$$\beta = \frac{2(\theta_1 t_2 - \theta_2 t_1)}{t_1^2 t_2 - t_2^2 t_1} \tag{7-10-6}$$

当转台转到某一时刻，线一端的砝码落地，使细线对塔轮的张力矩消失，转台在摩擦力矩作用下，做匀减速转动。用相同的方法可以求出匀减速转动的角加速度：

$$\beta' = \frac{2(\theta_1 t_2' - \theta_2 t_1')}{t_1'^2 t_2' - t_2'^2 t_1'} \tag{7-10-7}$$

把毫秒计测出的时间值 t_1、t_2、t_1'、t_2' 代入式（7-10-6）和式（7-10-7），就可得出角加速度 β 和 β'，再代入式（7-10-3）即可得到转动惯量 I 和摩擦力矩 M_μ。

2. 用作图法求转动惯量

在式（7-10-4）中，若初角速度 $\omega_0 = 0$，则有

$$\beta = \frac{2\theta}{t^2} \qquad\qquad (7\text{-}10\text{-}8)$$

代入式(7-10-2)中得

$$m_1 gr - M_\mu = 2I\theta/t^2 \qquad\qquad (7\text{-}10\text{-}9)$$

即

$$m_1 = \frac{2I\theta}{gr} \cdot \frac{1}{t^2} + \frac{M_\mu}{gr} = K\frac{1}{t^2} + m_\mu \qquad\qquad (7\text{-}10\text{-}10)$$

当角位移 θ 确定，r 的大小选定，M_μ 视为常数，则 m_1 和 $\frac{1}{t^2}$ 应为线性关系。利用作图法可以确定刚体系的转动惯量 I 和摩擦力矩 M_μ。

3. 平行轴定理

如果转轴通过物体的质心，转动惯量用 I_c 表示，若另有一转轴与这个轴平行，两轴之间距离为 d，物体绕这个轴转动时转动惯量用 I_d 表示，则 I_d 和 I_c 之间满足下列关系：

$$I_d = I_c + md^2 \qquad\qquad (7\text{-}10\text{-}11)$$

式中，m 是该物体的质量。

【实验方法】

本实验在测量物体的转动惯量时，利用直接比较法测量出系统的转动时间求得角加速度，从而计算得到转动惯量。在数据处理时，同时采用了列表法、作图法来进行数据处理。

【实验器材】

1. 器材名称

刚体转动惯量实验仪，通用电子毫秒计，铝环、铝板、小钢柱、砝码、带细线砝码钩，游标卡尺等。

2. 器材介绍

1）刚体转动惯量实验仪

刚体转动惯量实验仪如图 7-10-1 所示。它不但能测定质量分布均匀、断面形状规则的刚体的转动惯量，而且能测定质量分布不均匀、断面形状不规则的刚体的转动惯量，并可验证物理学的转动定律、平行轴定理等。它的转动体系由十字形承物台的塔轮组成，可绕它的垂直方向对称轴进行平稳的转动。两根对称放置的遮光细棒随刚体系一起转动，依次通过光电门反复遮光。光电门由发光器件和光敏器件组成，发光器件的电源由通用电子毫秒计提供，它们构成一个光电探测器，光电门将细棒每次经过时的遮光信号转变成电脉冲信号，送到通用电子毫秒计。毫秒计记录并存储遮光次数和每次遮光的时刻。塔轮上有五个不同半径的绕线轮，从下到上分为 15 mm、20 mm、25 mm、30 mm、35 mm 五挡，以使绕线时为体系提供不同的力臂。砝码钩上可以放置不同数量的砝码来改变对转动体系的拉力。在实验仪十字形承物台每个臂上，沿半径方向等距离 d 分别有三个小孔，如图 7-10-2 所示。小钢柱可以放在这些小孔上，利用不同的孔位置改变小钢柱对转动轴的转动惯量，因而也就改变了整个体系的转动惯量，还可用来验证平行轴定理。

2）TH-4 型通用电子毫秒计

通用电子毫秒计是为刚体转动惯量的测量而设计的，也可用于物理实验中各种时间测

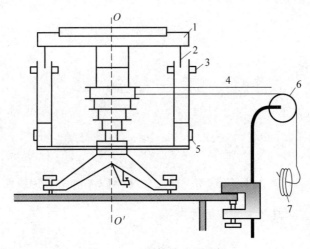

图 7-10-1　刚体转动惯量仪

1—承物台；2—遮光细棒；3—光电门；4—绕线轮；5—插座；6—滑轮；7—砝码

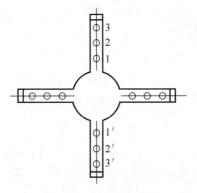

图 7-10-2　承物台俯视图

量和计数。本仪器使用了单片机作为核心器件，具有记忆功能，最多可记忆 99 组测量时间，并可随时查看测量结果。时间测量有几种方法，可根据需要选择一种；计时范围 $0\sim$ 99.9999 s；计时精度 0.1 ms。两路 2.2 V 直流电源输出；两路光电门 TTL/CMOS 信号电平输入通道；可与计算机通过标准 RS232 串口通信。前后面板如图 7-10-3 所示。

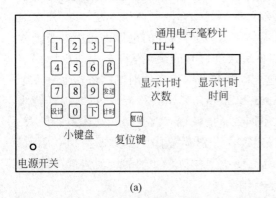

(a)

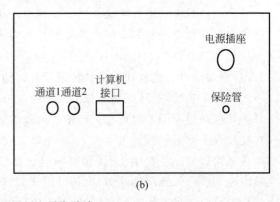

(b)

图 7-10-3　TH-4 型通用电子毫秒计

（a）前面板；（b）后面板

前面板：八位数码管分为两组，左边两位显示计数次数，右边六位显示计时时间。小键盘上"0～9"为数字键；"－"为减号键；"β"为角加速度键；"发送"为向计算机传输数据键；"设置/上"为设置和递增取数键盘；"下"为递减取数键；"复位"键为工作不正常时使毫秒计复位。

后面板：两路计数通道，一路 RS232C 串口。输出 2.2 V 电源。

操作说明　（1）打开前面板左下方电源开关，数码管显示"88-888888"，否则按"复位"键。

（2）按"设置"键，数码管显示"P-0199"，这时"01"表示遮光一次记一次数，"99"表示最多可计 99 个数。如设置成"0129"则表示每遮一次光计一次数，共记 29 个数。若设置成"0211"则表示每遮两次光计一次数，共记 11 个数，其余依次类推。设置完毕，需再按"设置"键返回，这时显示"88-888888"，系统进入计时准备状态，可进行计时操作。

（3）取时间值：一次测量完毕，所有数据已存入单片机中；如要读取存储在单片机中的数据，以进行手工的记录和运算，应按下述步骤操作。

如要查询的次数小于 10，可直接按相应数字键即得（例如要查询第 7 次遮光时间，直接按数字键"7"即可）；如次数大于等于 10，则依次连续按相应数字键。注意，按两键的时间间隔不要大于 2 s，否则单片机会当作两次小于 10 的键值输入、查询。如取第 23 次遮光时间值，先按"2"，紧接着按"3"，则显示第 23 次遮光的时间值。

（4）递增或递减取数：按"上"键和"下"键。

（5）两时间值相减：如"$t_{23}-t_{21}$"，先按"2""3"，再按"－"，显示"P－"，然后再按"2""1"，即得到结果。注意，若第二个数是一位数，则需等待一会。

（6）取"β"值：为了方便使用，毫秒计还提供了对"β"值的直接计算功能。单片机中已把角位移 θ_1、θ_2 值默定为 2π 和 8π（$\theta_1=2\pi$，$\theta_2=8\pi$）。完成一次实验后，想要对本次实验的 β 值进行计算时，只要按一次"β"键，则显示"1……"，此即为 β 值；如连续按两次"β"键，则显示"2－……"，它是在摩擦力矩的作用下的负角加速度值 β'，注意它们前面的正负号。

（7）发送数据：与计算机连好后，按"发送"键，毫秒计向计算机传输数据。若发送正确，则显示"……"，否则，先显示"……"然后显示"……"。

（8）要想重新开始计时，按"计时"键。

【实验内容】

1. 调节刚体转动惯量仪的底部螺钉，使中心轴处于铅直状态，即承物台处于水平状态。

2. 测铝环对中心轴的转动惯量。

（1）把铝环放置在承物台上，先测出 I。

两个角位移 θ_1 及 θ_2 分别定为 2π 和 8π，毫秒计设置为"0129"，m 为四个砝码加砝码钩的质量，r 取 25 mm。挂砝码的细线通过滑轮绕在半径为 25 mm 的塔轮上，用一只手扶住承物台，另一只手按毫秒计上的"计时"键，然后撤去扶承物台的手让系统在外力矩 M 和摩擦力矩 M_μ 的作用下从静止开始转动。砝码落地后，系统在 M_μ 的作用下继续转动，直到毫秒计停止计数。

注意，应保证砝码在第 9 次计数后才落地；绕线前，保证细线通过滑轮水平方向上的切点与塔轮绕线点在同一水平面上，且绕线与滑轮接触面最少（为什么？）。

取时间值：t_1 取 3 次—1 次；t_2 取 9 次—1 次；

t_1' 取 23 次—21 次；t_2' 取 29 次—21 次

按一下"β"键：显示"1……"得到 β 值；

再按一下"β"键：显示"2—……"得到 β' 值，注意 β' 为负值。记录 β、β'，重复以上步骤，进行多次测量，一共得到 6 组数据。

（2）把铝环从取物台上取下来，再测 I_0，测 I_0 的步骤和测 I 的步骤完全相同，得到 I_0。

（3）根据式（7-10-1）计算出铝环对中心轴的转动惯量 I_X。

（4）用理论公式计算出铝环的转动惯量，并与实验结果进行比较。

$$I_{理} = \frac{1}{2}m_2(r_内^2 + r_外^2) \tag{7-10-12}$$

式中，m_2 是铝环的质量；$r_内$ 和 $r_外$ 分别是铝环的内半径和外半径。

3. 用作图法处理数据，测铝盘对中心轴的转动惯量。

（1）测量 I：把铝盘放在承物台上，角位移定为 8π，绕线轮半径取 $r = 25$ mm，m_1 值分别取 10 g、15 g、20 g、…、45 g 共 8 个值，用毫秒计测出对应的时间值 t。

注意，为保证 $\omega_0 = 0$，体系由静止一开始运动就须计时（要放好遮光细棒的位置）；绕线前，保证细线通过滑轮水平方向上的切点与塔轮绕线点在同一水平面上，且绕线与滑轮接触面最少。

（2）测量 I_0：把铝盘从承物台上取下，实验及作图的步骤与测量 I 完全相同。

（3）根据式（7-10-1）计算出铝盘对中心轴的转动惯量 I_X。

（4）由理论公式计算出铝盘对中心轴的转动惯量 $I_{理}$，并与实验值进行比较。

4. 验证平行轴定理。

把两个小钢柱分别放在承物台的小孔 2 和 2′处，如图 7-10-2 所示，每个小钢柱的质量记为 m_0。当这两个小钢柱随承物台一起转动时，将其看作一个单独体系，两个小钢柱体系的质心恰好在转动轴上，它们绕轴转动时的转动惯量记为 I_c，用测铝环转动惯量同样的方法可测出 $I_1 = I_0 + I_c$。然后，再把两个小钢柱放在 1 和 3′（或 1′和 3）的位置上，这时，两个小钢柱体系的质心与转轴的距离变为 d。用 I_d 表示小钢柱体系对转轴的转动惯量，也用同样方法测出 $I_2 = I_0 + I_d$。

【数据记录与处理】

1. 测铝环的转动惯量

（1）参照表 7-10-1 绘制表格，并将所测的数据记录于表格中。

表 7-10-1　测量铝环的转动惯量数据表（$\theta_1 = 2\pi$；$\theta_2 = 8\pi$）

i	$\beta/(\text{rad} \cdot \text{s}^{-2})$	$\beta'/(\text{rad} \cdot \text{s}^{-2})$
1		
2		
3		
4		
5		
6		

注意　表 7-10-1 须画两份，以记录 I 和 I_0。

（2）砝码、砝码钩的质量，绕线轮的半径，铝环的质量、内径和外径等参考数据由实验室给定。

（3）推导转动惯量的不确定度公式，并根据表中的数据计算 I。

2. 铝盘对中心轴的转动惯量

（1）参照表 7-10-2 绘制表格，并将所测得的数据记录于表格中。

表 7-10-2　测量铝盘对中心轴的转动惯量数据表（$\omega_0=0$）

m_1/g	10	15	20	25	30	35	40	45
t/ms								

注意　表 7-10-2 须画两份，以记录 I 和 I_0。

（2）以 m_1 为纵坐标，以 $1/t^2$ 为横坐标，画出 m_1 和 $1/t^2$ 的关系曲线；如果是一条直线，就验证了转动定律。测出直线在纵坐标轴上的截距为 $m_\mu=M_\mu/gr$，可以求出转动惯量 $I=Kgr/2\theta$。

3. 验证平行轴定理

按平行轴定理 $I_d=I_c+2m_0d^2$，则有

$$I_2-I_1=2m_0d^2 \tag{7-10-13}$$

把 I_1、I_2、m_0 和 d 分别代入式（7-10-13），如果两边相等，则验证了平行轴定理。由于 I_0 比 I_c 和 I_d 都大得多，当 I_0 的不确定度与 I_d 与 I_c 相差不大时，就难以验证平行轴定理。这时，可以用一个条板支架换下十字型承物台，以减少 I_0 和 ΔI_0，同时增大钢柱到转轴的距离，以增大 I_c 和 I_d。

【思考题】

1. 根据你所学的大学物理知识，简述转动惯量的物理意义。

2. 如果取 $T=m_1g$，试推导在此近似下转动惯量公式。并根据实验数据分析这样的近似给实验结果带来的影响。

3. 分析滑轮的转动惯量给实验结果带来的影响。

【实验拓展】

1. 设计一实验方案，测量出不规则物体对定轴的转动惯量。

2. 实验中，绕线太短不足以满足 9 次计数后砝码落地，请利用本实验仪器设计一实验方案完成转动惯量的测量。

实验 7.11　CCD 棱镜摄谱仪测波长

光谱学是光学的一个分支学科，光谱学研究的是各物质的光谱的产生及其与物质之间的相互作用。光谱是电磁波辐射按照波长的有序排列，通过光谱的研究，人们可以得到原子、分子等的能级结构、电子组态、化学键的性质、反应动力学等多方面物质结构的知识，在化学分析中也提供了重要的定性与定量的分析方法。根据研究光谱方法的不同，习惯上把光谱学区分为发射光谱学、吸收光谱学与散射光谱学。这些不同研究方法的光谱学，从不

同方面提供物质微观结构知识及不同的化学分析方法。例如，发射光谱可以分为三种不同类别的光谱：线状光谱、带状光谱、连续光谱。线状光谱主要产生于原子，带状光谱主要产生于分子，连续光谱则主要产生于白炽的固体或气体放电。

随着科技的进步，当今先进的光谱实验室已不再使用照相干版法获得光谱图形，所使用的都是以电荷耦合器件（CCD）器件为核心构成的各种光学测量仪器。PSP05 型 CCD 微机棱镜摄谱仪测量系统采用线阵 CCD 器件接收光谱图形和光强分布，利用计算机的强大数据处理能力对采集到的数据进行分析处理，通过直观的方式得到测量结果。与其他产品相比，PSP05 型摄谱仪具有分辨率高（微米级）、实时采集、实时处理、实时观测、观察方式多样、物理现象显著、物理内涵丰富、软件功能强大等优点，是传统棱镜摄谱仪的升级换代产品。

【课前预习】

1. 什么是棱镜的分辨本领？
2. CCD 型棱镜摄谱仪的调节过程。

【实验目的】

1. 了解小型摄谱仪的结构、原理和使用方法。
2. 学习摄谱仪的定标方法及物理量的比较测量方法（线性插值法）。

【实验原理】

1. 光谱和物质结构的关系

每种物质的原子都有自己的能级结构，原子通常处于基态，当受到外部激励后，可由基态跃迁到能量较高的激发态。由于激发态不稳定，处于高能级的原子很快就返回基态，此时发射出一定能量的光子，光子的波长（或频率）由对应两能级之间的能量差 ΔE_i 决定：

$$\Delta E_i = E_i - E_0$$

式中，E_i 和 E_0 分别表示原子处于对应的激发态和基态的能量，即 $\Delta E_i = h\nu_i = h\dfrac{c}{\lambda_i}$，得

$$\lambda_i = \frac{hc}{\Delta E_i}$$

式中，$i = 1, 2, 3, \cdots$；h 为普朗克常数；c 为光速。

每一种元素的原子，经激发后再向低能级跃迁时，可发出包含不同频率（波长）的光，这些光经色散元件后可得到与其对应的光谱。此光谱反映了该物质元素的原子结构特征，故称为该元素的特征光谱。通过识别特征光谱，就可对物质的组成和结构进行分析。

2. 棱镜摄谱仪的工作原理

复色光经色散系统（棱镜）分光后，按波长的大小依次排列的图案，称为光谱。

棱镜摄谱仪的构造由准直系统、偏转棱镜、成像系统、光谱接收等四部分组成。按所适用波长的不同，摄谱仪可分为紫外光、可见光、红外光等三大类，它们所使用的棱镜材料是不同的：对紫外光用水晶或萤石；对可见光用玻璃；对红外光用岩盐等材料。

棱镜把平行混合光束分解成不同波长的单色光根据的是折射光的色散原理。各向同性的透明物质的折射率与光的波长有关，其经验公式是

$$n = A + \frac{B}{\lambda^2} + \frac{C}{\lambda^4} + \cdots$$

式中,A、B、C 是与物质性质有关的常数。由上式可知,短波长的光的折射率要大些,例如,一束平行入射光由 λ_1、λ_2、λ_3 三色光组成,并且 $\lambda_1 < \lambda_2 < \lambda_3$,通过棱镜后分解成三束不同方向的光,具有不同的偏向角 δ,如图 7-11-1 所示。

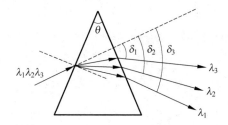

图 7-11-1 棱镜色散波长 λ 与偏向角 δ 的关系

衡量棱镜摄谱仪的性能指标主要有两个,分别介绍如下。

1) 仪器分辨本领

它是指在用摄谱仪摄取波长为 λ 附近的光谱时,刚刚能分辨出两谱线的波长差,用 R 表示,其满足如下关系:

$$R = \frac{\lambda}{\mathrm{d}\lambda}$$

式中,$\mathrm{d}\lambda$ 为能够分辨的两谱线波长差。显然,$\mathrm{d}\lambda$ 值越小,摄谱仪分辨光谱的能力越高。

2) 棱镜的分辨本领

$$R = b \frac{\mathrm{d}n}{\mathrm{d}\lambda}$$

式中,b 是棱镜的底边长;$\dfrac{\mathrm{d}n}{\mathrm{d}\lambda}$ 是棱镜材料的折射率随波长的变化率。可见,要提高棱镜摄谱仪的光谱分辨本领,必须选用高色散率的材料制作色散棱镜,且底边 b 要宽。棱镜的 R 值大约可以达到 10^4 数量级。

小型摄谱仪常选用阿贝(Abbe)复合棱镜,它是由两个 30°折射棱镜和一个 45°全反射棱镜组成的,如图 7-11-2 所示。

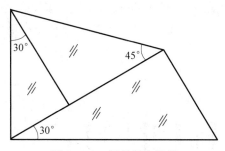

图 7-11-2 阿贝复合棱镜

本实验系统就是利用棱镜的色散特性进行工作的摄谱仪。在摄谱仪中,棱镜的主要作用是用来分光,即利用棱镜对不同波长的光有不同折射率的性质来分析光谱。折射率 n 与光的波长 λ 有关。当一束白光或其他非单色光入射棱镜时,由于折射率不同,不同波长(颜色)的光具有不同的偏向角 δ,从而形成不同射线方向的光。通常棱镜的折射率 n 是随波长

λ 的减小而增加的（正常色散），所以可见光中紫光偏折最大，红光偏折最小。一般的棱镜摄谱仪都是利用这种分光作用制成的。

摄谱仪的光学系统如图 7-11-3 所示，自光源 S 发出的光，通过调节狭缝大小获得一宽度、光强适中的光束，此光束经准直透镜后成平行光射到棱镜上，再经棱镜色散，由成像系统成像于接收系统上。

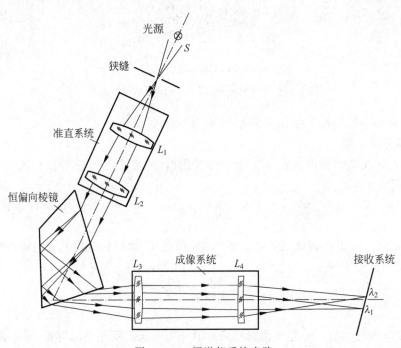

图 7-11-3　摄谱仪系统光路

3. 用线性内插法求待测波长

这是一种近似测量波长的方法。一般情况下，棱镜是非线性色散元件，但是在一个较小的波长范围内，可以认为色散是均匀的，即认为 CCD 上接收的谱线的位置和波长有线性关系。如波长为 λ_x 的待测谱线位于已知波长 λ_1 和 λ_2 谱线之间，如图 7-11-4 所示，它们的相对位置可以在 CCD 采集软件上读出，如用 d 和 x 分别表示谱线 λ_1 和 λ_2 的间距及 λ_1 和 λ_x 的间距，那么待测线波长为

$$\lambda_x = \lambda_1 + \frac{x}{d}(\lambda_2 - \lambda_1) \tag{7-11-1}$$

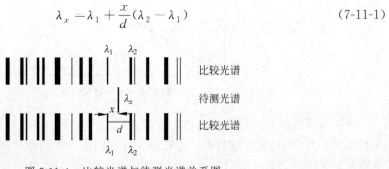

图 7-11-4　比较光谱与待测光谱关系图

【实验方法】

实验方法为比较法,将待测光谱与比较光谱对比,用线性内插法求待测波长。

【实验器材】

由 PSP05 型 CCD 微机摄谱仪组成的实验装置如图 7-11-5 所示。下面分别介绍摄谱仪的几个主要元部件。

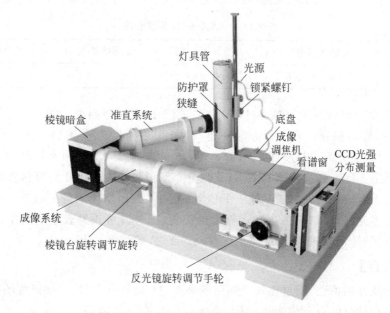

图 7-11-5　CCD 型棱镜摄谱仪实验装置

1) 可调狭缝

狭缝是光谱仪中最精密、最重要的机械部分,由它调节并限制入射光束,形成光谱的实际光源,直接决定谱线的质量。

狭缝是由一对能对称分合的刀口片组成的,其分合动作由手轮控制。手轮是保持狭缝精密的重要部分,因此转动手轮时一定要用力均匀、轻缓。狭缝盖内装有能左右拉动的哈特曼栏板。

2) 准直系统

光源 S 发出的光,经狭缝调节,通过透镜 L_1、L_2 后成一束平行光入射到恒偏转棱镜上。实验过程中,需微调狭缝的位置,当狭缝的位置处于 L_1、L_2 组合透镜的焦距上时,从透镜 L_2 出射的光线为平行光。

3) 色散系统

色散系统是一个恒偏转棱镜,它使光线在色散的同时又偏转 $64.1°$。棱镜本身也可绕铅直轴转动。

4) 成像系统

成像系统是平行光线经棱镜色散后的聚焦部分。可以通过调焦手轮作前后移动来调焦,调焦幅度约为 40 mm。成像效果可以通过旋转反光镜,将光线反射至毛玻璃上,由看谱窗透过看谱镜观察光谱。

5）接收系统

PSP05 型 CCD 微机棱镜摄谱仪采用的是线阵 CCD 接收光谱的光强分布，代替传统的胶片曝光法，操作方便，提高了实验精度及实验数据处理能力。

6）CCD 光强分布测量仪

其核心是线阵 CCD。CCD 是一种可以电扫描的光电二极管列阵，有面阵（二维）和线阵（一维）之分。PSP05 型 CCD 光强仪所用的是线阵 CCD，性能参数如表 7-11-1 所列。

表 7-11-1　线阵 CCD 性能参数

光敏元素	光敏元尺寸	光敏元中心距	光谱响应范围	光谱响应峰值
2160 个	14 μm×14 μm	14 μm	(0.3～0.9)μm	0.56 μm

CCD 电路盒上的双列直插封装（DIP）开关，用于改变时钟频率。DIP 开关的设置可改变 CCD 对光信号的积分时间。积分时间越长，光电灵敏度越高，时钟频率 DIP 开关有 5 挡，每挡间是二进制关系，积分时间按 1,2,4,8,16 倍增加。第 1 挡频率最高（每秒 10 帧），一般放在 1 挡上。DB9 插座用来将 CCD 光强分布测量仪与 USB100 计算机数据采集盒相连。在电路盒上有一个调整扫描基线上下位置的小孔，扫描基线调整孔内有一只小型电位器，用于调整"零光强"时扫描线在显示器上的位置，调整时可用钟表起子或小螺丝刀细心微微转动，顺时针转动时，扫描基线将向上移动；反之，基线将下降。

【实验内容】

实验采用线性插值法，通过比较已知两条接近波长的谱线，求出未知谱线的波长。

此次实验用钠灯的双黄线波长定标，两条双黄线波长分别是 589.6 nm 和 589.0 nm。确认其大致的位置，并计算双黄线之间经过了多少个像元，再改用汞灯，根据汞灯双黄线和绿线的大致位置，用公式(7-11-1)算出其波长。

（1）将钠灯置于摄谱仪狭缝前，旋下狭缝的保护罩，打开电源。

（2）将反光镜旋转调节手轮顺时针旋至底，调节狭缝位置和狭缝手轮（改变通光口径宽度），同时由看谱窗观察谱线的变化，直至所见黄色谱线的亮度、宽度适中，谱线成像清晰，谱线平行于光管方向，且位于黑框之中为止。如果谱线成倾斜状，则可转动狭缝，直至谱线在铅垂方向为止。如果看谱窗上观察到的谱线成像始终模糊，应改变狭缝与准直物镜之间的距离，当狭缝刀口正好处于组合准直物镜的焦距上时成像效果最佳，此时旋紧狭缝和棱镜压片固定螺钉。如果谱线位于黑框之外，则此时 CCD 将无法采集信号，需要调节棱镜旋转台调节旋钮，将谱线调于黑框之中。然后，将反光镜旋转调节手轮逆时针旋至底，用计算机软件观察测量。

（3）打开配套的工作软件，单击"文件"下的"开始采集"按钮，开始采集光谱数据。

（4）微调狭缝手轮，使狭缝通光口径缓慢变小，直至计算机屏幕上出现双峰信号。微调棱镜旋转台的调节旋钮，将双峰尽量移到屏幕的左边，在软件上单击"停止采集"，显示出两个尖峰的图像。（按住鼠标左键）移动蓝色的取样框到双峰处，双峰图形取样至屏幕右方，将光标移至右边，如图 7-11-6 所示，选择"A/D"值最大时（可使用键盘上的方向键）单击鼠标左键，输入第一个峰的波长值"589.6 nm"，完成定标，之后光标移至右边的第二条谱线处单击并输入"589.0 nm"定标（图 7-11-6），并记录下两条谱线的位置。

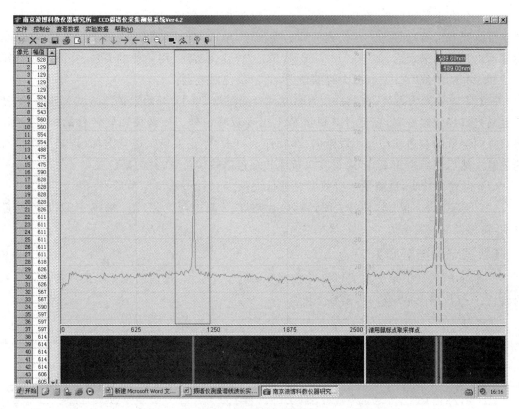

图 7-11-6　钠灯的谱线

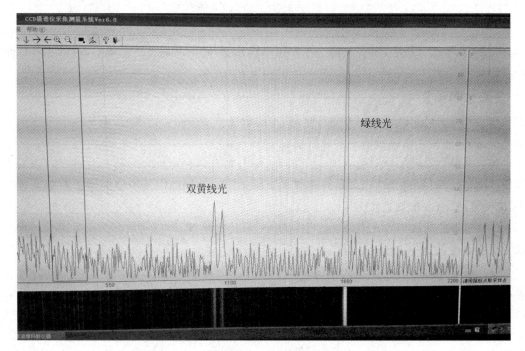

图 7-11-7　汞灯的谱线

（5）不改变光学系统，在同一位置将光源换为汞灯，微调狭缝手轮，由看谱窗观察到一条双黄线光和一条绿线光。切换到计算机屏幕上，单击"开始采集"，微调狭缝手轮，在屏幕中显示出相应的谱线后，如图7-11-7所示，单击"停止采集"。用同样的方法，找到双黄线第一条和绿光的谱线"A/D"值最大时的位置，并记录位置数据。

（6）不改变光学系统，在同一位置将光源换为钠灯，单击"开始采集"，微调狭缝手轮，使狭缝通光口径缓慢变窄，直至计算机屏幕上出现双峰信号。微调棱镜旋转台的调节旋钮，将双峰向屏幕的右边移动一小段距离，在软件上单击"停止采集"，进行定标，记录下双谱线的位置。然后光源换为汞灯，采集其双黄线和绿色谱线的位置，并记录位置。

（7）重复第6步，再测量3组数据并进行记录。

（8）实验完毕，退出软件并关闭计算机和钠灯、汞灯电源开关，盖上看谱窗的盖子，整理桌面，将仪器摆放整齐。

【数据记录与处理】

1. 将实验数据记录于表7-11-2并根据表中的实验数据，用内插法算出汞灯黄光和绿光的波长，5组数据求平均值，作误差分析。

表 7-11-2　记录光谱线的位置

位　　置	钠灯第1条双黄线	钠灯第2条双黄线	汞灯第1条双黄线	汞 灯 绿 线
1				
2				
3				
4				
5				

2. 在坐标纸上作图，将实验值与理论值进行比较，并说明误差产生的原因。（汞灯波长的理论值见附录。）

【注意事项】

（1）因光谱线相对于环境光显得暗弱，本实验应拉上窗帘进行实验，或尽量安排在暗室中进行，这样比较利于光谱的观察和辨别。

（2）如果采集到的光谱线出现大面积"削顶"，则有两种可能：一是CCD饱和，说明光信号过强，这时可以将光源稍微离开狭缝一点距离；二是软件中选项里的增益参数调得过大，应使之减小（一般增益置为1）。

（3）如果发现采集的光谱曲线上毛刺较多，可检查狭缝刀口是否有尘埃，可用蚕丝棉蘸取酒精小心擦拭。

（4）狭缝是光谱仪中非常重要的机械部件，它用来限制入射光束并形成光谱的实际光源，其精度和调节直接决定谱线的质量，因此要特别爱护，如不要使刀口处于紧闭的状态，因为刀口比较锐利，相互紧闭容易产生卷边而使刀口受到损伤与破坏；操作手轮调整狭缝宽度时要细心，旋转时用力要小而均匀，而且要慢慢地转动，千万不要急促地快转，因为狭缝部件上的零件都比较精密，弹簧力量比较小，如果猛然或快速旋转会使之受冲击力而影响狭缝的精度和寿命，这一点必须注意。

（5）在调节狭缝宽度时，最好在开启方向进行，因为狭缝是在弹簧力作用下关闭的。由于要克服机构中的摩擦，因此狭缝刀片的运动可能滞后，从开启方向开始调节可消除上述误差。

【思考题】

1. 钠灯和汞灯为什么存在双黄线？
2. 如果采集到的光谱线出现大面积"削顶"的现象，请分析原因并解决此问题。
3. 请分析环境光对光谱线的影响，以及解决办法。

【附录】

钠灯、汞灯的谱线波长分别见表 7-11-3、表 7-11-4。

表 7-11-3 钠灯

灯源	谱线波长/nm	颜色
钠灯（Na）	589.0	黄光（双线）
	589.6	

表 7-11-4 汞灯

灯源	谱线波长/nm	颜色
汞灯（Hg）	365.0	紫外
	404.7	蓝紫
	435.8	蓝光
	546.1	绿光
	577.0	黄光（双线）

【实验拓展】

CCD 是指电荷耦合器件，是一种用电荷量表示信号大小，用耦合方式传输信号的探测器件，具有自扫描、感受波谱范围宽、畸变小、体积小、重量轻、系统噪声低、功耗小、寿命长、可靠性高等一系列优点。它采用超大规模集成电路工艺技术生产，像素集成度高，尺寸精确，商品化生产成本低。因此，许多采用光学方法测量外径的仪器，把 CCD 器件作为光电接收器。

第 *8* 章

放大法实验

实验 8.1　双棱镜干涉测定光波波长

1802 年英国科学家托马斯·杨(Thomas Young)通过双缝实验观察到光的干涉现象。1826 年法国科学家菲涅耳(Augustin Fresnel)通过双面镜、双棱镜实验验证了光的波动性质。他们为推动波动光学发展奠定了基础。菲涅耳双棱镜实验装置较为简单,但原理十分巧妙。它通过测量毫米量级长度,得出小于微米量级的光波波长。由于菲涅耳在科学事业上的重要成就,巴黎科学院授予他院士称号,被后人称为"物理光学的缔造者"。

【课前预习】

1. 菲涅耳双棱镜干涉属于哪类干涉? 与杨氏双缝干涉相比,它有什么优点?

2. 使用示波器测量干涉条纹间距 Δx 时,为什么需要"定标"? 如何"定标"?

3. CCD 的基本结构是怎样的? 每部分的作用是什么?

【实验目的】

1. 观察双棱镜产生的干涉现象。

2. 掌握用双棱镜测定光波波长的方法。

3. 了解 CCD 的工作原理及其应用。

4. 掌握光学系统等高共轴调节方法。

【实验原理】

1. 菲涅耳双棱镜结构

双棱镜的结构如图 8-1-1 所示,将一块平玻璃板的上表面加工成两楔形,两端面法线方向与棱脊垂直,楔角较小,一般小于 1°,就构成了一个双棱镜。

2. 菲涅耳双棱镜干涉

双棱镜干涉实验示意图如图 8-1-2 所示。当单色光源 S 照射在双棱镜楔形表面时,经其折射后形成的两束频率相同,振动方向相同,相位差不随时间变化的光波。那么,这两束光可视为分别从虚光源 S_1、S_2 发出,在两列光波相交的区

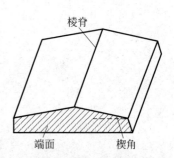

图 8-1-1　双棱镜结构图

域内,光强的分布满足光的相干条件,若在此区域(P_1、P_2 之间)放置观察屏,就可以在屏上观察到明暗相间的干涉条纹。

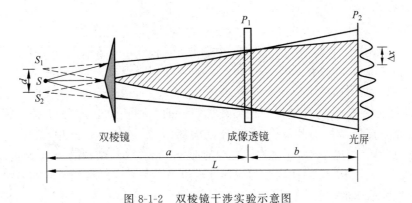

图 8-1-2　双棱镜干涉实验示意图

如图 8-1-3 所示,设两虚光源的间距为 d,它们到观察屏的距离为 L,观察点 P_x 与光路中心光轴的距离为 x,两虚光源的中点和 P_x 点连线与中心光轴的夹角为 θ,入射光的波长为 λ,则点 P_x 处的光强为

$$I = 4I_0 \cos^2\left(\frac{\pi}{\lambda}d\sin\theta\right) \tag{8-1-1}$$

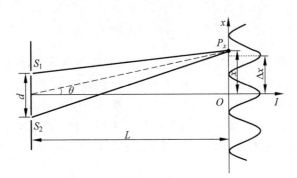

图 8-1-3　计算光源波长示意图

当 $d\sin\theta = \pm k\lambda$ 时,$I = 4I_0$,即干涉光强极大。当 $d\sin\theta = \pm(2k+1)\dfrac{\lambda}{2}$ 时,$I = 0$,即干涉光强极小,因此在观察屏上可以看到明暗相间的干涉条纹。

为满足远场条件,$d \ll L$,因此 θ 角很小,可近似为 $\sin\theta \approx \dfrac{x}{L}$。故对于明条纹,有 $d\dfrac{x}{L} = \pm k\lambda$,即 $x = \pm k\dfrac{L}{d}\lambda$;对于暗条纹,有 $d\dfrac{x}{L} = \pm(2k+1)\dfrac{\lambda}{2}$,即 $x = \pm(2k+1)\dfrac{L}{d}\dfrac{\lambda}{2}$。因此,相邻两明条纹(或暗条纹)的条纹间距为

$$\Delta x = \frac{L}{d}\lambda \tag{8-1-2}$$

所以,在实验中只要测得条纹间距 Δx、虚光源间距 d、虚光源到观察屏距离 L,就可以计算出光源波长为

$$\lambda = \Delta x \frac{d}{L} \tag{8-1-3}$$

3. CCD 技术

电荷耦合器件（charge coupled devices，CCD），又称为 CCD 图像传感器，是美国贝尔实验室的 W. S. Boyle 和 G. E. Smith 于 1970 年发明的，具有光电转换、信息存储、延时和将电信号按顺序传送等功能，且集成度高、功耗低，随后得到飞速发展，是图像采集及数字化处理必不可少的关键器件，广泛应用于光学、电子学、医学、石油工业、军事领域。

CCD 是由光敏单元、转移结构和输出结构组成的一种集光电转换、电荷储存和电荷转移为一体的光电传感器件。典型线阵 CCD 结构如图 8-1-4 所示。其中，光敏单元是 CCD 中注入信号电荷（光生电子）和存储信号电荷的部分；转移（栅）结构的基本单元是 MOS（金属-氧化物-半导体）结构，它的作用是转移存储的信号电荷；输出结构是将信号电荷以电压或者电流的形式输出的部分。

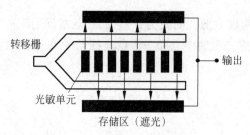

图 8-1-4　典型线阵 CCD 结构示意图

工作时，需要在金属栅极上加一定的偏压，形成势阱以容纳信号电荷，电荷的多少与光强呈线性关系。电荷读出时，采用了一种电荷耦合（相邻两个势阱相互耦合）的方法。在一定相位关系的移位脉冲电压作用下，从一个位置移动到下一个位置，直到移至输出电极，经过电荷-电压变换，转换为模拟信号。由于在 CCD 中每个像元的势阱所容纳电荷的能力是有一定限制的，所以如果光照太强，一旦电荷填满势阱，电子将产生"溢出"现象。

【实验方法】

本实验中的光强测量系统，是利用线阵 CCD 接收光谱图形和光强分布，并利用示波器对采集到的数据进行显示，通过直观的方式得到需要的结果。它基于电子放大法，即利用 CCD 传感器测量光强，放大干涉条纹的幅度和间距。

【实验器材】

半导体激光器，扩束镜，双棱镜，凸透镜，CCD 光强分布测量仪（性能参数见表 8-1-1），示波器，2 条 Q9 双接口连接线，二维调节架，光具座，马鞍座等。

表 8-1-1　LM601S 型 CCD 光强分布测量仪性能参数

光敏元素	光敏元尺寸	光敏元中心距	光敏元线阵有效长度	光谱响应范围	光谱响应峰值
2700 个	11 μm×11 μm	11 μm	29.7 mm	0.3～0.9 μm	0.56 μm

【实验内容】

1. 调节光路（光学元件等高共轴调节）

（1）如图 8-1-5 所示，将半导体激光器、双棱镜（置于二维调节架上，保持棱脊竖直）和 CCD 光强分布测量仪（以下简称光强仪）放置在光具座上，先不放置透镜。双棱镜与光强仪之间的距离应尽可能满足远场条件，即 $L \gg d$。

（2）用目视法从侧面调节激光器、双棱镜和光强仪的中心在同一高度上，再从俯视角度调节三者的光路中心均在同一轴线上（即主光轴），同时要使各元件所在平面均与导轨垂直。

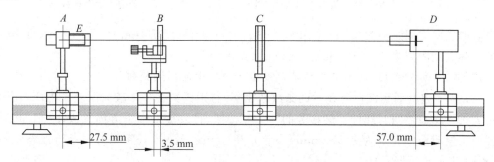

图 8-1-5　调节光路实验示意图

A—半导体激光器；B—二维调节架＋双棱镜；C—成像透镜；D—CCD 光强分布测量仪；E—扩束镜

2. 调出清晰的双棱镜干涉条纹

（1）打开半导体激光器、示波器、光强仪电源，调节激光器电源盒上的旋钮并使光源亮度适中。

（2）转动半导体激光器光阑前的扩束镜，使出射的光线沿竖直方向散开。

（3）在光强仪前放置一白屏（或白纸），用来观察干涉图样。调节二维调节架水平调节旋钮（水平移动双棱镜），直至激光光束通过双棱镜中心楔脊，此时形成光强相等的两条光线，其在示波器上的显示如图 8-1-6 所示；微调光强仪的水平位置，直至两条光线位于光强仪前端采光窗口的中间位置。

（4）旋转半导体激光器光阑前的扩束镜，使出射的光线沿水平方向散开。

（5）精细调节激光器、双棱镜和光强仪的高度，使激光束能够通过双棱镜，并入射到光强仪前端的采光窗口内（从而射到线阵 CCD 上），且干涉条纹位于光强仪前端采光窗口的中间位置。

（6）移去白屏，观察示波器上的干涉条纹。若条纹数目过少，可增加双棱镜与光源的距离；若条纹太细密，可减少双棱镜与光源的距离，直至能观察到 10 条左右清晰的干涉条纹，如图 8-1-7 所示。

3. 测干涉条纹间距 Δx

（1）定标。使用示波器测量条纹间距 Δx，先要解决"定标"的问题，即示波器 $0x$ 方向上的 1 大格等于 CCD 上多少像元（或者等于 CCD 位置的多少距离）。方法是：调节示波器的"扫描时间"和"微调"旋钮，使信号波形的一帧正好对应于示波器上的满屏 10 格。此时每大

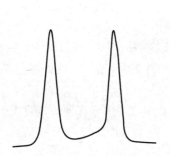

图 8-1-6　虚光源经透镜后的成像曲线图

图 8-1-7　双棱镜干涉曲线图

格对应的实际空间距离为(2700 个像元/10 格)×11 μm＝ 2970 μm＝2.970 mm,每小格对应的实际空间距离为 2.970 mm/5＝0.594 mm。

注意　定标完成后,切不可再调节示波器水平方向的微调旋钮。

(2) 由于定标后示波器上显示的条纹较密集,直接读数会带来较大误差。因此,在读数时可先按下示波器"扫描时间"旋钮旁的"×10"按钮,将波形沿水平方向放大 10 倍,此时示波器一大格对应的长度为 2.970 mm/10＝0.297 mm。这样,只要测出 n 条干涉条纹的间距,再除以 $n-1$,即得 Δx。

4. 测虚光源间距 d

(1) 保持光源、双棱镜、光强仪原状(实验未完成前,切勿变动它们之间的间距),在双棱镜和光强仪之间放上成像凸透镜(见图 8-1-5)。

(2) 转动激光器扩束镜,使出射激光束沿竖直方向散开。

(3) 移动凸透镜,寻找两个虚光源 S_1,S_2 经透镜后生成的像(必要时可以调节光源和二维调节架高度和水平调节手轮,但不可变动它们之间的间距,以使两像位于 CCD 光强仪中部),示波器上显示的图像如图 8-1-6 所示。

注意　激光束经过透镜后聚焦,光强增大,如果此时采集到的曲线出现"削顶",则可能是 CCD 饱和,这说明信号光过强,这时可适当减小激光器的输出功率。

(4) 利用示波器测量像的间距 t',测量方法与测量 Δx 相同。

(5) 测量光源到成像透镜的距离 a、成像透镜到 CCD 光敏面的距离 b。

注意　测量 a、b 时,应分别减去激光器、光强仪实际位置和标定位置之间的修正值(见图 8-1-5)。

(6) 由透镜成像放大公式 $d=t'\dfrac{a}{b}$ 求得两虚光源之间的间距 d。

5. 测光源到 CCD 光敏面的距离 L

参考图 8-1-5,可从光具座上直接读出光源到 CCD 光敏面的距离 L。

注意　测量 L 时,应减去激光器和光强仪实际位置和标定位置之间的修正值。

6. 计算干涉光源的波长 λ

根据所测得的 Δx、d 和 L,利用如下的公式计算干涉光源的波长 λ。

$$\lambda=\Delta x\frac{d}{L}$$

【数据记录与处理】

1. 计算条纹间距

将所测得数据记录于表 8-1-2 中,并计算条纹间距。

表 8-1-2　测量条纹间距记录表

测量次数 i		空间位置(格数)	条纹间距 Δx/mm	$\overline{\Delta x}$/mm
1	第 1 条			
	第 6 条			
2	第 2 条			
	第 7 条			
3	第 3 条			
	第 8 条			
4	第 4 条			
	第 9 条			
5	第 5 条			
	第 10 条			

2. 测量两虚光源距离 d

(1)测量两虚光源经透镜成像后像间距离 t';

(2)测量光源到成像透镜的距离 a;

(3)测量成像透镜到 CCD 光敏面的距离 b;

(4)利用所测得的数据通过下式计算两虚光源间的距离。

$$d = t' \frac{a}{b}$$

3. 计算半导体激光器的光波波长及其误差

根据下式计算半导体激光器的光波波长。

$$\lambda = \Delta x \frac{d}{L}$$

注　半导体激光器的参考波长为 650 nm。

【注意事项】

1. 光学元件的光学面不可直接用手触摸,需要擦拭时,可用专用清洁用品。

2. 激光在没有扩束前,眼睛不得直视,以免被激光损伤。

3. 为使 CCD 发挥最佳的转换效率,需调节干涉条纹中心与 CCD 光强分布测量仪光敏元中心一致,即应使干涉条纹集中到 CCD 光敏区的中央位置。

【思考题】

1. 在光路上,是否在空间的任何位置都能观察到干涉条纹?

2. 在保持双棱镜棱脊竖直的前提下,棱脊一侧朝向光源,或朝向 CCD 光强分布测量仪,是否都可以看见干涉条纹?为什么?

3. 在调节干涉条纹时,若条纹过于细密,应该如何调节?

【实验拓展】

美国科学家维拉·博伊尔(Willard S. Boyle)和乔治·史密斯(George E. Smith)获得

2009 年诺贝尔物理学奖,他们因发明"成像半导体电路——电荷耦合器件图像传感器 CCD"而得奖。

现在,CCD 广泛应用在数码摄影、天文学,尤其是光学遥测技术、光学与频谱望远镜和高速摄影技术。摄像机中使用的是点阵 CCD,即包括 x、y 两个方向用于摄取平面图像,而扫描仪中使用的是线性 CCD,它只有 x 一个方向,y 方向扫描由扫描仪的机械装置来完成。各大型天文台采用高像素 CCD 以拍摄极高解像之天体照片。CCD 在天文学方面有一种奇妙的应用方式,能使固定式的望远镜具有追踪功能,方法是让 CCD 上电荷读取和移动的方向与天体运行方向一致,速度也同步,以 CCD 导星不仅能使望远镜有效纠正追踪误差,还能使望远镜记录到比原来更大的视场。

实验 8.2　自组式等厚干涉实验

等厚干涉实验是代表性光学实验之一,其中牛顿环和劈尖干涉实验最为典型。在传统实验测量过程中,实验者需要长时间专注读数显微镜下明暗相间的干涉条纹,很容易产生视觉疲劳,从而导致测量不准确。另外,由于显微镜下看到的视野有限,无法演示,导致实验者在理解其现象时常常感到抽象费解。本实验采用自组式实验装置,舍弃了读数显微镜,利用光学放大法直接将干涉条纹投射到光屏上进行测量,不仅可以有效地改善实验者实验过程中的视觉疲劳问题,还具有较强的演示性。

【课前预习】

1. 通过等厚干涉实验,掌握传统实验方法。
2. 理解自组式等厚干涉实验原理与传统等厚干涉实验的原理有何异同。

【实验目的】

1. 掌握基本光路的调节技巧;
2. 学习用干涉法测量平凸透镜的曲率半径、物体微小厚度、液体折射率的原理和方法。

【实验原理】

实验装置如图 8-2-1 所示。半导体激光器产生的激光经 $4f$ 滤波系统滤波后,再由扩束镜扩展成平行光,平行光照射在半反射镜上,半反射镜反射的光在牛顿环(或劈尖)上形成干涉条纹。干涉条纹再经过凸透镜 2 放大,成像在光屏上。牛顿环或劈尖固定在样品架上,转动样品架侧面的测微鼓轮可以让牛顿环或劈尖移动,并读出其移动的距离。光屏中心画有十字叉丝,摇动光屏一侧的测微鼓轮,光屏将沿着水平轨道移动。用十字叉丝对准各级干涉条纹的暗纹,则可以读出各级干涉条纹的位置。由于光屏上的像是放大的,为了测得真实干涉条纹的间距,需要测定干涉条纹至凸透镜 2 的距离(即图 8-2-1 中的 u)和凸透镜 2 至光屏的距离(即图 8-2-1 中的 v),再根据高斯公式计算放大倍数,进而得到干涉条纹的真实间距。

$4f$ 光学频谱滤波系统是典型的空间频谱滤波系统之一,它利用了透镜的傅里叶变换特性,把透镜作为一个频谱分析仪,并在频谱面上通过插入适当的滤波器,借以改变物的频谱,从而使物像得到改善。本实验中利用两个傅里叶透镜搭建 $4f$ 滤波系统,在频谱面上放入小孔屏作为滤波器,对半导体激光器发出激光的杂散光进行消减,从而提高干涉条纹的

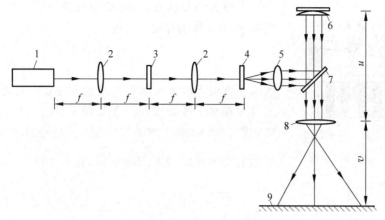

图 8-2-1　实验装置示意图

1—半导体激光器；2—傅里叶透镜；3—小孔屏；4—扩束镜；5—凸透镜1；6—样品架（牛顿环或劈尖等）；7—半反射镜；8—凸透镜2；9—光屏

清晰度。

1. 利用牛顿环测量平凸透镜的曲率半径

牛顿环的光路示意图如图 8-2-2 所示。平凸透镜的曲率半径为 R，第 k 级暗环的半径为 r_k，光的波长为 λ，则曲率半径计算公式为

$$R = r_k^2/(k\lambda), \quad k = 0, 1, 2, \cdots \tag{8-2-1}$$

当已知光的波长为 λ，测出 r_k 便可算出曲率半径 R，但在实际测量中，由于灰尘以及表面形变的关系，常采用 m 和 n 级暗环的直径 d_m 和 d_n 代替半径来计算，即

$$R = (r_m^2 - r_n^2)/[(m-n)\lambda] = (d_m^2 - d_n^2)/[4(m-n)\lambda]$$

本实验由于经过透镜放大来直接观察牛顿环干涉条纹，因此测得的干涉条纹直径为放大之后的直径。根据薄透镜成像原理，由高斯公式 $\dfrac{1}{u} + \dfrac{1}{v} = \dfrac{1}{f}$，可得放大倍数 $k = \dfrac{v}{u}$，则 m 和 n 级暗环的直径 d_m 和 d_n 为

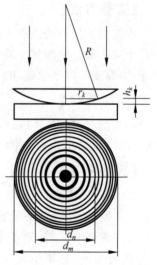

图 8-2-2　牛顿环光路示意图

$$d_m = \frac{u}{v}d_m', \quad d_n = \frac{u}{v}d_n' \tag{8-2-2}$$

则测量公式应修正为

$$R = \frac{d_m^2 - d_n^2}{4(m-n)\lambda} = \frac{[(d_m')^2 - (d_n')^2]u^2}{4(m-n)\lambda v^2} \tag{8-2-3}$$

其中，d_m' 与 d_n' 为光屏上的测量值。

2. 利用劈尖测量物体厚度

将厚度为 e_0 的小物体（如纸片）夹在两块相叠的光学平玻璃板之间，会在板间形成一个空气劈尖。此时若用单色光垂直照射，在劈尖上下表面反射的两束光会发生干涉，形成一系列与玻璃板相交棱线平行且间隔相等的明暗直条纹，如图 8-2-3 所示。

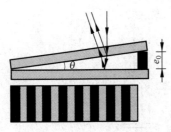

图 8-2-3　劈尖干涉示意图

设劈尖的长度为 L，30 级条纹的距离为 $\overline{L_{30}}$，光的波长为 λ，则小物体的厚度 e_0 为

$$e_0 = \frac{15\lambda \cdot L}{\overline{L_{30}}} \tag{8-2-4}$$

实验中劈尖干涉条纹间距的测量方法是：先通过平移干涉条纹并观察干涉条纹判断条纹始末位置，再直接测量出劈尖间距。而 30 条干涉条纹间距 $\overline{L_{30}}$ 是经过光学放大的，放大倍数与牛顿环一致，为 $k = \dfrac{v}{u}$，则

$$\overline{L_{30}} = \frac{u}{v}\overline{L'_{30}} \tag{8-2-5}$$

则实际计算小物体的厚度的公式为

$$e_0 = \frac{15\lambda \cdot L}{\overline{L_{30}}} = \frac{15\lambda \cdot Lv}{\overline{L'_{30}}\,u} \tag{8-2-6}$$

其中，$\overline{L'_{30}}$ 为光屏上的测量值。

【实验方法】

本实验利用凸透镜将干涉条纹投射到光屏上进行观察和测量，属于光学放大法。因为等厚干涉实验是将测量非波动量（平凸透镜曲率半径和纸片微小厚度）转换为间接测量波动量（等厚干涉的条纹数和条纹间距），所以也包含了转换法。

【实验器材】

钠光灯（$\lambda = 589.3$ nm），牛顿环，劈尖，半导体激光器（波长为 622 nm），$4f$ 滤波系统（傅里叶透镜与小孔），扩束镜，凸透镜，半反射镜，光屏。

【实验内容】

1. 牛顿环实验

（1）按照图 8-2-1 的装置图在光具座上安装各组件，并在样品架上放置牛顿环。

（2）调整平行光：将扩束镜放置在凸透镜 1 的一倍焦距处，再调节半导体激光器、傅里叶透镜、小孔屏、扩束镜、凸透镜 1，使它们等高共轴。

（3）将半反射镜放在平行光的光路上，调整角度使得反射光照射在牛顿环上形成干涉条纹。

（4）将凸透镜 2 放在半反射镜与牛顿环的光路上，调整物距和像距（$f < u < 2f$，$v > 2f$），使得光屏上呈现放大的实像。

（5）直接在测量光屏上读取左右两侧暗环（$m = 30, 29, \cdots, 26$ 以及 $n = 20, 19, \cdots, 16$）的位置并记录。

2. 劈尖实验

（1）完成牛顿环实验后，将样品架上的牛顿环替换为劈尖。

（2）重复牛顿环实验中的（2）～（4）。

（3）记下某级暗纹位置读数 x_k，再记下间隔 30 个条纹的位置读数 x_{k+30}，测量 3 次。

（4）测量劈尖干涉条纹起始位置 $x_{始}$ 和末端位置 $x_{末}$。

【数据记录与处理】

1. 用牛顿环测平凸透镜的曲率半径

（1）将牛顿环实验测量数据记入表 8-2-1。

表 8-2-1　牛顿环测量数据

暗纹环数 m	左侧读数/mm	右侧读数/mm	弦长 d'_m/mm	暗纹环数 n	左侧读数/mm	右侧读数/mm	弦长 d'_n/mm	$x_m = (d'_m)^2 - (d'_n)^2$/mm
30				20				
29				19				
28				18				
27				17				
26				16				

（2）用逐差法计算 x_m。取 5 个 x_m 的平均值 $\bar{x}_m$ 代入式（8-2-3），算出曲率半径 R 值。

2. 利用劈尖干涉测量纸片微小厚度 e

（1）将劈尖干涉实验测量数据记入表 8-2-2。

表 8-2-2　劈尖测量数据

次数 i	x_k/mm	x_{k+30}/mm	L'_{30}/mm	$x_{始}$/mm	$x_{末}$/mm	$L_{总}$/mm
1						
2						
3						

（2）根据式（8-2-6）计算纸片厚度 e。

【注意事项】

1. 实验时注意激光不要照射到眼睛，以免造成眼睛损伤。
2. 切勿用手直接接触光学元件的光学表面。

【思考题】

1. 如果成像干涉条纹不清晰，可能的原因有哪些？
2. 牛顿环中心是亮斑而非暗斑，对实验是否有影响？

【实验拓展】

本实验拓展性强，除了利用牛顿环测量平凸透镜的曲率半径、利用劈尖干涉测量物体微小厚度，还可以利用劈尖干涉测量液体折射率、溶液浓度等。当劈尖中注满液体时，液体折射率为 n，劈尖倾角为 β，光的波长为 λ，干涉图像中相邻明条纹或暗条纹间距为 a，由劈尖干涉原理可得 $a = \dfrac{\lambda}{2n\beta}$；当劈尖中为空气时，相邻明条纹或暗条纹间距 $a_0 = \dfrac{\lambda}{2n\beta}$，此时可认为 $n=1$，即 $a_0 = \dfrac{\lambda}{2\beta}$。

由于劈尖倾角不变，则未知液体折射率 $n = \dfrac{a_0}{a}$，我们只需要测量出空气劈尖中 $\overline{L_{30}}$ 与

劈尖中有未知液体时 $\overline{L''_{30}}$，就可以得出未知液体折射率，即

$$n=\frac{\overline{L_{30}}}{\overline{L'_{30}}} \tag{8-2-7}$$

根据已知的溶液浓度与折射率进行拟合，还可以得到浓度与折射率的关系。

实验 8.3　拉伸法测量钢丝的弹性模量

任何物体在外力作用下都会发生形变，一般情况下形变分为长变、切变和体变。其中，最简单的形变就是沿外力作用的方向伸长或缩短的长变，而描述固体材料抵抗长变形变能力的特征物理量称为长变模量，由英国物理学家托马斯·杨于 1807 年给出，又称为杨氏模量，它反映了材料形变与内应力之间的关系，是选择机械构件材料的依据，也是工程技术中常用的重要参数之一。

本实验通过利用拉伸法测量钢丝的弹性模量，学习和掌握一种操作简单的测量微小物体伸长量的光学测量方法。本实验有利于提高学生的实验技能，促进学生学习和掌握小型变量放大的新方法。

【课前预习】

1. 什么是光杠杆放大法？实现的核心因素是什么？
2. 本实验测量的主要误差有哪些？如何计算各测量量的不确定度？
3. 为什么要将钢丝提前加两个砝码作为测量的基础？
4. 在望远镜中找到标尺的像的步骤大概是什么？

【实验目的】

1. 掌握用光杠杆测量微小伸长量的原理。
2. 学习用拉伸法测量金属的弹性模量。
3. 学会用逐差法和作图法处理数据。

【实验原理】

根据胡克定律，在拉力 F 不太大的情况下，物体的形变是弹性形变，即取消拉力作用后，物体又能恢复到原来的形状。设均匀材料的原长度为 L，当它的两端受到拉力作用时，长度变为 $L+\Delta L$。对于同一种材料，在相同的拉力作用下，若长度不同，则绝对伸长 ΔL 也不相同，长度 L 越大，ΔL 也越大，但是单位长度的伸长量 $\Delta L/L$ 是确定的数值，称为"相对伸长"或材料的"拉伸应变"。

另外，在相同拉力作用下，材料的截面积（粗细）不同，其长应变也是不同的，将单位横截面积上所受的拉力的大小 F/S 称为钢丝的"拉伸应力"。在弹性形变范围内，物体的拉伸应力与长应变成正比，其比例系数 E 称为材料的弹性模量（又称为杨氏模量）。

它们之间的数学关系式为

$$\frac{F}{S}=E\frac{\Delta L}{L}$$

式中，拉力 F 的单位是 N，截面积 S 的单位是 m^2，长度 L 和绝对伸长量 ΔL 的单位是 m，则弹性模量 E 的单位是 N/m^2。

任何材料的杨氏模量 E 都仅与材料性质有关，与其长度、截面积无关，这个量表明物体在外力作用下发生形变的难易程度，其大小为

$$E = \frac{F/S}{\Delta L/L} = \frac{FL}{S\Delta L} \tag{8-3-1}$$

本次实验要测量的是钢丝的杨氏模量，钢丝的长度约 1 m，直径约为 0.8 mm，利用若干个质量为 1 kg 的砝码的重量对钢丝产生拉力使其发生形变。由于伸长量 ΔL 微小（小于 1 mm），不能用米尺直接测量，需要借用光学放大法来提高测量精度，即用光杠杆原理间接测量伸长量 ΔL。

光杠杆原理如图 8-3-1 所示。光杠杆是将一个小反射镜 M 装在一个有三脚架的支架上。前两只脚和反射镜同面，反脚（主杆）垂直镜架，其长度为 I，是反射镜 M 到钢丝伸长端点的距离（大约几厘米），可以调节；另平面反射镜 M 到标尺 W 的水平距离为 D。当钢丝下端不加砝码时，平面镜和标尺相互平行，由望远镜看到标尺经平面镜 M 反射回的

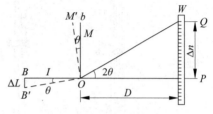

图 8-3-1　光杠杆原理图

刻度值为 P。当托盘加上砝码后，由于钢丝伸长，使平面反射镜 M 转过一个微小的角度 θ，这时再由望远镜看标尺的刻度值为 Q。在标尺上，刻度值的改变量 $\Delta n = Q - P$，可以直接读出。由于钢丝伸长量 ΔL 很小，反射镜 M 的偏转角也极微小，故

$$\tan\theta = \Delta L/I \approx \theta, \quad \tan 2\theta = \Delta n/D \approx 2\theta$$

因此可得

$$\Delta L = \frac{I}{2D}\Delta n \tag{8-3-2}$$

由式（8-3-2）可计算出钢丝的绝对伸长量 ΔL 的值。再将式（8-3-2）代入式（8-3-1）可得

$$E = \frac{FL}{S} \Big/ \frac{I\Delta n}{2D} = \frac{2DLmg}{IS\Delta n} = \frac{8DLg}{\pi d^2 I}\frac{m}{\Delta n} \tag{8-3-3}$$

在实验中，长度 I、D 和 Δn 以及钢丝直径 d 均可以比较精确地直接测量，从而可以精确地测得杨氏模量的值。

【实验方法】

本实验主要是利用光杠杆原理将钢丝的微小伸长量进行放大，即放大法。一般情况下，放大法有机械放大法、光学放大法、电子放大法、积累放大法等。很显然，本实验采用的是光学放大法，是通过测量望远镜里被放大的标尺在平面镜中的像（测量量）来获得钢丝微小的伸长量。利用光杠杆实现这个目的的核心操作是当钢丝受到砝码拉伸时，一定要导致垂直于平台的平面镜有一个镜面的微小角度改变。

【实验器材】

1. 器材名称

杨氏模量实验仪、望远镜直尺组、水准仪、砝码、皮尺、卡尺、千分尺等。

2. 仪器介绍

整体装置由杨氏模量实验仪和望远镜直尺组构成，如图 8-3-2(a) 所示。杨氏模量实验

仪是一个较大的三脚支架,它有两根平行的立柱,立柱上端的横梁中央可固定待测金属丝,立柱中部有一个平台如图 8-3-2(b)所示,用来放置平面镜及光杠杆。金属丝下端固定一个铁框,框的下面可以挂置砝码钩及砝码。而望远镜直尺组放置在杨氏模量仪对面,通常在操作平台上放一个小的三脚架,标尺和望远镜就在铁架台两侧。铁架台可以调节高度、方向及倾角。

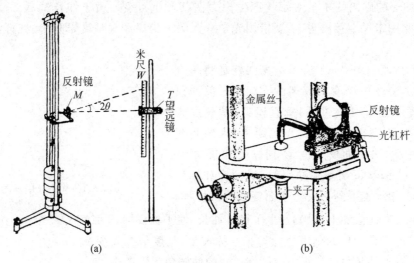

图 8-3-2　实验装置
（a）整体图；（b）局部图

【实验内容】

1. 仪器调节。

(1) 粗调:先使反射镜 M 的镜面处于竖直方向,然后调节标尺 W 的位置使之与反射镜 M 平行,并能通过望远镜上方的准星从反射镜中看到标尺的像(必要时可适当移动望远镜及标尺的支架)。

(2) 细调:首先调节望远镜的目镜,直至能清晰地看到目镜分划板上的十字形叉丝刻线,以后就不要再调节目镜了;然后调节望远镜至水平方向,要能在望远镜中看到反射镜 M,接着调节望远镜的焦距,直到从望远镜中可以看到反射镜 M 中的标尺 W 的像;进一步调节望远镜的焦距及其方位(必要时可适当移动望远镜及标尺的支架),直到刻度尺的像清晰可见,并与叉丝刻线之间无视差。

调节结束后,要请教师检查,如时间允许,应请教师将调好的状况打乱,同学再进行二次调节后,再做下一步操作。

2. 一般情况下,钢丝可能是弯曲的,为了使钢丝伸直,已先在托盘上加上了 2 个 1 kg 的砝码。实验时,应先记下此时从望远镜中看到的叉丝横线在标尺上对应的刻度值,作为起点读数 n_0。

3. 在砝码托上增加 1.00 kg 砝码,记下从望远镜中看到叉丝横线移动后的位置读数 n_1,依次在托盘上加 2.00 kg,3.00 kg,$\cdots$,7.00 kg 的砝码,同时记录相应的位置读数 n_2, n_3,$\cdots$,n_7。

4. 将砝码依次从托盘上取下,每次取下 1 个砝码,并记下叉丝横线的相应位置读数

$n_7'(=n_7),n_6',\cdots,n_0'$,并算出平均值

$$\bar{n}_i = \frac{n_i + n_i'}{2}, \quad i = 0,1,\cdots,7$$

5. 测量几个其他的待测量。

(1) 测量钢丝的直径:用千分尺(即螺旋测微计)在不同位置和方位反复测量 6 次,并将测量结果列表(表格自拟),求平均值 $\bar{d}$ 及其合成不确定度 σ_d(千分尺的仪器误差限 $\Delta_{\text{仪}} = 0.004$ mm),并算出钢丝面积 S。

注意 在用千分尺测量之前,应先检查其零点是否对准(即当实际长度为 0 时,读数是否严格为 0),若否,应记下零点读数 Δ_0(称为零点误差),在计算 $\bar{d}$ 时进行修正。

(2) 用皮尺测量钢丝的长度 L(单次测量),仪器误差限取为 0.3 cm。

(3) 用皮尺测量反射镜到标尺的距离 D(单次测量),仪器误差限取为 0.3 cm。

(4) 用游标卡尺测量从反射镜下的支撑面(或两支撑点连线)到光杠杆后腿与平面接触点间的距离 I,仪器误差限取为游标卡尺的最小分度值。

【数据记录与处理】

1. 将所测数据记录于表 8-3-1 中。

表 8-3-1 实验数据记录表

i	m/kg	n_i/cm	n_i'/cm	$\bar{n}_i/\text{cm}$	$\Delta_1 n/\text{cm}$	$\Delta_4 n/\text{cm}$
0						
1						
2						
3						
4						
5						
6						
7						

注 $\Delta_1 n = \bar{n}_{i+1} - \bar{n}_i$;$\Delta_4 n = \bar{n}_{i+4} - \bar{n}_i$。

2. 本实验要求用两种方法处理数据,分别求出杨氏模量。

1) 用逐差法计算杨氏模量 E(关于逐差法,参见上册 4.3.2 节)。

(1) 首先求出 $\Delta_4 n$ 的平均值 $\overline{\Delta_4 n}$,然后将其代替式(8-3-3)中的 Δn,即按下式计算 E 值:

$$E = \frac{8DLg}{\pi d^2 I} \frac{m}{\overline{\Delta_4 n}} \tag{8-3-4}$$

注意 ①在用式(8-3-4)计算 E 值时,m 应该取 4 个砝码的质量(为什么?);②重力加速度 g 的值,在北京地区应取为 9.80 m/s^2;③要统一用国际单位制。

（2）求出 E 的不确定度 σ_E。

由式（8-3-4）可导出 E 的不确定度的传递公式如下：

$$\sigma_E = \left[\left(\frac{\partial E}{\partial D}\right)^2 \sigma_D^2 + \left(\frac{\partial E}{\partial L}\right)^2 \sigma_L^2 + \left(\frac{\partial E}{\partial m}\right)^2 \sigma_m^2 + \left(\frac{\partial E}{\partial I}\right)^2 \sigma_I^2 + \left(\frac{\partial E}{\partial d}\right)^2 \sigma_d^2 + \left(\frac{\partial E}{\partial \Delta_4 n}\right)^2 \sigma_{\Delta_4 n}^2 \right]^{1/2}$$

$$= E \left[\left(\frac{\sigma_D}{D}\right)^2 + \left(\frac{\sigma_L}{L}\right)^2 + \left(\frac{\sigma_m}{m}\right)^2 + \left(\frac{\sigma_I}{I}\right)^2 + \left(2\frac{\sigma_d}{d}\right)^2 + \left(\frac{\sigma_{\Delta_4 n}}{\Delta_4 n}\right)^2 \right]^{1/2}$$

说明 ① 本实验中，质量 m 的误差很小，其不确定度 σ_m 可忽略不计。

② $\Delta_4 n$ 的不确定度可取为

$$\sigma_{\Delta_4 n} = s_{\overline{\Delta_4 n}} = \sqrt{\frac{\sum \left[(\Delta_4 n)_i - \overline{\Delta_4 n} \right]^2}{4(4-1)}} \text{（可用计算器直接求出）}。$$

③ 在计算 σ_E 时应注意分析：在对 σ_E 有贡献的 5 项中，哪几项的贡献较大，哪几项的贡献较小，从而就可以看出，哪些直接测量量会给 E 的测量结果带来较大误差，而哪些直接测量量的影响较小。一般地，把以上各项分别与其中影响最大的一项相比，若前者只及后者的 $\frac{1}{5} \sim \frac{1}{3}$ 及以下，就可以忽略。

④ 应给出 E 的测量结果的完整表达式。

2）用作图法处理数据。

可把式（8-3-3）改写为

$$\Delta n_i = n_i - n_0 = \frac{8DLg}{\pi d^2 IE} m_i = K m_i$$

在弹性限度内，K 应为常量，可在坐标纸上作出 m_i-Δn_i 的关系曲线，则其斜率为 K，然后可由下式计算 E 值：

$$E = \frac{8DLg}{\pi d^2 IK}$$

将此结果与逐差法求出的值进行比较。

【思考题】

1. 根据光杠杆和望远镜的调节过程总结一下，应按什么步骤调节，可以迅速准确地调出标尺刻度像？

2. 使用千分尺测量时，它的棘轮如何使用？千分尺用完还原时应作何处置？

3. 在实验中，同是测量长度，为什么要选用皮尺、卡尺、千分尺三种不同的仪器？请根据本实验的情况进行具体分析。

4. 光杠杆测量法是一种放大测量法，你能指出放大法是什么意思吗？计算出你所用的光杠杆的放大倍数。

【实验拓展】

1. 设计一个实验，用光杠杆放大的思想测试钢丝（粗一些）加热后的微小改变量和温度之间的关系。

2. 查找文献，了解光杠杆放大法还可以测试哪些其他的物理量？找出 2～3 个。

实验 8.4　旋转液体的物理特性研究

　　旋转液体实验常被用于演示和验证离心力的存在和作用,但一般的旋转液体实验装置只能进行定性半定量的观察。本实验不仅能定性地观察离心力作用的现象,而且可以定量地测量重力加速度;此外,利用旋转液体的表面是旋转抛物面这一特性,测量旋转液体抛物面作为光学成像系统的焦距,并验证该抛物面的焦距 f 与转动角速度 ω 的关系。

【课前预习】

　　1. 旋转液体的液面和平面的夹角与哪些因素有关?

　　2. 本实验在测量旋转液体的液面与水平面的夹角时,用的是什么实验方法?

【实验目的】

　　1. 了解旋转液体的物理特性。

　　2. 利用旋转液体的物理特性测量重力加速度。

　　3. 研究旋转液体表面形成的光学系统的特性。

【实验原理】

　　当装有液体的圆柱形容器水平放置并绕其中心轴匀速转动时,液体的表面会呈现抛物面状,如图 8-4-1 所示。

　　设圆柱形容器旋转的角速度为 ω,$P(x,y)$ 为旋转液面上任意一点,该点的切向方向与水平面的夹角为 θ,在该点取质元,其质量为 m,当质元处于平衡状态时,根据受力分析可得

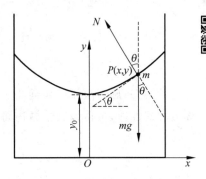

$$\begin{cases} N\cos\theta = mg \\ N\sin\theta = m\omega^2 x \end{cases}$$

由以上方程组可得

图 8-4-1　液体表面呈现的抛物面状

$$\frac{\mathrm{d}y}{\mathrm{d}x} = \tan\theta = \frac{\omega^2 x}{g}$$

积分后可得

$$y = \frac{\omega^2 x^2}{2g} + y_0$$

为抛物线方程。其中,y_0 是平衡时 $x=0$ 时的液面高度。

　　设液体未旋转时的液面高度为 h_0,当液体以角速度 ω 旋转且平衡(液面稳定不变)后,由上式可以求得液面高度不发生改变的点的坐标(即距转轴的距离)x_0 为

$$x_0 = \sqrt{\frac{2g(h_0 - y_0)}{\omega^2}}$$

　　设圆柱形容器的半径为 R,由于液体旋转的前后体积不变,于是可得如下等式:

$$\pi R^2 h_0 = \int_0^R y(2\pi x \, \mathrm{d}x) = 2\pi \int_0^R \left(y_0 + \frac{\omega^2 x^2}{2g} \right) x \, \mathrm{d}x$$

积分并整理后可得如下等式:

$$h_0 - y_0 = \frac{\omega^2 R^2}{4g}$$

代入液面高度不发生改变的点的坐标公式,可得

$$x_0 = \frac{R}{\sqrt{2}}$$

从上式可以看出,x_0 与旋转的角速度无关,即无论液体旋转的角速度如何,在 x_0 处点的液面高度是恒定的,始终为初始时的液面高度。

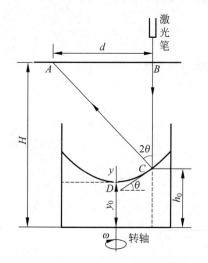

图 8-4-2　旋转液体的轴截面

1. 利用旋转液体测量重力加速度

如图 8-4-2 所示,AB 为透明屏幕,当激光束从 B 点垂直入射到液面 C 点($x = x_0 = R/\sqrt{2}$)时,反射光与透明屏幕交点为 A,两光点 A、B 之间的距离为 d,透明屏幕距容器底部的高度为 H,则可得

$$\tan 2\theta = \frac{d}{H - h_0}$$

代入方程 $\tan\theta = \dfrac{\omega^2 x}{g}$,即可求得重力加速度。

2. 研究旋转液体抛物面的光学性质

典型的抛物面方程为

$$x^2 = 2py$$

描述旋转液面的方程可改写为

$$x^2 = 2\frac{g}{\omega^2}(y - y_0)$$

对比后可知,旋转液体的表面为一抛物面,可将其看作一个光学成像系统。根据旋转抛物面方程的性质,可得该旋转抛物面的焦距为

$$f = \frac{g}{2\omega^2}$$

若顶点坐标为 $D(0, y_0)$,则焦点坐标为 $F(0, y_0 + f)$。入射光平行于该旋转抛物面对称轴(光轴)入射时,反射光将全部汇聚于焦点 F。据此可以测得旋转液面成像系统的焦距。

【实验方法】

本实验的一个关键点在于测量旋转液体表面与水平面之间的倾角;这里,利用了液面自身反射激光束所形成的反射光路(光杠杆法),把测量很小的液面倾角问题放大为测量较大的距离问题,所用的实验方法可以归属为光学放大法。而利用旋转液体的特性测量重力加速度所用的实验方法可以归属为转换法,即把测量力学量加速度转换为了测量其他力学量(如角速度、液面倾角等)。

【实验器材】

本实验所用的实验装置如图 8-4-3 所示,主要包括:旋转液体综合实验仪主机、圆柱形容器(用于盛放甘油)、圆形转盘(由直流电动机驱动,可通过主机调节其转动的角速度)、透明屏幕(水平放置,标有毫米刻度)、竖直测量板(竖直放置,标有毫米刻度)、激光笔、气泡式

水平仪、直尺等。

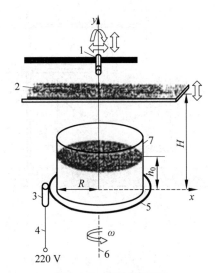

图 8-4-3　实验装置图

1—激光笔；2—透明屏幕；3—电动机；4—电动机控制器；5—转盘；6—转轴；7—圆柱容器

【实验内容】

实验时，须注意以下事项。

（1）不要直视激光束，也不要直视经准镜面反射后的激光束，以免造成眼睛损伤。

（2）必须逐渐地改变转动角速度，并在测量前等待足够长的时间以确保液体处于平衡状态。

1. 利用旋转液体测量重力加速度 g

在圆形转盘上放置一圆柱形容器，然后在容器中装入甘油。安装好激光器，利用自准直法将激光束调至与水平面垂直，并在光源和容器之间水平方向放入透明屏幕。

（1）利用气泡式水平仪，将仪器调整至水平位置。

（2）测量圆柱形容器内壁的直径 $2R$ 和容器中液体静止时的液面高度 h_0。

（3）利用自准法调整激光笔，使激光束竖直向下照射到离容器中心距离为 $x_0 = R/\sqrt{2}$ 处的液体表面。

（4）在激光笔与容器间插入透明屏幕，打开电机电源开关，缓慢调节其转速 n（单位为 r/min），确保在设定的转速范围内，激光的反射光束能投射到透明屏幕上（若不能，可适当调整屏幕的高度）；确定透明屏幕的高度后，测量屏幕距容器底部的高度 H；整个实验过程中，可以在透明屏幕上观察到几个光点，请注意区分并确保测量对象是实验所要求的光点。

（5）缓慢调节转速 n 至设定值，待液面稳定后，测量反射点 A 和入射点 B 之间的距离 d，列表记录数据。

2. 研究旋转液体的光学性质

如图 8-4-4 所示，将旋转液体看作一个光学成像系统，由于液面的曲率随旋转的角速度变化，因而这个光学系统的焦距依赖于 ω。

（1）调节激光笔使光束竖直入射至液面。

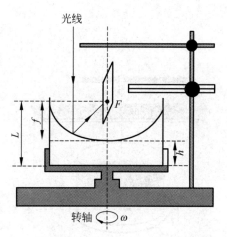

图 8-4-4　旋转液体液面的曲率随旋转的角速度变化

（2）将竖直测量板移至液面上方（注意不要浸入液体内），使其竖直通过转轴（旋转抛物面的光轴）。

（3）打开电机电源开关，缓慢调节其转速 n（单位为 r/min），确保在设定的转速范围内，激光的反射光束能投射到竖直测量板上（若不能，可适当调整测量板的高度）。

（4）缓慢调节转速 n 至设定值，待液面稳定后，测量反射点 F（即焦点）距容器底部的高度 L，以及液面中心（最低点）距容器底部的高度 h，列表记录数据。

【数据记录与处理】

1. 利用旋转液面测量重力加速度 g

将所测得实验数据记录于表 8-4-1 中。根据实验数据通过作图法求出重力加速度 g，并求其扩展不确定度。

表 8-4-1　测量重力加速度数据记录表

$n/(\text{r} \cdot \text{min}^{-1})$	d/mm	$\omega/(\text{rad} \cdot \text{s}^{-1})$	$\omega^2/(\text{rad} \cdot \text{s}^{-1})^2$	$\tan(2\theta)$	θ/rad	$\theta/(°)$	$\tan\theta$

2. 研究旋转液体的光学性质

将所测得的数据记录于表 8-4-2 中。利用测得的数据，通过作图法验证焦距 f 与角速度 ω 的关系。

表 8-4-2 验证焦距 f 与角速度 ω 关系的数据记录表

$n/(\text{r}\cdot\text{min}^{-1})$	L/cm	h/cm	f/cm	$\omega/(\text{rad}\cdot\text{s}^{-1})$	$\lg f$	$\lg \omega$

【思考题】

1. 测量重力加速度时，是否可以不选 $x_0=R/\sqrt{2}$ 处，而选择在其他点，让激光竖直入射到液面？

2. 当测量旋转液体在某一角速度 ω 下的焦距时，应如何选择入射点？在操作中应注意哪些问题？

3. 如何验证旋转液体光学系统的焦距 f 与角速度 ω 的关系？

【实验拓展】

本实验测量重力加速度时，利用了液面倾角 θ 与重力加速度 g 的关系；其实，还可以利用旋转抛物面的焦距 f 与重力加速度 g 的关系来测量。除此之外，利用旋转液体实验装置，稍加改装，还可以测量旋转液体的黏度、折射率等参数。

实验 8.5 分光计的调节及应用

分光计是一种常用于精密测量角度的光学仪器。利用分光计测量入射光线与出射光线的角度，通过测量有关角度可确定其他光学量，如折射率、色散率、光谱线的波长等。

分光计是比较精密的仪器，结构复杂，调节技术要求较高，使用时必须严格按一定的操作步骤进行调节，才能得到较高精度的测量结果。分光计的调整原理、方法和技巧，在光学仪器中具有一定的代表性。

光栅是重要的分光用的光学元件，就是一组数目极多的等宽、等距和平行排列的狭缝。光栅不仅用于光谱学，还广泛应用于计量、光通信、信息处理等方面。应用透射光工作的称为透射光栅，应用反射光工作的称为反射光栅。利用激光技术全息照相原理制作的为全息光栅。本实验中采用透射光栅通过测定光栅常量及光波波长，初步了解光栅的特性。

【课前预习】

1. 分光计为什么设置两个游标读数窗口？计算角度时要注意些什么？

2. 分光计载物台上光学元件的摆放位置。

3. 什么叫视差？本实验中哪些地方的调节需要消除视差？

4. 本实验是否可采用白光作为光源？为什么？如果采用汞灯作为光源呢，会出现怎样的结果？

【实验目的】

1. 了解分光计的构造，学会调节和使用分光计。
2. 观察光栅衍射的现象和特点。
3. 测定衍射光栅的光栅常数。
4. 利用衍射光栅测量单色光的波长。

【实验原理】

1. 光栅分光原理

光栅在结构上有平面光栅、阶梯光栅和凹面光栅之分，在分光原理上又有透射式和反射式两类。本实验用的平面透射式光栅一般是复制光栅，刻痕为不透光的，只有在两刻痕间的光滑部分，光才能通过，相当于透光狭缝。

根据夫琅禾费衍射的原理，当波长为 λ 的单色平行光（来自分光计的平行光管），垂直照射于光栅平面上时，通过每一狭缝的光都将产生衍射，同时各缝发出的衍射光都是相干光，彼此又发生干涉，若在光栅后放置一正透镜（实验中就是分光计望远镜上的物镜），其后的焦平面上放置一观察屏（实验中就是分光计望远镜上的分划板平面），则沿不同方向衍射的光分别会聚于屏上进行相干叠加，结果形成一系列被相当宽的暗区所隔开的、亮度很高且非常细锐的明条纹，此即对应于波长为 λ 的单色光的谱线，如图 8-5-1 所示。

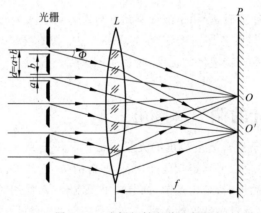

图 8-5-1　光栅衍射光谱示意图

通过相邻两缝沿着衍射角 Φ 传播的两个子波束的光程差为：

$$\delta = (a + b)\sin\Phi = d\sin\Phi \tag{8-5-1}$$

由波的干涉原理可知，当 δ 满足条件：

$$\delta = k\lambda, \quad k = 0, \pm 1, \pm 2, \cdots$$

即

$$d\sin\Phi = k\lambda（光栅方程） \tag{8-5-2}$$

时，沿衍射角 Φ 所规定的方向发出的光将在屏上相互加强而形成明条纹（主极大）。式中，k 为主极大的级数。式(8-5-2)称为光栅方程。

同时，各级明条纹的亮度因受单缝衍射效应的调制，随着 Φ 角的不同而按一定的规律起伏变化，一般来说，零级及其两侧附近的明纹是比较亮的。另外，当 a 与 d 之间满足某种比例关系时，还会发生缺级现象。

当用一束含有各种波长成分的复色光照射光栅时,除中央明纹(零级)外,不同波长的光相应于同一级次 k 的衍射角不同,而是按波长增加的次序由里向外形成各色光谱,从而把复色光分解成了一系列单色光。

由光栅方程知,如能准确测量出光栅常数 d 和衍射角 Φ,即可求出单色光的波长 λ,即

$$\lambda = \frac{d}{k}\sin\Phi \tag{8-5-3}$$

式中, d 和 Φ 分别用测量显微镜和分光计测量所得。

2. 分光计工作原理

分光计的型号很多,结构大致相同,主要由三足底座、平行光管、载物台、自准直望远镜、刻度盘及游标盘等几个部分构成。

1) 平行光管

平行光管的作用为产生平行光,其结构如图 8-5-2 所示。它由狭缝与透镜组成,其镜筒的一端装有消色差复合正透镜(物镜),另一端装有可伸缩的套筒,筒的末端装有狭缝(用光源照亮狭缝即为线光源),狭缝宽度可通过套筒一侧的调节旋钮来控制,当狭缝恰好位于透镜焦平面上时,由狭缝入射物镜出射的光即为平行光。

整个平行光管的水平度和左右偏转度可分别由其两端下部或一侧的调节螺钉来微调。

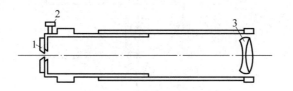

图 8-5-2　平行光管

1—狭缝；2—狭缝宽度调节手轮；3—平行光管物镜

2) 自准直望远镜

它的作用为接收平行光。它由目镜、全反射棱镜、叉丝分划板和物镜组成,如图 8-5-3(a)所示。

目镜装在 C 筒中,可通过旋转目镜上的调焦手轮在 B 筒内前后移动, B 筒(连 C 筒)可在 A 筒内相对于物镜移动。

为了调节和测量,目镜套筒 B 中装有分划板,其上刻有"十"形叉丝,在分划板平面下方与一个小棱镜的竖直直角面紧贴着,在此直角面上刻有一个十字形透光的刻缝,而且其中的水平刻线与分划板上的"十"形叉丝中靠上方的水平刻线一起关于中央的水平刻线上下对称。在小棱镜的另一个水平方向的直角面下端装有一小灯,灯光可经小棱镜照亮上述的"十"字形透光叉丝,可作为一个参照物像。这种结构的目镜称为阿贝(Abbe)目镜。

通过旋转目镜上的调焦手轮,可看清楚分划板上的刻线,然后前后移动目镜套筒,可得到由阿贝目镜上的透光十字形刻缝出射又经载物台上的平面反射镜反射回来的清晰的亮十字形反射像(亮"十"字),当它与分划板上的叉丝刻线间没有视差时,就可以断定分划板刻线和亮十字形反射像已同时位于物镜的焦平面上了。此时,若有平行光从物镜入射于望远镜,我们必可通过目镜在分划板上看到其会聚所成的像——这就是用自准直法调节望远镜,使之适合于接收和观察平行光的原理,因此称这种望远镜为自准直望远镜。

此时在望远镜物镜前的载物台上放置一平面反射镜,如果望远镜光轴与载物台上的平面反射镜垂直,则反射像将与上叉丝重合,如图 8-5-3(b)所示。若平面反射镜镜面平行于仪器的主轴,则望远镜光轴必垂直于仪器主轴。

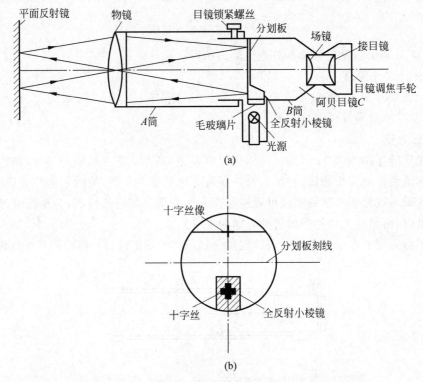

(a)

(b)

图 8-5-3　自准直望远镜

3）载物平台

载物台是用来放置光学元件或待测样品的圆形小平台,其下方有三个支撑螺钉,形成正三角形,用来调节平台的整体高度和水平度,它们可整体绕分光计的竖直中心轴大范围地转动,也可利用下方一侧的螺钉使其微动。

4）读数刻度盘及游标盘

分光计的读数刻度盘刻有角度数值的称为主刻度盘,在其内侧有一游标盘,在游标盘上相对 180° 位置上刻有两个游标,以消除测量时刻度盘的偏心差。读数时,应分别读出两个游标窗口的读数。

刻度盘分为 360°,实际均分为 720 个小格,故每个小格的角度为 30′,而每个角游标又分为 30 个小格,其总角度与刻度盘上 29 个小格的角度(即 29′)相等,可见,游标的精度应为 1′。它的读数原理与游标卡尺完全相同。例如,图 8-5-4 所示情形为 334°30′ 稍多一些,而判定游标上第 17 格恰与刻度盘上的某一刻线对齐,故该读数为 334°30′ + 17′ = 334°47′。

望远镜(及刻度盘)转过的角度 Φ 为末态角位置 θ_2 与初态角位置 θ_1 的差值,即

$$\Phi = \theta_2 - \theta_1 \tag{8-5-4}$$

注意　在刻度盘转动时,若游标的 0 线经过了刻度盘上的 360° 线,须在 θ_2 读数的基础

图 8-5-4 读数刻度盘

上加上或减去 $360°$（视游标相对于刻度盘的移动方向是使读数增大还是减小而定），即

$$\varPhi = (\theta_2 \pm 360°) - \theta_1 \tag{8-5-5}$$

【实验方法】

本实验所使用的分光计仪器采用了机械放大法，通过游标盘的设计放大对微小偏转角度的测量，利用衍射现象测量单色光波长。

【实验器材】

1. 仪器名称

JJY-1′型分光计，测量显微镜，平面反射镜，衍射光栅，光源（钠光灯或汞灯）等。

2. 仪器介绍

图 8-5-5 是 JJY-1′型分光计结构图。一台已调节好的分光计必须具备这样的 4 个条件：①望远镜聚焦无穷远；②望远镜的光轴与分光计的中心轴垂直；③载物台与分光计的中心轴垂直；④平行光管发出的是平行光且平行光管的光轴与分光计的中心轴垂直。其中，最难调节的是①和②。具体调节步骤如下。

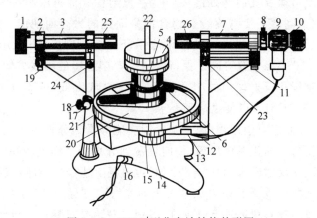

图 8-5-5 JJY-1′型分光计结构外形图

1—狭缝宽度调整手轮；2—狭缝装置锁紧螺钉；3—平行光管；4—载物台；5—载物台调平螺钉（3 只）；6—载物台锁紧螺钉；7—望远镜；8—目镜锁紧螺钉；9—阿贝式自准直目镜；10—目镜调节手轮；11—望远镜水平度调节螺钉；12—望远镜微调螺钉；13—照明灯插座；14—望远镜与刻度盘微调螺钉；15—望远镜锁紧螺钉（在另侧）；16—分光计底座插座；17—游标盘微调螺钉；18—游标盘止动螺钉；19—平行光管水平度调节螺钉；20—刻度盘；21—游标盘；22—待测物；23—望远镜左右角度调节螺钉；24—平行光管左右角度调节螺钉；25—平行光管物镜；26—望远镜物镜

1）目镜调节

点亮望远镜下的小灯，首先旋转目镜调焦手轮将分划板叉丝刻线调到十分清晰为止。

参照图 8-5-6 放置平面反射镜（其中 a、b、c 为载物台下的三个底脚螺钉），使平面镜的法线方向与 bc 连线方向一致（即镜面与 bc 连线垂直），并使其朝向物镜。由于望远镜的光轴与平面反射镜镜面大致垂直，前后移动目镜套筒（适当调节载物台或望远镜的底脚螺钉），可以从目镜中观察到平面镜反射回来的亮"十"字像，仔细调节目镜套筒 B 的位置，使亮"十"字像与分划板上的叉丝刻线间没有视差（即同时达到清晰）。

最后，用手微微左右转动载物台使亮"十"字像在水平方向左右平移，观察亮"十"字像的移动轨迹是否与水平叉丝刻线严格平行。如果不严格平行，绕望远镜光轴微微转动目镜套筒，直到亮"十"字像的移动轨迹与水平叉丝刻线严格平行。这样就保证了分划板上的两条水平线与分光计主轴垂直，一条竖直线与分光计主轴平行。此时将目镜套筒上方的目镜锁紧螺钉（即图 8-5-5 中的 8）拧紧（注意观察保证亮"十"字像与分划板上的叉丝刻线是清晰的，且整个实验过程完成后，此螺钉方能松开调节），准备下一步的调节。

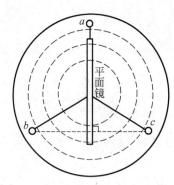

图 8-5-6　载物台上平面镜放置示意图

2）望远镜光轴与分光计中心轴垂直调节

（1）粗调。

首先，通过目测调节望远镜及载物台下的螺钉，使它们都大致与刻度盘平行（亦即与分光计主轴垂直）。

然后，直接从望远镜镜筒外的一侧，沿着望远镜的轴线方向观察平面镜，稍稍转动载物台，应能在平面镜内直接看到望远镜物镜孔的反射像及孔内深处的亮"十"字反射像。保持眼睛沿着望远镜的轴线方向不动（即眼睛观察的高度不变），旋转载物台使平面镜的另一面朝前，再观察物镜孔反射像内部的亮"十"字反射像的位置，通过调节载物台下的底脚螺钉（图 8-5-6 中 bc 中的一个）使平面镜两面的亮"十"字像位置等高。保持眼睛沿着望远镜的轴线方向观察，看亮"十"字像高低位置是否在物镜孔反射像内的中部附近，若太高或太低，可通过调节望远镜下的水平度调节螺钉（图 8-5-5 中 11）以使之达到要求。

最后，使平面镜镜面正对望远镜，通过望远镜应能够看到分划板平面上的亮"十"字像。转动载物台使平面镜另一面正对望远镜，仍能够看到分划板平面上的亮"十"字像。若不能同时观察到平面镜两面反射回来的亮"十"字像，可重复上述步骤，直到满足要求为止。

温馨提示　通过望远镜观察分划板平面上的亮"十"字像时，为了缓解眼睛疲劳，先目测载物台上的平面镜是否与望远镜大致垂直，再通过望远镜观察。此时缓慢小范围内左右转动载物台，以免亮"十"字像移出观察视域而未能捕捉到。

（2）细调。

调节平面镜两个面反射的亮"十"字像等高且与分划板"十"形叉丝线的上方水平刻线重合（如图 8-5-3 中 b 所示）。不管平面镜两个面分别产生的亮"十"字像的高低位置是否相同，只要其不与分划板的上方水平刻线重合，则说明反射面的法线与望远镜的光轴不严格平行，即望远镜的光轴与分光计的主轴未严格垂直，此时可用所谓"渐近法"（或称"各半调节法"），可快速准确地调好。方法如下：先调节载物台下的螺钉（图 8-5-6 中 bc 中的一个）使亮"十"字像与"十"形叉丝线的上方刻线间的距离减小一半，再调节望远镜下的螺钉

（图 8-5-5 中 11）使二者重合；然后转动载物台，使平面镜另一面对准望远镜，进行同样的调节，如此反复几次，即达到测量条件的要求。此时，望远镜的光轴与分光计的主轴就垂直了。

温馨提示　望远镜的调节结束，它将作为下一步调节的基准，故不可再改变望远镜的工作状态，否则将前功尽弃。

3）平行光管的调节

调节平行光管使之发出平行光，且垂直于主轴。

点亮光源照亮平行光管前端的狭缝，并转动望远镜使其光轴与平行光管的光轴基本在一条直线上。松开狭缝套筒的紧固螺钉（图 8-5-5 中 2），前后移动，使得从望远镜中可看到清晰的、与分划板刻线无视差的狭缝像，此时说明狭缝已位于平行光管的物镜焦平面，而由平行光管发出的就是平行光。

为保证平行光管出射的平行光垂直于主轴，可旋转狭缝套筒使狭缝与望远镜分划板上的横刻线平行，并调节平行光管下的水平度调节螺钉（图 8-5-5 中 19）使狭缝像与分划板中央的水平刻线重合。

最后，旋转狭缝套筒使狭缝像与望远镜分划板中央的竖刻线严格平行（或重合），再旋紧套筒顶端的紧固螺钉（图 8-5-5 中 2）将其固定，至此，平行光管已调整完毕，达到测量条件的要求。

【实验内容】

1. 调节分光计

参照图 8-5-5 熟悉分光计的结构及各个螺钉和旋钮的功能，然后按照仪器介绍进行分光计调节，使分光计满足测量条件的要求。

2. 调节光栅

光栅的放置位置参照图 8-5-6。测量前，光栅平面应与平行光管的光轴（亦即与入射平行光）垂直，且光栅刻痕方向应与平行光管狭缝平行（亦即与分光计主轴平行）。

（1）旋转载物台，通过望远镜寻找由光栅平面反射回来的"＋"字像（必要时可先设法遮住由平行光管射出的光），然后调节载物台下的相应螺钉（图 8-5-6 中 bc 中的一个），使"＋"字像与分划板的上方水平刻线重合（由于调节望远镜是调节标准，此时不能通过调节望远镜下的水平度调节螺钉来达到此目的）。

（2）从望远镜中观察钠黄光的衍射条纹分布情况，注意中央明纹两侧的谱线是否在同一高度上（看谱线上下边缘的连线是否平行于分划板的水平刻线），如果不在同一高度，可调节载物台下的螺钉（图 8-5-6 中的 a），直到各条谱线无高低变化为止，这就保证了光栅刻痕与狭缝平行。

（3）为保证光栅平面与入射光垂直，首先转动望远镜使分划板的中央竖刻线对准中央 0 级谱线，然后转动载物台使亮"＋"字反射像亦与竖刻线重合。

3. 测定钠黄光的波长

1）测量衍射角

（1）将望远镜支架上的微调螺丝（图 8-5-5 中 12）置于合适位置，移动望远镜至衍射光谱 3 级以外,利用望远镜锁紧螺钉(图 8-5-5 中 15)锁紧望远镜,然后利用望远镜微调螺丝使分划板竖刻线精确对准待测光谱线并进行测量。

(2) 由于衍射光谱关于中央明纹对称,为了提高测量的准确度及消除偏心差,测量第 k 级光谱的衍射角时,应分别测出 $+k$ 和 $-k$ 级谱线的左右两个角位置 θ'_k(左游标)、θ''_k(右游标)和 θ'_{-k}(左游标)、θ''_{-k}(右游标),再用下式:

$$\begin{cases} \varPhi'_k = \dfrac{1}{2}(\theta'_k - \theta'_{-k}) \\[2mm] \varPhi''_k = \dfrac{1}{2}(\theta''_k - \theta''_{-k}) \end{cases} \quad (8\text{-}5\text{-}6)$$

分别得出对应于左右游标的衍射角数值($\varPhi'_k$ 和 $\varPhi''_k$)后,取平均值:

$$\varPhi_k = \frac{1}{2}(\varPhi'_k + \varPhi''_k) \quad (8\text{-}5\text{-}7)$$

本实验要求对 $\pm 1, \pm 2, \pm 3$ 级谱线进行测量。在测量过程中,微调螺丝只能往同一方向拧(即望远镜只能往同一方向移动),以避免出现回程差。

2) 测量光栅常数

(1) 将光栅放在读数显微镜的载物台上,点亮显微镜前的照明灯,调节目镜,看清其分划板上的十字刻线。

(2) 旋转调焦手轮(注意应使物镜筒由下向上移动,以免损坏光栅),通过显微镜看清光栅的刻痕线。

(3) 转动载物台前方的小鼓轮,使其载着光栅一起向上下移动,同时观察:光栅在视场中,其刻痕是否相对于分划板十字刻线的交点有左右位移,如有,则说明刻痕线的方位与左右位移方向不垂直,这样就不能准确测出光栅刻痕间的垂直距离(即光栅常数 d),需要仔细调节。

(4) 转动左手侧的测微鼓轮,使光栅向左(或右)移动,使十字刻线的交点对准某一刻痕的边沿,记下此位置的读数,然后继续向原方向转动鼓轮(中间不得反向,以避免产生回程误差),移过 10 个刻痕间距(即 10d)时,再记下读数,二者之差的 1/10 即为光栅常数。用同样的方法测量 3 次,取平均值。

【数据记录与处理】

请自行设计数据记录表格,并对数据进行处理计算,最后要求把用光栅所测得的钠黄光波长的平均值与标准值($\lambda = 589.3$ nm)比较,算出相对误差。

【思考题】

1. 利用光栅方程 $d\sin\varPhi = k\lambda$ 测量光波长 λ,应保证的基本条件是什么? 实验时,这些条件是如何满足的?

2. 为什么说望远镜的调节是分光计调节过程中的关键?

3. 在分光计调节中如何利用亮"+"字反射像来判断双面镜的平面是否与分光计主轴平行? 如何判断望远镜光轴是否与主轴垂直?

4. 测量 θ 角时,望远镜由 α_1 经 0 转到 α_2,则望远镜转过的角度 θ 为多少? 如 $\alpha_1 = 330°, \alpha_2 = 30°$,则 θ 为多少?

5. 在用测量显微镜测光栅常数时,如何保证所测到的是真正的"刻痕间距",而非斜线距离?

【实验拓展】

1. 设计一实验方案:自组望远镜,并观察单缝衍射实验现象。

2. 根据你对分光计的了解,总结你对望远镜的调节经验。

【附录】

偏心差

如图 8-5-7 所示,由于仪器制造时不容易做到使刻度盘的中心轴(过 O' 点的竖直轴)准确无误地与分光计中心轴(过 O 点的竖直轴)相重合,将导致当刻度盘绕中心轴转动时,由相差 $180°$ 的两个游标读出的转角的刻度数值不相等,因此,如果只用一个角游标读数就会出现系统误差,称为"偏心差"。

设刻度盘(连同望远镜)实际所转的角度为 Φ,则 Φ 亦为游标盘相对于刻度盘所转的角。但利用一对角游标读出的是 Φ' 和 Φ'',由平面几何原理知

$$\alpha_1 = \frac{1}{2}\Phi', \quad \alpha_2 = \frac{1}{2}\Phi'', \quad \Phi = \alpha_1 + \alpha_2$$

则

$$\Phi = \frac{1}{2}(\Phi' + \Phi'') = \frac{1}{2}[(\theta'_2 - \theta'_1) + (\theta''_2 - \theta''_1)]$$

$$(8\text{-}5\text{-}8)$$

即对两个角游标的读数取平均求出 Φ。式中,θ'_1 和 θ''_1 为两个游标分别对望远镜(及刻度盘)起始位置所读得的数值,θ'_2 和 θ''_2 为两个游标分别对望远镜(及刻度盘)转动后的位置所得的读数。注意,式中角度的上标"'"和"''"分别对应左、右游标,而下标"1"和"2"分别对应始、末位置,不可混淆。

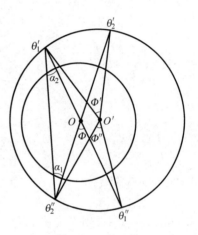

图 8-5-7　偏心差

实验8.6　利用分光计测固体折射率

1666 年,牛顿利用一束近乎平行的白光通过玻璃三棱镜完成了光的色散实验,发现在棱镜后面的屏上能观察到一条彩色光带,这就是光的色散现象。它表明,对于不同颜色(波长)的光,介质的折射率是不同的,即折射 n 是波长 λ 的函数。了解到光经过三棱镜会有色散现象后,牛顿于 1668 年制成了避免色散的反射望远镜。后来的科学家从牛顿的实验中得到启发,发现了三原色,不同物质发射出的光用光谱仪可得到一条条不同颜色的细亮线,这就是光谱线,从而开创了现代物理学的重要领域——光谱学研究,并利用光谱研究物质的原子结构等。

【课前预习】

1. 用三棱镜观察光的折射时,什么是最小偏向角?本实验中如何操作,方能找到最小偏向角?判断的标准是什么?

2．利用自准直法测量三棱镜顶角时，应如何操作以减小误差。

【实验目的】

1．掌握分光计调节及工作原理。

2．用分光计测三棱镜的折射率。

【实验原理】

一束平行单色光射入三棱镜的 AB 面，经折射后由另一面 AC 射出，如图 8-6-1 所示。入射光和 AB 面法线方向的夹角 i 称为入射角。出射光和 AC 面法线的夹角 i' 称为出射角。入射光和出射光之间的夹角 α 称为偏向角。当三棱镜顶角 A 一定时，偏向角 α 的大小是随角 i 的改变而改变的。若调节三棱镜使入射角等于出射角 i'，这时根据折射定律可知 $r=r'$，与此相应的入射光和出射光之间的夹角最小，称为最小偏向角，用 δ（或 δ_{min}）表示。

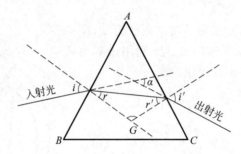

图 8-6-1　光在三棱镜中的光路图

由图 8-6-1 可知

$$\alpha = (i-r) + (i'-r') \tag{8-6-1}$$

当 $i=i'$，$r=r'$ 时，用 δ 代替 α，得

$$\delta = 2(i-r) \tag{8-6-2}$$

又因为

$$r + r' = 2r = \pi - G = \pi - (\pi - A) = A \tag{8-6-3}$$

由此得出

$$r = \frac{A}{2} \tag{8-6-4}$$

$$i = \frac{A+\delta}{2} \tag{8-6-5}$$

故折射定律可写成

$$n = \frac{\sin \dfrac{A+\delta}{2}}{\sin \dfrac{A}{2}} \tag{8-6-6}$$

的形式。

因此，只要测出三棱镜顶角 A 和最小偏向角 δ，就可以算出棱镜玻璃对该种波长的单色光的折射率。

注意　物质的折射率与通过物质的光的波长有关。一般所指的固体和液体的折射率是对钠黄光而言,用 $\overline{n_D}$ 表示,通常略去下标简写为 n。

【实验方法】

本实验所使用的分光计仪器采用了机械放大法,通过游标盘的设计放大对微小偏转角度的测量,分别利用自准法测量三棱镜的顶角、光的折射测量最小偏向角来求得样品的折射率。

【实验器材】

1. 器材名称

分光计,玻璃三棱镜,平面反射镜,钠光灯等。

2. 器材介绍

(1) 分光计的结构及调节原理参阅实验 8.5 分光计的调节及应用。

(2) 三棱镜的调整。

待测顶角的三棱镜置于分光计的载物台上,其两个光学表面的法线应与分光计中心轴相垂直。为此,可根据自准直原理,用已调好的望远镜来进行调整。先将三棱镜的三条边平行于载物台的三个底脚螺钉 a、b、c 上方平台的三条刻线放置于载物台中心位置,如图 8-6-2 所示。然后转动望远镜,使其正对棱镜的一个折射面(如 AB 面),调节载物台下的螺钉 a 达到自准(即由该面反射的亮十字像重合于分划板的上方横刻线)。此时调节载物台下的螺钉 a,载物台的改变只改变折射面 AB 的俯仰角度,对另一折射面 AC 的俯仰角度不影响。再旋转望远镜,使其正对棱镜另一折射面(AC 面),调结底脚螺钉 b 达到自准。测量前反复调节几次,直到转动载物台时,两个折射面都能达到自准。

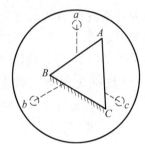

图 8-6-2 三棱镜在载物台上 放置示意图

【实验内容】

1. 调节分光计使之满足测量条件的要求。

2. 用自准直法测量三棱镜顶角 A。

当三棱镜的两个折射面都达到自准后,就可按照图 8-6-3 转动望远镜(或载物台),先使望远镜的光轴与棱镜 AB 面垂直(此时 AB 面反射的十字丝像应与分划板上方的十字刻线重合),固定望远镜记下两边游标的读数 θ_1'、θ_1'',然后再转动望远镜,使其光轴与 AC 面垂直(AC 面反射的十字丝像亦应与分划板上方的十字刻线重合),固定望远镜。记下两边游标读数 θ_2'、θ_2'',两次读数相减即得顶角 A 的补角 φ。

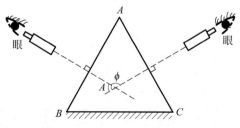

图 8-6-3 三棱镜顶角测量图

稍微变动载物台的位置,重复测量多次,分别算出各次的顶角,然后求出顶角的平均值。

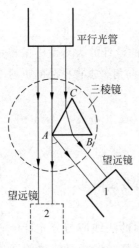

图 8-6-4　最小偏向角测量示意图

3. 测量三棱镜折射光的最小偏向角 δ。

（1）用钠光灯照亮狭缝，转动载物台使棱镜处在图 8-6-4 的位置，根据折射定律，初步判断折射光的出射方向，并将望远镜移到此方向寻找钠光谱线。

（2）找到谱线后，选择偏向角减小的方向，把载物台连同所载三棱镜一起往偏向角减小的方向缓慢转动，当三棱镜转到某一位置时，谱线不再移动；继续使三棱镜沿原方向转动，谱线反而向相反方向移动，亦即偏向角反而变大。在这个转折点上三棱镜对该谱线而言，就是处在最小偏向的位置了，这时只需要微调望远镜，使其分划板中央的竖刻线的对准谱线（图 8-6-4 中 1 的位置），记下两个游标的角度读数 $\theta'_{\delta 1}$ 和 $\theta''_{\delta 1}$。

（3）保持载物台固定不动，转动望远镜使分划板中央竖刻线对准入射光线（如图 8-6-4 中 2 的位置），记下两个游标的角度读数 $\theta'_{\delta 2}$ 和 $\theta''_{\delta 2}$，望远镜在 1 和 2 两位置的角度读数之差就是望远镜转过的角度，即三棱镜对该谱线的最小偏向角。为了消除仪器的"偏心差"，应该取两个游标中测出的角度，其算术平均值才是该谱线的实际最小偏向角 δ。

【数据记录与处理】

1. 用自准直法测三棱镜顶角 A。

将所测得的数据记录于表 8-6-1 中，并根据下式计算三棱镜顶角 A。

$$A = 180° - \varphi \tag{8-6-7}$$

其中

$$\varphi = \frac{1}{2}(\varphi' + \varphi'') = \frac{1}{2}\left[(\theta'_2 - \theta'_1) + (\theta''_2 - \theta''_1)\right] \tag{8-6-8}$$

表 8-6-1　测三棱镜顶角 A 数据表格

次数 i	望远镜对准左侧亮"+"字 $\theta'_1/(°)$	望远镜对准右侧亮"+"字 $\theta''_1/(°)$	望远镜对准左侧亮"+"字 $\theta'_2/(°)$	望远镜对准右侧亮"+"字 $\theta''_2/(°)$	$\varphi/(°)$	$\overline{\varphi}/(°)$
1						
2						
3						
4						
5						
6						

2. 测量三棱镜折射光最小偏向角。

将所测得的数据记录于表 8-6-2 中，并根据如下的最小偏向角的计算公式

$$\delta = \frac{1}{2}\left[(\theta'_{\delta 1} - \theta'_{\delta 2}) + (\theta''_{\delta 1} - \theta''_{\delta 2})\right] \tag{8-6-9}$$

计算三棱镜折射光最小偏向角 δ。重复测量多次,分别算出各次的最小偏向角,然后求其平均值 $\bar{\delta}$。

表 8-6-2   测三棱镜最小偏向角 δ 数据表格

次数 i	$\theta'_{\delta 1}/(°)$	$\theta''_{\delta 1}/(°)$	$\theta'_{\delta 2}/(°)$	$\theta''_{\delta 2}/(°)$	$\delta/(°)$	$\bar{\delta}/(°)$
1						
2						
3						
4						
5						
6						

3. 将计算出的顶角和最小偏向角的平均值代入折射定律公式 $n = \dfrac{\sin\dfrac{A+\delta}{2}}{\sin\dfrac{A}{2}}$ 求出待测

折射率 n,再用不确定度传递公式来计算不确定度 $\sigma(n)$,并表示实验结果。在计算时,A 和 δ 对应的仪器误差限取为 $1'$。

注意   在计算不确定度时,要将 A 和 δ 的度数化为弧度数。

【思考题】

1. 测量前为什么要对分光计进行调节?分光计调节的主要步骤是什么?本实验中狭缝的宽度对测量结果有何影响?

2. 三棱镜按图 8-6-4 放置后,望远镜是否在任意位置都可见到光谱线?

3. 能否用三棱镜代替平面反射镜进行分光计的调节?为什么?

4. 用反射法测三棱镜顶角时,为什么要使三棱镜顶角置于载物平台中心附近?

【实验拓展】

1. 利用本实验仪器设计一测量平板玻璃折射率的实验。

2. 设计一个利用汞灯作为光源测量三棱镜折射率的实验,并与该实验结果进行比较。

第 **9** 章

模拟法实验

实验 9.1　示波器的原理与使用

示波器是一种用途广泛的电子测量仪器,用它能直接观察电信号的波形,也能测定电压信号的幅度、周期和频率等参数。模拟示波器是由示波管和复杂电子线路组成的电学测量仪器,分为单踪示波器和双踪示波器。用双踪示波器还可以测量两个信号之间的时间差或相位差。凡是能转化为电压信号的电学量和非电学量都可以用示波器来观测,因此示波器被广泛用于物理学、化学、生物学、医学等各学科领域和电子工程、自动控制、雷达导航等工程技术中。

1909 年的诺贝尔物理学奖得主卡尔·费迪南德·布劳恩于 1897 年发明世界上第一台阴极射线管(cathode ray tube,CRT),至今许多德国人仍称其为布劳恩管(Braun tube)。1972 年英国的尼高力(Nicolet)公司发明了第一台数字存储示波器(digital storage oscilloscope,DSO),到了 1996 年惠普科技(安捷伦科技前身)发明了全球第一台混合信号示波器(mixed-signal oscilloscope,MSO)。多年来,示波器中的电路由电子管发展到晶体管,又发展到集成电路,由模拟电路发展到数字电路,其功能由通用示波器发展到具有取样、记忆、数字存储、逻辑运算、智能化等功能的数字示波器,其品种繁多。

【课前预习】

1. 了解示波管的基本结构。

2. 为什么示波器必须在测量挡的校准位置读数?

3. 怎样用示波器测量波形的幅值和周期?"VILTS/DIV"和"TIME/DIV"旋钮分别起什么作用?

4. 如何在示波器上观察到稳定的信号图形?

5. 如何利用李萨如图形测量信号的频率?观察时,示波器的"扫描时间旋钮"应置于什么位置?

【实验目的】

1. 了解示波的工作原理。

2. 学会示波器基本的使用方法,为后续实验打下基础。

3. 学会用示波器观测各种波形。

4. 学会用示波器测量信号的电压、频率和振幅。

【实验原理】

模拟示波器的规格和型号很多,一般包括图 9-1-1 所示的几个基本组成部分:阴极射线管(CRT)、竖直放大器(Y 放大)、水平放大器(X 放大)、扫描发生器、触发同步和直流电源等。

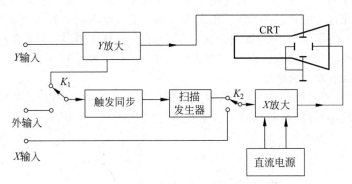

图 9-1-1 示波器的原理框图

1. 示波管的基本结构

示波管的基本结构如图 9-1-2 所示。它主要包括电子枪、偏转系统和荧光屏三个部分,全部密封在玻璃外壳内,壳里抽成高真空。

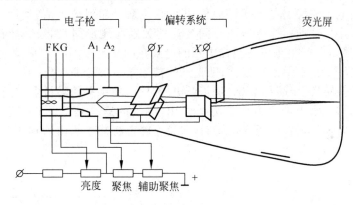

图 9-1-2 示波管结构图

F—灯丝;K—阴极;G—控制栅极;A_1—第一阳极;A_2—第二阳极;Y—竖直偏转板;X—水平偏转板

（1）电子枪:由灯丝、阴极、控制栅极、第一阳极和第二阳极等五部分组成。灯丝通电后加热阴极,阴极是一个表面涂有氧化物的金属圆筒,被加热后发射电子。控制栅极是一个顶端有小孔的圆筒,套在阴极外面,它的电位比阴极低,对阴极发射出来的电子起控制作用,只有初速度较大的电子才能穿过栅板顶端的小孔,然后在阳极加速下奔向荧光屏。示波器面板上的"亮度(INTENSITY)"调整就是通过调节电位以控制射向荧光屏的电子流密度,从而改变了屏上的光斑亮度。阳极电位比阴极电位高很多,电子被它们之间的电场加速形成射线。当控制栅极、第一阳极与第二阳极之间电位调节合适时,电子枪内的电场对电子射线有聚焦作用,所以,第一阳极也称聚焦阳极。第二阳极电位更高,又称加速阳极。面板上的"聚焦"调节,就是调节第一阳极电位,使荧光屏上的光斑成为明亮、清晰的小圆点。有的示波器还有"辅助聚焦",实际是调节第二阳极电位。

（2）偏转系统：它由两对互相垂直的偏转板组成，一对竖直偏转板，一对水平偏转板。在偏转板上加以适当电压，电子束通过时，其运动方向发生偏转，从而使电子束在荧光屏上产生的光斑位置也发生改变。

（3）荧光屏：屏上涂有荧光粉，受电子撞击而发光，形成光斑。不同材料的荧光粉发光的颜色不同，发光过程的延续时间（一般称为余辉时间）也不同。荧光屏前有一块透明的、带刻度的坐标板，供测定光点位置用。在性能较好的示波管中，将刻度线直接刻在屏玻璃内表面上，使与荧光粉紧贴在一起以消除读数视差，光点位置可测得更准。

2. 示波器显示波形的原理

如果只在竖直方向加一正弦电压，则电子束的亮点将随电压的变化在竖直方向上来回运动，如果电压频率较高，则看到的是一条竖直亮线，如图 9-1-3 所示。

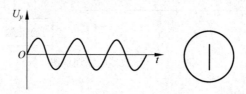

图 9-1-3　只在竖直偏转板上加一正弦电压的情形

要能显示波形，必须同时在水平偏转板上加一扫描电压，使电子束的亮点沿水平方向拉开。这种扫描电压的特点是电压随时间成线性关系增加到最大值，然后突然回到最小，此后再重复地变化。这种扫描电压随时间变化的关系曲线形同"锯齿"，故称为"锯齿波电压"，如图 9-1-4 所示。产生锯齿波扫描电压的电路在图 9-1-1 中用"扫描发生器"方框表示。当只有锯齿波电压加在水平偏转板上，则光点的扫迹是一条水平直线。

如果在竖直偏转板上（简称 Y 轴）加正弦电压，同时在水平偏转板上（简称 X 轴）加锯齿波电压，电子受竖直、水平两个方向的力的作用，电子的运动是两个相互垂直的运动的合成。若锯齿波电压等于正弦电压变化周期，在荧光屏上将能显示出所加正弦电压的完整周期的波形图，如图 9-1-5 所示。

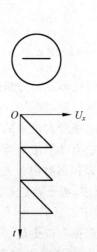

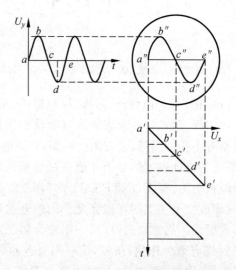

图 9-1-4　只在水平偏转板上加一锯齿波
　　　　　电压的情形

图 9-1-5　示波器显示正弦波形的原理图

3. 同步的概念

如果正弦波和锯齿波电压的周期稍微不同,屏上出现的是一个移动着的不稳定图形。这种情形可用图 9-1-6 说明。设锯齿波电压的周期 T_x 比正弦波电压周期 T_y 稍小,比如 $T_x/T_y=7/8$。在第一扫描周期内,屏上显示正弦信号 0~4 点的曲线段;在第二扫描周期内,显示 4~8 点的曲线段,起点在 4 处;在第三扫描周期内,显示 8~11 点的曲线段,起点在 8 处。这样,屏上显示的波形每次都不重叠,好像波形在向右移动一样。同样地,如果 T_x 比 T_y 稍大,则好像波形在向左移动一样。上述描述的情况在示波器使用过程中会经常出现。其原因是扫描电压的周期与被测信号的周期不相等或不成整数倍,以致每次扫描开始时曲线上的起点均不一样。

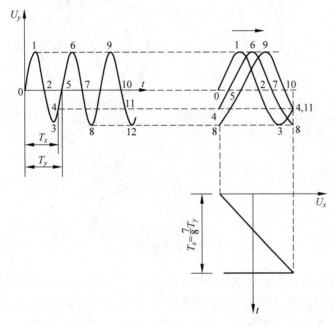

图 9-1-6　$T_x/T_y=7/8$ 时的波形情况

为了获得一定数量的稳定波形,示波器上设有"扫描时间"(或"扫描范围")及"扫描微调"旋钮,用来调节锯齿波电压的周期 T_x(或频率 f_x),使之与被测信号的周期 T_y(或频率 f_y)成整数倍关系,即

$$\frac{T_x}{T_y}=n$$

或

$$\frac{f_y}{f_x}=n$$

式中,n 为正整数。从而在示波器屏上就能观察到 n 个完整的稳定的被测波形。

输入 Y 轴的被测信号与示波器内部的锯齿波电压是互相独立的。由于环境或其他因素的影响,它们的周期(或频率)可能发生微小的改变,使波形不再稳定。这时,虽然可通过调节扫描旋钮将周期调到整数倍关系,但过一会儿又变了,波形又移动起来,在观察高频信号时此问题尤为突出。为此示波器内装有"扫描同步"装置，在适当调节后，让锯齿波电压的扫描起点自动地随着被测信号改变，这就称为整步（或同步，英文为 triger）。面板上的整步（或同步）调节旋钮即为此而设。有的示波器中，需要让扫描电压与内部或外部的某一信号同步，因此设有"触发源"选择键，可选择内触发或外触发工作状态。

4. 李萨如图形的基本原理

如果同时从示波器的 X 轴和 Y 轴输入频率相同或成简单整数比的两个正弦电压，则屏上将呈现特殊形状的稳定的光点轨迹，这种轨迹图称为李萨如图形。图 9-1-7 所示为 $f_x : f_y = 2 : 1$ 时的李萨如图形。

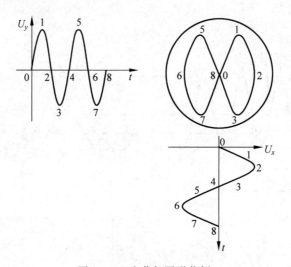

图 9-1-7　李萨如图形范例

不同的频率比将形成不同的李萨如图形。图 9-1-8 为频率比成简单整数比的几种李萨如图形。从图形中可总结出如下规律：如果沿 x、y 分别作一条直线，水平（x）方向的直线与该图形的最多可得的交点数为 n_x，竖直（y）方向上最多可得的交点数为 n_y，则 y 方向和 x 方向输入的两正弦波的频率之比为

$$f_x : f_y = n_y : n_x$$

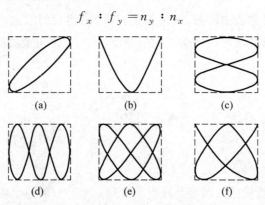

图 9-1-8　几种不同频率比的李萨如图形

(a) $\dfrac{f_y}{f_x} = \dfrac{1}{1}$；(b) $\dfrac{f_y}{f_x} = \dfrac{2}{1}$；(c) $\dfrac{f_y}{f_x} = \dfrac{1}{2}$；(d) $\dfrac{f_y}{f_x} = \dfrac{3}{1}$；(e) $\dfrac{f_y}{f_x} = \dfrac{3}{2}$；(f) $\dfrac{f_y}{f_x} = \dfrac{4}{3}$

【实验方法】

本实验通过学会示波器的使用,测量周期性信号波的周期、波长、振幅等,示波器利用电子的运动模拟其他运动。在测量不同的物理量时,运用了比较法进行测量。

【实验器材】

1. 器材名称

双踪示波器,函数信号发生器。

2. 器材介绍

1) 示波器

本实验所使用的是一台带宽 20 MHz 通用型模拟双踪示波器。借助于一个电子开关可将这两个信号(Y_1 和 Y_2)交替地加在示波管的 Y 偏转板上。当开关的频率足够高时,在屏上能同时看到 Y_1 和 Y_2 两个信号。面板布置如图 9-1-9 所示。各旋钮和按键的功能及使用方法简要说明如下:

(1) CRT 显示屏。

②INTEN:轨迹及光点亮度控制钮。

③FOCUS:轨迹聚焦调整钮。

④TRACE ROTATION:使水平轨迹与刻度线平行的调整旋钮。

⑥POWER:电源主开关,压下此按钮可接通电源,电源指示灯⑤会发亮;再按一次,开关凸起时,则切断电源。

㉝FILTER:滤光镜片,可使波形易于观察。

(2) VERTICAL 垂直偏向。

⑦㉒VOLTS/DIV:垂直衰减选择钮,以此旋钮选择通道 CH_1 及 CH_2 的输入信号衰减幅度,范围为 5 mV/DIV~5 V/DIV,共 10 挡。

⑩⑱AC-GND-DC:输入信号耦合选择按键组。

AC:垂直输入信号耦合方式为交流,截住输入信号中的直流或极低频信号输入成分。

GND:按下此键则隔离信号输入,并将垂直衰减器输入端接地,使之产生一个零电压参考信号。

DC:垂直输入信号耦合方式为直流,输入信号的 AC 与 DC 成分一起输入放大器。

⑧CH_1(X)输入:CH_1 的垂直输入端;在 X-Y 模式中,为 X 轴的信号输入端。

⑨㉑VARIABLE:灵敏度微调控制,至少可调到显示值的 1/2.5。在 CAL 位置时,灵敏度即为挡位显示值。当此旋钮拉出时(×5 MAG 状态),垂直放大器灵敏度增加 5 倍。

⑳CH_2(Y)输入:CH_2 的垂直输入端;在 X-Y 模式中,为 Y 轴的信号输入端。

⑪⑲POSITION:轨迹及光点的垂直位置调整钮。

⑭VERT MODE:CH_1 及 CH_2 选择垂直操作模式。

CH_1:设定本示波器输入以 CH_1 单一频道方式工作。

CH_2:设定本示波器输入以 CH_2 单一频道方式工作。

DUAL:设定本示波器以 CH_1 及 CH_2 双频道方式工作(双踪显示方式),此时并可切换 ALT/CHOP 模式来显示两轨迹。

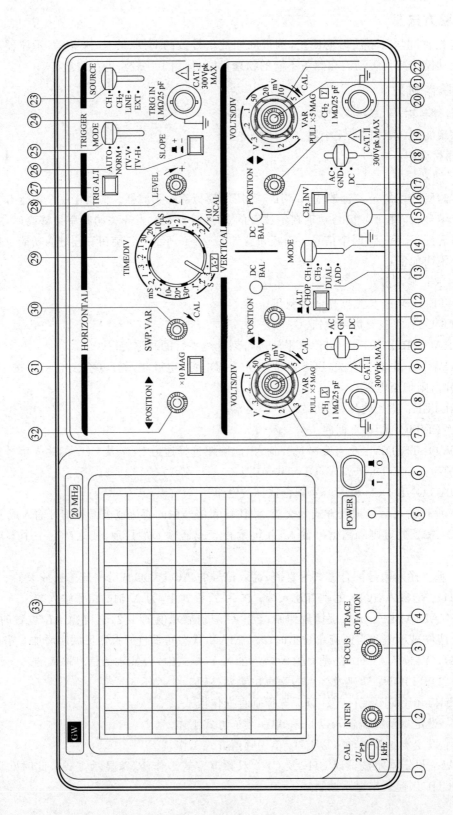

图 9-1-9 GOS-620 型 20 MHz 双轨迹（双踪）示波器面板图

ADD：用以显示 CH₁ 及 CH₂ 的相加信号；当 CH₂ INV 键⑯为压下状态时，CH₂ 取反，即可显示 CH₁ 及 CH₂ 的相减信号。

⑬⑰CH₁＆CH₂ DC BAL：调整垂直直流平衡点。调节步骤为：设定 CH₁ 及 CH₂ 之输入耦合开关至 GND 位置，然后设定 TRIG MODE 置于 AUTO，利用 POSITION 将时基线位置调整到 CRT 中央；重复转动 VOLTS/DIV 5～10 mV/DIV，并调整 DC BAL 直到时基线不在移动为止。

⑫ALT/CHOP：当在双轨迹（双踪）模式下，放开此键，则 CH₁＆CH₂ 以交替方式显示（一般使用于较快速之水平扫描文件位）。当在双轨迹模式下，按下此键，则 CH₁＆CH₂ 以切割方式显示（一般使用于较慢速之水平扫描文件位）。

⑯CH₂ INV：此键按下时，CH₂ 的信号将会被反向。CH₂ 输入信号于 ADD 模式时，CH₂ 触发截选信号（trigger signal pickoff）亦会被反向。

（3）TRIGGER 触发。

㉖SLOPE：触发斜率选择键。

＋：凸起时为正斜率触发，当信号正向通过触发准位时进行触发。

－：压下时为负斜率触发，当信号负向通过触发准位时进行触发。

㉔EXT TRIG. IN：TRIG. IN 输入端子，可输入外部触发信号。欲用此端子时，须先将 SOURCE 选择器㉓置于 EXT 位置。

㉗TRIG ALT：触发源交替设定键，当 VERT MODE 选择器⑭在 DUAL 或 ADD 位置时，且 SOURCE 选择器㉓置于 CH₁ 或 CH₂ 位置时，按下此键，本仪器即会自动设定 CH₁ 与 CH₂ 的输入信号以交替方式轮流作为内部触发信号源。

㉓SOURCE：内部触发源信号及外部 EXT TRIG IN 输入信号选择器。

CH₁：当 VERT MODE 选择器⑭在 DUAL 或 ADD 位置时，以 CH₁ 输入端的信号作为内部触发源。

CH₂：当 VERT MODE 选择器⑭在 DUAL 或 ADD 位置时，以 CH₂ 输入端的信号作为内部触发源。

LINE：将 AC 电源线频率作为触发信号。

EXT：将 TRIG. IN 端子输入的信号作为外部触发信号源。

㉕TRIGGER MODE：触发模式选择开关。

AUTO：当没有触发信号或触发信号的频率小于 25 Hz 时，扫描会自动产生。

NORM：当没有触发信号时，扫描将处于预备状态，屏幕上不会显示任何轨迹。本功能主要用于观察不大于 25 Hz 的输入信号。

TV-V：用于观测电视信号之垂直画面信号。

TV-H：用于观测电视信号之水平画面信号。

㉘LEVEL：触发准位调整钮，旋转此钮以同步波形，并设定该波形的起始点。将旋钮向"＋"方向旋转，触发准位会向上移；将旋钮向"－"方向旋转，则触发准位向下移。

（4）HORIZONTAL 水平偏向。

㉙TIME/DIV：扫描时间选择钮，扫描范围从 0.2～0.5 μS/DIV 共 20 个挡位。

X-Y：设定为 X-Y 模式。

㉚SWP. VAR：扫描时间的可变控制旋钮，旋转此控制钮，扫描时间可延长；测量时置于校准位置。

㉛×10 MAG：水平放大键，按下此键可将扫描放大 10 倍。

㉜POSITION：轨迹及光点的水平位置调整旋钮。

（5）其他功能。

①CAL($2U_{p\text{-}p}$)：此端子会输出一个峰-峰值为 2 V，1 kHz 的方波，用以校正测试棒及检查垂直偏向的灵敏度。

⑮GND：本示波器接地端子。

下面简要说明示波器的使用方法。

（1）亮度（②INTEN）旋钮，调节荧光屏上光点亮度。使用中不要调得太亮，也不要让光点在屏上某一位置停留时间过长，否则将损伤该处的荧光材料。

（2）聚焦（③FOCUS）旋钮，调节它可使光斑聚成一明亮清晰的细点。每次改变亮度后，需要重新调节聚焦。

（3）扫描（锯齿波）及水平位移调节。

① 扫描快慢由扫描时间钮（㉙TIME/DIV）调节，该旋钮周围标出的数字表示沿水平方向扫过一大格（1 DIV）所需时间，单位与 TIME 相同，为 s、ms 或 μs。旋钮位置应根据被测信号的频率作适当选择。

② 扫描微调钮（㉚SWP. VAR）：可在标出的扫描时间与更高一挡扫描时间之间的范围内连续调节扫描快慢。

③ X 轴位移钮（㉜POSITION）是调节扫描线或图形左右位置的。㉛×10 MAG 可以使扫描线长度在水平方向展宽为原来的 10 倍，相当于扫描时间缩短为原来的 1/10，用于观测较高频率的信号。

④ 需要对信号的周期或波形上两点的时间间隔作测量时，扫描微调钮（㉚SWP. VAR）必须放在校准（CAL）位置，即顺时针旋到头。此时扫描时间钮（㉙TIME/DIV）周围的指示值才是准确的。

（4）Y 轴信号调节。

① 只观测一个信号时，可用单踪工作方式，这时应将“垂直模式”开关（⑭VERT MODE）置于“CH$_1$”或“CH$_2$”位置。如为 CH$_1$，显示的是由第 1 通道（⑧CH$_1$ 接线柱）输入的信号；如为 CH$_2$，则显示由第 2 通道（⑳CH$_2$ 接线柱）输入的信号。

注意　任何外部信号在接入示波器时都应同时接地，以免外界电磁场对示波器产生干扰，⑮为示波器接地端。

② 同时观测 Y$_1$ 和 Y$_2$ 两个信号时，用双踪工作方式，将“垂直模式”开关（⑭VERT MODE）置于“DUAL”位置。

③ 还可以观测 Y$_1$ 和 Y$_2$ 两个信号的叠加（代数和）波形，此时应将“垂直模式”开关（⑭VERT MODE）置于“ADD”位置。

④ 根据被测信号的幅度适当选择 Y 轴分度值钮（⑦和㉒VOLTS/DIV）的分度值。该钮周围标出的数字表示沿竖直方向（Y 方向）偏转一大格（1 DIV）所代表的电压值，单位为 V 或 mV。如果预先不知道信号的幅度，应先置于最大分度值挡（即 10 V/DIV），然后调节此钮使屏上显示的信号波形大小适当。增益微调钮（⑨或㉑VARIABLE）可连续调节显示

出的信号幅度,当需要测量信号电压时,应将此钮置于校准(CAL)位置,即顺时针旋到头,这时"VOLTS/DIV"的指示值才是准确的。

⑤ Y 轴位移钮(⑪或⑲ POSTION),调节它可使显示的波形上下移动。

⑥ DC/AC 开关及 GND 开关(⑩和⑱):观测交流信号时,可将 DC/AC 开关按下(即置于 AC 挡),观测直流或低频信号时,应使 DC/AC 开关处于弹起状态(即置于 DC 挡)。GND 开关按下时,表示 Y 轴放大器的输入端接地,并且输入信号与放大器断开,则相应于 CH_1 或 CH_2 的信号波形无显示。

(5)触发方式。触发方式分外触发和内触发两种。采用外触发时,触发源选择开关(㉓SOURCE)置于外触发(EXT)位置,同时需要由 X 输入端(㉔TRIG IN)输入外触发信号。但通常采用内触发方式,此时,如观测 Y_1 信号,应置于"CH_1"位置,观测 Y_2 信号,应置于"CH2"位置。

(6)校准信号输出端(①CAL)可输出示波器内部产生的频率为 1 kHz、峰-峰值(U_{p-p})为 2 V 的标准方波,可用于校对和检查本示波器的性能和工作情况,也可配合测量使用。

探棒可进行极大范围的衰减,因此,若没有适当的相位补偿,所显示的波形可能会失真而造成测量错误。因此,在使用探棒之前,请参阅图 9-1-10,并依照下列步骤做好补偿:

① 将探棒的 BNC 连接至示波器上 CH_1 或 CH_2 的输入端(探棒上的开关置于×10 位置)。

② 将 VOLTS/DIV 钮转至 50 mV 位置。

③ 将探棒连接至校正电压输出端 CAL。

④ 调整探棒上的补偿螺丝,直到 CRT 出现最佳、最平坦的方波为止。

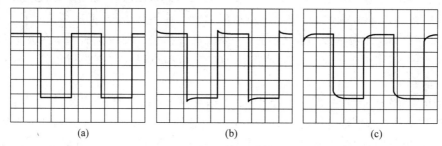

图 9-1-10　探棒校正补偿波形图

(a) 正确补偿;(b) 过度补偿;(c) 补偿不足

(7)李萨如图形观测。

首先,将扫描时间钮(㉙TIME/DIV)旋至"X-Y"挡,使示波器处在"X-Y"工作方式下,即取消扫描信号,直接由外界输入水平方向(X 轴)信号;然后,将被观测的两信号分别接 CH_1 输入端及 CH_2 输入端,荧光屏上将可显示出李萨如图形。

(8)拍频的观测。

先将被观测的两信号分别接 CH_1 和 CH_2 两输入端,然后将功能选择开关置于 ADD 工作方式,再把扫描时间钮(㉙TIME/DIV)旋离"X-Y"位置,最后调节信号源输出幅度,则可观测到拍频。

2)函数信号发生器

函数信号发生器为示波器提供可测信号,故所采用的信号源须提供正弦波等不同波形,本实验主要以正弦波测量为例。下面以型号 TFG1000 系列函数信号发生器为例介绍信号源使用方法,其面板图如图 9-1-11 所示。

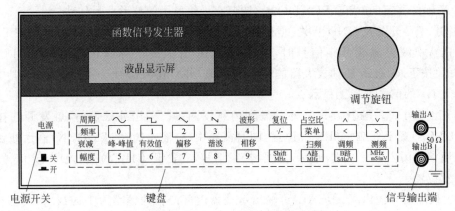

图 9-1-11　TFG1000 系列函数信号发生器面板图

　　按下电源开关键,信号发生器默认为 A 路输出,频率为 1000 Hz 的正弦波,可以通过键盘的"Shift"键来选择不同波形(键盘上所标功能都由"Shift"键进行切换方能实现,即先按"Shift"键,再按相应功能键。如输入有效值 1.426 V,按"Shift"键→"有效值"键,再输入 1.426 V,显示屏上显示的即为有效值 1.426 V)。按"B 路"键即为 B 路输出。

　　需要对信号进行连续调节时,可以用"调节旋钮"实现。在参数值数字显示的上方,有一个三角形的光标,按移位键"＜或＞",可以使光标指示位左移或右移,面板上的旋钮为数字调节旋钮,向右转动旋钮,可使光标指示位的数字连续加一,并能向高位进位。向左转动旋钮,可使光标指示位的数字连续减一,并能向高位借位。使用旋钮输入数据时,数字改变后即刻生效,不用再按单位键。光标指示位向左移动,可以对数据进行粗调,向右移动则可以进行细调。

　　按"Shift"键→"衰减"键可以选择 A 路幅度衰减方式,开机或复位后为自动方式"AUTO",仪器根据幅度设定值的大小,自动选择合适的衰减比例。在输出幅度为 2 V、0.2 V 和 0.02 V 时进行衰减切换,这时不管信号幅度大小都可以得到较高的幅度分辨率和信噪比,波形失真也较小。但是在衰减切换时,输出信号会有瞬间的跳变,这种情况在有些应用场合可能是不允许的。因此仪器设置有固定衰减方式。按"Shift"+"衰减"键后,可用数字键输入衰减值,输入数据小于 20 时为 0 dB,在 20~40 时为 20 dB,在 40~60 时为 40 dB,在 60~80 时为 60 dB,大于等于 80 时为 Auto。也可以使用"调节旋钮",旋钮每转一步衰减变化一挡。如果选择了固定衰减方式,在信号幅度变化时衰减挡固定不变,可以使输出信号在全部幅度范围内变化都是连续的,但在 0 dB 衰减挡时如果信号幅度较小,则波形失真较大,信噪比可能较差。

【实验内容】

　　1. 观察未加信号时的光点,练习辉度、聚焦、X 轴位置、Y 轴位置的调节,体会相应旋钮的作用,然后加上 X 轴扫描信号,从大到小(从 1 s~0.2 μs)逐步改变扫描时间,观察和体会光点的扫描动作。

　　2. 观察和练习测量示波器内部产生的校准信号。将校准信号①由 CH_1 或 CH_2 端口输入。

(1) 调节扫描时间钮及相应的微调钮,看看可否获得稳定的方波波形。再选择适当的内触发源及触发耦合方式,通过调节触发电平钮,获得稳定波形。通过以上练习体会"同步"的作用。

(2) 将扫描时间和 Y 轴分度的微调钮置于校准位置,测量方波信号的周期 T、频率 f 及峰峰值 U_{p-p}(即波形的最高点与最低点之间的高度所对应的电压值),体会 Y 轴分度值和扫描时间值的意义。

首先固定 Y 轴分度值为 0.1 V/DIV,分别换用不同的扫描时间 TIME/DIV(如 0.1 ms/DIV、0.2 ms/DIV、1 ms/DIV 及 2 ms/DIV)测量同一信号的周期和频率,对各次测量结果列表比较。

然后固定扫描时间为 0.2 ms/DIV,分别换用不同的 Y 轴分度值(如 0.1 V/DIV、0.2 V/DIV、0.5 V/DIV 及 1 V/DIV)测量同一输入信号的峰-峰值,对各次测量结果列表比较。

3. 观察信号发生器 A 路输出的正弦波形。

(1) 分别调节信号发生器的频率为 3 kHz、720 Hz、100 Hz 及 20 Hz(衰减取为 0 dB)输入示波器,通过调节示波器,使屏幕上显示约 3 个完整周期的稳定波形,体会示波器的扫描时间与被观察信号频率间的关系。

(2) 将信号发生器的频率固定为 1 kHz,交流电压的示值固定为约 3 V,然后将其输出衰减由 0 dB 逐级增至 60 dB,调节示波器分别显示峰谷高度约为 4 格的波形,体会 Y 轴分度钮的作用。

4. 用示波器测量正弦信号的有效值。

将示波器的 Y 轴分度微调钮置于校准位置,并取分度值为 2 V/DIV。将信号源上 A 路输出的有效值 U 分别调至 1.000 V、2.000 V、3.000 V、4.000 V 及 5.000 V,同时测出示波器上波形相应的峰-峰值 U_{p-p}(此时可不加扫描信号,以便于测量)。

5. 观察李萨如图形,测量未知信号的频率。

将信号发生器的 A 路输出频率设定为 120 Hz,作为待测频率。

(1) 先直接利用示波器的扫描信号对待测频率进行粗测(注意将扫描时间钮置于校准位置)。

(2) 将待测频率的信号由 X 端口输入,以信号发生器 B 路输出为标准(由 CH$_1$ 或 CH$_2$ 端口输入),先将其输出频率取为上一步所测得的值,调出频率比 $f_y : f_x = 1 : 1$ 的李萨如图形。

注意　使用调节旋钮进行频率微调时,尽量获得稳定不动的图形,才能保证上述的频率比严格成立,然后记下频率值,即可算得所求频率。

(3) 改变 B 路输出频率,调节示波器分别显示频率比 $f_y : f_x = 2 : 1$、3 : 1、3 : 2 及 5 : 2 的李萨如图形,记下频率值。

6. 观察拍并测出拍频(选做)。

(1) 将示波器面板控制按钮置于 ADD 位置。

(2) 将信号器的 A 路输出设为 2500 Hz,B 路输出设为 2700 Hz,分别输入示波器 CH$_1$、CH$_2$ 端口。调节信号源输出幅度,使屏上出现稳定的拍形。

(3) 分别测量 2 个拍信号,其在屏上所占有格数 n,则拍的周期为 $T = \dfrac{1}{2} \times n \times t$,拍频为

$f = \dfrac{1}{T} = \dfrac{2}{n \times t}$。式中，$n$ 的单位为 DIV，t 的单位为 μs/DIV 等，由扫描时间旋钮标示决定。

拍的理论值为 $f = f_2 - f_1$，其中 f_2、f_1 分别为信号源 B、A 路频率输出值，分别为 2700 Hz，2500 Hz。最后计算相对误差。数据记录表格自拟。

【数据记录与处理】

1. 校准信号观测

(1) 学会扫描时间旋钮的使用，并将所测得的数据记录于表 9-1-1 中（示波器读格数时注意有效数字），同时对各次测量结果进行比较，分析原因。

表 9-1-1　扫描时间记录表

固定 Y 轴分度值为 0.1 V/DIV				
扫描时间/(ms/DIV)	0.1	0.2	1	2
波宽/DIV				
周期 T/ms				
频率 f/Hz				

(2) 学会 Y 轴分度值旋钮的使用，并将所测得的数据记录于表 9-1-2 中（示波器读格数时注意有效数字），同时对各次测量结果进行比较，分析原因。

表 9-1-2　Y 轴分度值记录表

固定扫描时间为 0.2 ms/DIV				
Y 轴分度值/(V/DIV)	0.1	0.2	0.5	1
波高/DIV				
峰-峰值 $U_{p\text{-}p}$/V				

2. 正弦信号有效值测量

正弦信号有效值与峰-峰值之间的关系为：

$$U_{\text{eff}} = \frac{U_{p\text{-}p}}{2\sqrt{2}}$$

因此知道示波器测得信号的峰-峰值后，可由上式算出电压的有效值 U_{eff}，并将其作为标准值与信号源的输出 U 比较，同时将所有数据填入表 9-1-3 中。依据表 9-1-3 中数据，在坐标纸上作出校准曲线（即 U-ΔU 曲线），其中 $\Delta U = U - U_{\text{eff}}$。

表 9-1-3　有效值测量记录表

U/V	1.000	2.000	3.000	4.000	5.000
波高/DIV					
$U_{p\text{-}p}$/V					
U_{eff}/V					
ΔU/V					

3. 利用李萨如图形测信号频率

将所测得数据记录于表 9-1-4 中，并绘制出所观察到的李萨如图形。

表 9-1-4　测未知信号频率记录表

李萨如图形					
$f_y : f_x$	1：1	2：1	3：1	3：2	5：2
f_y/Hz					
f_x/Hz					
$\bar{f}$/Hz					

【思考题】

1. 打开示波器的电源开关后,如果在屏幕上既看不到扫描线又看不到光点,可能有哪些原因? 应分别作怎样的调节?

2. Y 轴已输入正弦波信号,但屏上只出现一条横线,这是什么原因造成的? 应如何调节?

3. 如果示波器显示的图形不稳定,总是向左或向右移动,该如何调节?

4. 如果 Y 轴信号的频率 f_y 比 X 轴扫描信号的频率 f_x 大很多,在示波器上能看到什么情形? 相反地,若 f_y 比 f_x 小很多,又会看到什么情形?

5. 观察李萨如图形,如果显示图形不稳定,出现一个形状不断变化的椭圆,那么图形变化的快慢与两个信号频率之差有什么关系?

【实验拓展】

1. 设计实验:李萨如图形观察(不用示波器)。

2. 设计实验:利用示波器测量电学量或非电学物理量的实验。

实验 9.2　用模拟法研究静电场

静止的电荷或带电物体周围存在静电场,静电场的电场强度和电势分布与电荷或带电体的几何形状、大小、所在位置及带电体所带电量有关。理论上,只要给定电荷和介质分布以及边界条件,即可算出电场分布,但在实际问题中,大多数情况下求不出解析解,只能靠数值解法求出或用实验的方法测出电场分布。因此,当带电体形状较复杂时,用实验方法研究电场往往比理论计算方便得多,所以,经常被采用。但是,由于静电感应现象的存在,任何金属探针在探测静电场时对原静电场都有一定的影响,另外,因为静电场没有运动的电荷,也不能使电表的指针偏转,这些都给实验测试带来困难。

理论和实验均证明,导电介质里由恒定电流建立起来的电场(称为恒定电流场)与静电场尽管是两种不同场,但是它们两者之间在一定条件下具有相似的空间分布,即两场遵守的规律在形式上相似。因此,为了克服直接测量静电场的困难,我们可以将在恒定电流场中测量到的电势分布应用到静电场中去,这就是典型的比拟方法,即模拟法。

【课前预习】

1. 为什么静电场需要模拟? 它是用什么场来模拟的?

2. 电极之间的电介质一般是导电液,可否换成其他材料? 换成其他材料,对静电场的影响怎样?

3. 怎样求等位线的平均半径值?

4. 可否用交流电压做模拟实验？如果可以，应如何进行？

【实验目的】

1. 学习用模拟法测量和描绘二维静电场；
2. 加深对静电场性质的理解。

【实验原理】

静电场可以用电场强度 E 或电位（电势）φ 来描述。由于 φ 没有方向性，对 φ 的测量要比测量矢量 E 容易得多，故研究静电场往往是先用实验方法测出 φ 的空间分布，再根据电位与电场的关系求出 E。然而，直接测量静电场一般很困难，由于恒定电流（或低频交变电流）所产生的稳恒电流场（或似稳电场）的基本特性与静电场相同，而对电流场分布的测量要比在静电场中容易得多，因此实验中可用恒定电流场（或低频交变电流场）来模拟静电场，即根据对电流场中电位分布的测量和描绘来确定相应的静电场中的电位分布乃至场强分布，十分方便而又有效。

注意　在此提到的所谓"低频交变电流场"及"似稳电场"，指的应是电流的变化频率 f 足够小，以致它所产生的非稳恒电场的性质十分接近于稳恒电场和静电场，例如，取 $f \approx 10^2 \sim 10^3$ Hz，则非稳恒电场所对应的电磁波长为 $\lambda = c/f \approx 10^6$ m，远远大于实验室（甚至更大范围）中所模拟静电场的尺度范围，我们可以近似地认为，在上述频率范围的交变电流所产生的非稳恒电场中，各点处的电场量按确定的比例关系同步（即同相位）地变化，而且它们满足的物理规律与稳流场是相同的，因此，同样可以模拟静电场。

本质上，模拟法就是用一种易于实现且便于测量的物理状态或过程来模拟不易实现或不易测量的状态或过程，前提是：这两种状态或过程间存在两组具有一一对应关系的物理量，而且，它们在两种状态或过程中满足基本相同的数学方程和边界条件。例如，传热学中求恒定温度场中的稳定导热问题、流体力学中不可压缩的流体在稳定流动情况下的速度场问题，也都可以用电流场模拟的方法解决。

1. 用电流场模拟静电场

静电场与恒定（或低频）电流场可以用两组对应的物理量来描述，而且它们所服从的物理规律具有相同的数学形式，具体对应关系如表 9-2-1 所示。

表 9-2-1　静电场与电流场的对应关系

静　电　场	电　流　场
电介质中的导体上带自由电荷 Q（见图 9-2-1(a)）	导电介质中存在电流源（即电极）产生电流 I（如图 9-2-1(b)所示）
电位分布函数 φ	电位分布函数 φ
电场强度 $E(=-\nabla\varphi)$	电场强度 $E(=-\nabla\varphi)$
电介质介电常数 ε	导电介质电导率 σ
电位移 $D=\varepsilon E$	电流密度矢量 $J=\sigma E$
高斯定理 $\oiint_S D \cdot \mathrm{d}S = Q_{内}$	电荷守恒定律 $\oiint_S J \cdot \mathrm{d}S = I_{内}$
在无自由电荷的电介质内：$\dfrac{\partial^2\varphi}{\partial x^2}+\dfrac{\partial^2\varphi}{\partial y^2}+\dfrac{\partial^2\varphi}{\partial x^2}=0$	在无电流源的导电介质内：$\dfrac{\partial^2\varphi}{\partial x^2}+\dfrac{\partial^2\varphi}{\partial y^2}+\dfrac{\partial^2\varphi}{\partial x^2}=0$
两导体间的电容 $C=\dfrac{Q}{\varphi_A-\varphi_B}$	两电极间的电导 $G=R^{-1}=\dfrac{I}{\varphi_A-\varphi_B}$

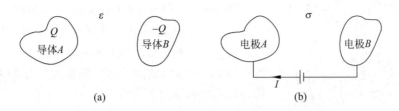

图 9-2-1 静电场与恒定电流场对应关系图

可以看出,上述两种场的电位分布在介质内满足相同的偏微分方程,另外,电极通常由良导体制成,因而同一电极上的电位相等,所以,两种场在介质的边界面上满足相同的边界条件,由此可以证明,两种场的解也相同(两个电位函数间顶多相差一个常数项)。这就是用电流场模拟静电场的理论依据。

2. 用模拟法描绘二维静电场的电位分布

一般地,静电场的 U 和 E 均为三维空间的坐标 (x,y,z) 的函数,但如果它们与某方向的坐标(如坐标 z)无关,则称这种电场为二维电场,这种情况在实际模拟时很容易实现。例如,长直均匀带电线中的电场、长直载流电线内的电场、长直水平导线与大地(看成导体)间形成的电场,除靠近端部的区域外,都可近似看作与 z 方向(即长度方向)无关的二维场。显然,二维场中的电场强度 E 垂直于 z 方向,而平行于 Oxy 平面,在实际模拟时,只要在电极间充以具有一定电阻的均匀导电介质薄层(导电纸或导电液体薄层),电极用良导体材料,通以电流即可。

下面以柱状电容器内的静电场与平面同心圆形电极之间的电流场为例来说明。

1) 真空中的圆柱形电容器

设长为 l 的圆柱形电容器(如图 9-2-2 所示)的内外极板的半径分别为 a 和 b(且 a、$b \ll l$),设其均匀带有等量异号的电荷,电荷线密度的绝对值为 λ。由于其对称性,半径为 $r(r>a)$ 的圆柱面上电场强度的方向应沿着半径方向,大小 E 应为常数,则由高斯定理可得:

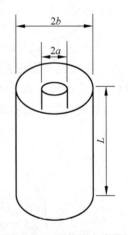

$$E = \frac{\lambda}{2\pi\varepsilon_0 r} \qquad (9\text{-}2\text{-}1)$$

令 V 为内圆柱面与半径为 r 的圆柱面上一点 p 之间的电压,则

$$U = \int_a^r E\,dr = \frac{\lambda}{2\pi\varepsilon_0}(\ln r - \ln a) = K_1(\ln r - \ln a) \qquad (9\text{-}2\text{-}2)$$

式中,$K_1 = \dfrac{\lambda}{2\pi\varepsilon_0}$。显然,在垂直柱状电容器轴线的截面上,等位线为一组同心圆柱面。

图 9-2-2 圆柱形电容器

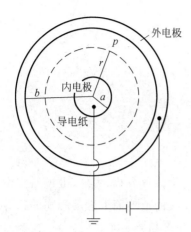

图 9-2-3　同心电极间的稳流场
模拟电路图

2）同心电极间的稳流场

如图 9-2-3 所示，内外电极的半径分别为 a 和 b，电极之间为电阻率均匀的导电薄层（导电纸或导电溶液），厚度为 h。设内外电极之间的总阻值为 R，当内外电极间加有电压 U_0（对交流场来说，可理解为电压的有效值或幅值）时，两电极间电流强度为

$$I = \frac{U_0}{R}$$

由对称性可知，在半径为 r 处的电流密度的大小为

$$J = \frac{I}{2\pi rh} = \frac{U_0}{2\pi hR}\frac{1}{r}$$

根据欧姆定律微分形式可得

$$E = \frac{J}{\sigma} = \frac{U_0}{2\pi\sigma hR}\frac{1}{r} \tag{9-2-3}$$

其中，σ 为电导率。则内电极与半径为 r 的圆上一点 p 之间的电位差（电压）应为

$$V = \int_a^r E\,\mathrm{d}r = \frac{U_0}{2\pi\sigma hR}(\ln r - \ln a) = K_2(\ln r - \ln a) \tag{9-2-4}$$

式中，$K_2 = \dfrac{U}{2\pi\sigma hR}$。当电压一定时，$K_2$ 为常数。

比较式（9-2-3）与式（9-2-1）、式（9-2-4）与式（9-2-2）以及它们的推导过程，可以更加清楚地看出静电场与电流场的对应关系，以及可以用后者来模拟前者的理由。

3）等位线的测定与描绘

测量二维电场电位分布的描绘仪电极架实验装置如图 9-2-4 所示，装置下部的电极间充以导电液 P（或导电微晶）。为避免长时间通直流电流使电极与液体间发生电解反应而腐蚀电极，在内外电极之间所加电压为频率 1000 Hz 的交流电；电压有效值为 U_0（可由交流电压表量出，注意应保证电压表的内阻足够大），则在两电极间将有电流流过，从而形成一组等位线，其位置可通过电压表和探针 e 测出。画等位线时，在电极上方的固定板 H 上先放一张白纸 P'，纸上方的探针 e' 与电极间的探针 e 固定在同一个圆柱体 L 上，则柱体平移时，两针的轨迹完全相同；并使电压表的示值不变，此时轻按上方探针就可在纸上打出小点，最后将电压示值相同的一系列小点用平滑的曲线连起来，就描绘出了一条等位线，而该

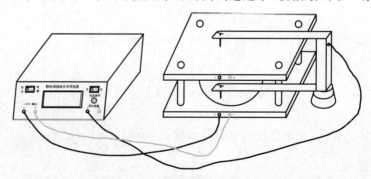

图 9-2-4　静电场描绘实验仪

等位线的电位即为 U_0(假定其中一个电极的电位为 0)。依次取不同的 U_0 值重复上述过程,即可得到一系列的等位线,从而反映出电场的电位分布。

　　4)电场线的描绘

　　当画出电场等位线的分布图后,就可在此基础上描绘出电场线图。在描绘时,应注意静电场的基本性质:在静电场中,电场强度等于电位的负梯度。这就要求电场线与等位线处处垂直,且电场线的方向应指向电位下降的方向。

【实验方法】

　　本实验采用了模拟法进行实验研究。模拟法是先设计出与某被研究现象或过程(即原型)相似的模型,然后通过模型,间接地研究原型规律性的实验方法。本质上,模拟法就是用一种易于实现且便于测量的物理状态或过程来模拟不易实现或不易测量的状态或过程,前提是:这两种状态或过程间存在两组具有一一对应关系的物理量。

　　本实验用稳恒电流场来模拟静电场就是利用了它们的数学规律的相似,所以又称为数学模拟。该模拟方法是把两个不同本质的物理现象或过程,用同一个数学方程来描述,即基于稳恒电场与静电场两个场分布有相同的数学形式,进而用容易实现的稳恒电场去模拟不容易实现和存在的静电场。它们在两种状态或过程中满足基本相同的数学方程和边界条件。

【实验器材】

1. 器材名称

　　本实验采用静电场描绘仪来测量电流场各个位置点的电位。静电场描绘仪由 0~12 V 可调直流稳压电源、带电极的导电微晶(本实验提供两种形状电极)、高阻抗输入数字电压表、探针、支架、电线及电键等组成。

2. 器材介绍

　　本实验采用的是 GVZ-3 型静电场描绘实验仪(包括导电微晶、双层固定支架、同步探针等),支架采用双层式结构,上层平整铺放记录纸,下层是导电微晶。电极已直接制作在导电微晶上,并将电极引线接出到外接线柱上,电极间制作有导电率远小于电极且各向均匀的导电介质。接通直流稳压电源就可以进行实验。在导电微晶和记录纸上方各有一个探针,通过金属探针臂把两探针固定在同一手柄座上,两探针始终保持在同一铅垂线上。移动手柄座时,可保证两探针的运动轨迹是一样的。由导电微晶上方的探针找到待测点后,按一下记录纸上方的探针,在记录纸上留下一个对应的标记。移动同步探针在导电微晶上找出若干电位相同的点,即可描绘出等位线。

　　静电场描绘仪电源可提供 0~12 V 连续可调的稳压电源,并以数字表头显示其电压值。实验时,将电源电压输出连接到电极板的电压输出,探针连接到测试表头的输入端。当电极通电后,手握住探针在导电微晶上移动时,测试电压表就会显示对应点的电位值。将相同的电位值点连起来就形成了一条该电压值的等位线。

【实验内容】

　　1. 研究带等量异号电荷的两个长直同轴圆柱形导体间的电场。

　　(1)选用同心圆形状的电极,按图连接线路图,接入电源。

　　(2)接通电源(频率取 1000 Hz)后,通过调节使两电极间的交流电压有效值为 10.0 V

（交流毫伏表的示值）。

（3）打出电压表读数为2.0 V，3.0 V，…，8.0 V的几组相差为1.0 V的等位点，为了准确描绘出等位线的形状，每一组内各等位点的间隔不应太大，故随着等位线的半径加大，需要打的点数就应增加。

注意 为保护装置，打点时不应用力太大，在记录纸上有个印记就行，然后用铅笔描一下。

2. 研究带等量异号电荷的一对平行的长直细圆柱形带电导体间的电场。

将实验内容1中的电极换为实验室提供的另一种形状的电极，再进行实验一次。

【数据记录与处理】

1. 在实验内容1中所得到的打有等位点的纸上，先根据一组等位点找出圆心，然后画出各等位线和电场线，要求电场线不少于8条。

2. 在实验内容2中所得到的打有等位点的纸上，画出各条等位线和至少8条电场线（两者应处处正交）。

注意 在连线时应尽量使每一条曲线平滑美观，切忌连成折线。

3. 对实验内容1中的各条等位线，分别量出它们的平均半径 r，并算出 $\ln r$，将所得数据填入表9-2-2中。

表 9-2-2 电位与半径数据记录表

电位 φ/V	2	3	4	5	6	7	8
半径 r/cm							
$\ln r$							

由式(9-2-4)可知，半径为 r 的点的电位 φ（以内电极电位的 φ 为0）与 $\ln r$ 成线性关系，故可在坐标纸上作 $\ln r$-φ 图线，观察其是否为直线，以验证上述关系，并求出斜率 K_2。

【思考题】

1. 模拟法与一般实验方法有何不同？试着举出1～2例采用模拟法的实验。

2. 在利用电压表寻找等位点时，电压表的内阻对等位点的位置会有什么影响？

3. 若将本实验中两电极间的电压提高一倍，所画出的等位线形状有无变化？除形状之外有无其他变化？若在测量的过程中电源电压不稳定（如在缓慢地升高），测量结果又如何？

4. 在描绘同轴电缆的等位线簇时，如何正确确定圆形等位线簇的圆心，如何正确描绘圆形等位线？

【实验拓展】

1. 设计一个实验方案，采用不同的电介质材料，对比两种实验的结果，从而证明模拟法的可行性。

2. 能否用稳恒电流场模拟稳定的温度场？为什么？

实验 9.3　气轨上的实验——动量守恒定律的验证

如果系统不受外力或所受合外力为零,则系统的总动量守恒,这就是动量守恒定律。可以通过两个物体(质点)的碰撞(弹性或非弹性)来验证动量守恒定律。本实验中使用的气垫导轨提供了低阻力环境,气垫导轨上的两个物体在碰撞过程前后,在水平方向的合外力等于零,因此水平方向的总动量在碰撞前后守恒。同时采用了高精度的光电计时装置,从而有效地减少了实验的误差。气垫导轨还能够做许多有关运动学和动力学的实验,如测量速度和加速度等。

【课前预习】

1. 为什么要调节气轨使之处于水平状态?
2. 如何利用光电计时系统测出滑块运动速度?
3. 碰撞实验开始前,两个滑块的初始位置应如何选择?

【实验目的】

1. 熟悉气垫导轨实验装置的构造,掌握其调节方法。
2. 掌握用光电计时系统测量较短时间以及速度、动量等力学量的方法。
3. 在弹性碰撞和完全非弹性碰撞两种情况下,验证动量守恒定律,并研究两种情况下的不同特点。

【实验原理】

在气轨上,通过水平方向上不受外力的两个物体的碰撞来研究动量问题,因此要求气轨必须是水平的,以近似满足动量守恒条件。

设两个滑块质量分别为 m_1 和 m_2,它们碰撞前的速度分别为 v_{10} 和 v_{20},碰撞后的速度分别为 v_1 和 v_2,如果动量守恒,在理想情况下,应有:

$$m_1 v_{10} + m_2 v_{20} = m_1 v_1 + m_2 v_2 \tag{9-3-1}$$

为简化起见,可取定 $v_{20}=0$,则

$$m_1 v_{10} = m_1 v_1 + m_2 v_2 \tag{9-3-2}$$

下面分两种情况进行研究。

1. 弹性碰撞

弹性碰撞前后,系统的动量和机械能均守恒。在实验中,令两个滑块相撞的端部各装一个缓冲弹簧,碰撞时,弹簧先发生弹性形变,随后恢复原状,可使机械能损失极小,从而近似认为碰撞前后的总动能不变,即

$$\frac{1}{2} m_1 v_{10}^2 = \frac{1}{2} m_1 v_1^2 + \frac{1}{2} m_2 v_2^2 \tag{9-3-3}$$

综合式(9-3-2)和式(9-3-3)可得

$$v_1 = \frac{m_1 - m_2}{m_1 + m_2} v_{10} \tag{9-3-4}$$

$$v_2 = \frac{2m_1}{m_1 + m_2} v_{10} \tag{9-3-5}$$

当 $m_1 = m_2$ 时，$v_1 = 0$，$v_2 = v_{10}$。

2. 完全非弹性碰撞

将弹性碰撞中的弹簧换成一对尼龙搭扣，使两滑块碰撞后粘在一起运动，即令

$$v_1 = v_2 = v$$

可得

$$v = \frac{m_1 v_{10}}{m_1 + m_2} \tag{9-3-6}$$

当 $m_1 = m_2$ 时，$v = \frac{1}{2} v_{10}$。

【实验方法】

验证动量守恒定律需要满足系统不受外力或合外力为零的条件，本实验中将用于碰撞的两个滑块置于已调水平的气垫导轨之上，气垫导轨提供了低阻力环境，模拟物体无摩擦运动状态，以满足动量守恒的条件。

【实验器材】

1. 器材名称

气垫导轨（长度为 1.5 m 的 L-QG-T 型）、气源、光电计时系统（数字毫秒计，光电门）、两个滑块（质量几乎相等）及一个质量块（用于改变滑块的质量），如图 9-3-1 所示。

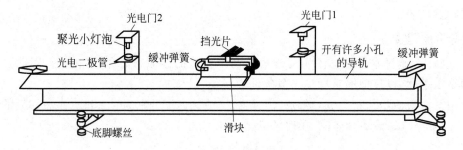

图 9-3-1　气轨实验装置

2. 器材介绍

（1）导轨：为一根水平放置的空心棱柱形铝质型材，一端密封，另一端通入压缩空气。在其两个上表面上钻有很多整齐排列的微孔，空气由微孔中喷出，从而在滑块与导轨间形成一层薄薄的空气层（即所谓"气垫"），使得滑块可以在气轨上作近似无摩擦的运动。另外，气轨两端的挡块上都有缓冲弹簧，滑块可在其间沿导轨往返运动，气轨底部装有三个底脚螺丝，用以调节气轨的水平状态。

（2）滑块：由角铝制成，其下表面与导轨的两个侧面经过精密加工而严密吻合，保证导轨与滑块之间形成均匀稳定的"气垫"；滑块上装有挡光片、缓冲弹簧和尼龙搭扣。

（3）光电计时系统：由光电门和数字毫秒计（或电子计时器）组成，光电门安装在导轨上。光电门由光源和光电转换电路组成，利用光敏三极管受光照与否导致输出电流的不同来控制计时器的计时或停止计时，从而实现对时间间隔的测量，其电路框图如图 9-3-2 所示。

在本实验中,数字毫秒计的精度可达 0.01 ms,远高于停表的精度(10 ms)。使用时按其"功能"键,选择"S_2",此时功能为计时,单位为 ms,如图 9-3-3 所示。

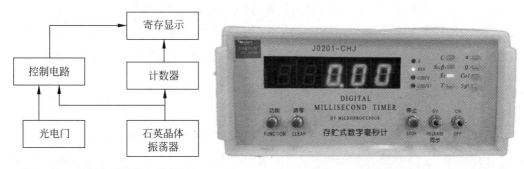

图 9-3-2 光电计时系统电路框图   图 9-3-3 数字毫秒计

晶体振荡器能产生频率为 10 kHz 的稳定的电脉冲(时钟脉冲),即相邻两个电脉冲的时间间隔为 0.1 ms,其准确度和稳定性一般可达 10^{-5} 量级,故计时相当准确。

当滑块上的挡光片第一次挡光时,光电门发出一个启动信号给控制电路,令其使时钟脉冲开始进入计数器,并不停地计数,当挡光片第二次挡光时,光电门(或另一光电门)又给控制器发一止动信号,使计数器停止计数,所计的脉冲数通过寄存器和译码器,最后在显示器上直接显示出时间数值。

【实验内容】

1. 气轨的水平及光电计时系统调节

在气轨上做实验,在实验前都要将气轨调整到水平状态,才能保证满足进行实验的条件,调平一般分两步进行。

(1)粗调。首先给导轨通气,然后将滑块轻轻置于导轨之上,如发现滑块无论放在导轨的哪一部位都朝同一个方向运动,说明导轨不水平,应调节导轨下的单脚螺丝,直到将滑块放在导轨中部及两端的任何位置时,滑块都能保持在原位上或不是总向同一方向运动为止。

(2)细调。将两个光电门置于导轨上相隔较远(80 cm 左右)的对称位置,推动滑块,使之在导轨上来回运动,同时依次记下每次向一端运动的过程中,先后通过两个光电门时,计时器所显示的时间 Δt_1、Δt_2(向左的时间),Δt_3、Δt_4(向右的时间),等等。

滑块运动时,由于仍然存在着一定的阻力,从而滑块的运动速度总是越来越慢,故 $\Delta t_2 - \Delta t_1$,$\Delta t_4 - \Delta t_3$,……均应大于 0,而且,如果导轨是水平的,则向左运动时的($\Delta t_2 - \Delta t_1$)应等于或略微小于向右运动时的($\Delta t_4 - \Delta t_3$)的值(为什么?),否则,就要判断哪一端较高,再通过调节单脚螺丝来达到上述要求。

2. 练习速度和动量的测量

由于速度 $v = \dfrac{\Delta x}{\Delta t}$,动量 $p = mv$,因此只需测出 Δx、Δt 和 m,即可测出速度和动量。

注意 Δx 为挡光片两次挡光所通过的距离(如图 9-3-4 所示),Δx 和质量 m 均由实验室预先测出并标明在滑块上,Δt 需通过测量记录。

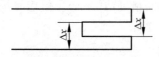

图 9-3-4　挡光片间距

3. 验证动量守恒定律（弹性碰撞）

令滑块 m_2 静止（在具体操作时,这如何保证?）,滑块 m_1 与 m_2 进行弹性碰撞。它分为两种情况:

（1） $m_1 = m_2$,此时只需测量 Δt_{10}、v_{10} 和 Δt_2、v_2（为什么不用测 Δt_1、v_1?）

（2） $m_1 > m_2$（在原 m_1 上挂上一个质量块 Δm）,测量 Δt_{10}、v_{10}、Δt_1、v_1 和 Δt_2、v_2。每种情况分别测量至少 5 组数据。

4. 验证动量守恒定律（完全非弹性碰撞）

同样分为 $m_1 = m_2$ 和 $m_1 > m_2$ 的两种情况。每种情况分别测量至少 5 组数据。

注意事项　（1）调节气垫导轨水平及光电计时系统,使它们达到正常的工作状态,调节结束后,须经教师检查、认定,方可进行下一步操作。

（2）应预先反复练习试做,达到熟练后,再正式测量和记录。

（3）在实验操作过程中,操作滑块的动作一定要轻,必须注意保护气垫导轨和滑块,避免二者在未通气时直接接触和摩擦;在未给气轨充气时,不准在气轨上放置或强行推动滑块。关闭气源前,必须先将滑块从导轨上取下并置于合适处（若因不慎,未将滑块取下就关闭了气源,应先打开气源,再取下滑块）。

【数据记录与处理】

1. 请参照表 9-3-1,对弹性碰撞（$m_1 > m_2$）和完全非弹性碰撞两种情况（$m_1 \approx m_2$,$m_1 > m_2$）分别设计表格,进行数据记录和计算。

表 9-3-1　弹性碰撞（$m_1 \approx m_2$）数据记录表

（$m_1 = \underline{\hspace{2cm}}$; $m_2 = \underline{\hspace{2cm}}$; $\Delta x_1 = \underline{\hspace{2cm}}$; $\Delta x_2 = \underline{\hspace{2cm}}$）

次数 i	Δt_{10} /ms	Δt_2 /ms	v_{10} /(m/s)	v_2 /(m/s)	p_0/(kg·m/s)	p/(kg·m/s)	E_{k0}/(kg·m²/s²)	E_k/(kg·m²/s²)	$\Delta p/p_0$/%	$\Delta E_k / E_{k0}$/%
1										
2										
3										
4										
5										

2. 从上面计算的结果得出结论,包括动量是否守恒、弹性碰撞与非弹性碰撞的不同特点等。

【思考题】

1. 如何检测气垫导轨的水平状态?

2. 从误差角度考虑,两个光电门应该放近一点? 还是远一点? 为什么?

3. 造成本实验测量的误差的主要因素有哪些? 应采取什么措施减少误差?

4. 若测出碰撞后的总动量比碰撞前的总动量大（或小）很多,分析可能的原因。

【实验拓展】

如果气垫导轨倾斜,滑块在气轨上运动就具有加速度,设计方案如何测量其加速度。

实验 9.4 声悬浮实验

当声波在物体表面发生反射、折射、散射等现象时,会与物体产生动量和能量的交换,从而使物体受到声辐射压力。1866 年,年仅 27 岁的德国物理学家孔特(Kundt)在进行固体和气体的声速测量实验时意外发现:谐振管中的声波能够让尘埃颗粒有序地悬浮和舞动,这是可以追溯到的最早的声悬浮现象。1934 年,加拿大物理学家金(King)计算了理想流体中刚性小球受到的声辐射压力,首次从理论上揭示了声悬浮是高声强条件下的一种非线性现象。

【课前预习】

1. 什么是声压?什么是声辐射压力?

2. 声强主要与哪些因素有关?

3. 仔细观察图 9-4-4 所示的多个物体的声悬浮现象,分析底座上的凹面有何作用?

【实验目的】

1. 观察声悬浮现象,并掌握利用声悬浮现象测量声速的方法。

2. 掌握测量声速的两种其他方法——共振干涉法(驻波法)和时差法。

【实验原理】

一般地讲,弹性介质中的纵波都称为声波。频率在 20 Hz～20 kHz 的声波,能引起人的听觉,称为可闻声波,也简称声波。频率低于 20 Hz 的声波称为次声波,高于 20 kHz 的声波称为超声波。

介质中有声波传播时的压力与无声波时的静压力之间有一差额,这一差额称为声压。声波是疏密波,在稀疏区域,实际压力小于原来的静压力,声压为负值;在稠密区域,实际压力大于原来的静压力,声压为正值。以 p 表示声压,则有

$$p = -p_m \sin(\omega t - kx) \tag{9-4-1}$$

其中,$\omega = 2\pi/T$,为声波的角频率;$k = 2\pi/\lambda$,为声波的角波数;而声压振幅

$$p_m = \rho u A \omega \tag{9-4-2}$$

其中,ρ 为介质密度;u 为声波的波速(简称声速);A 为声波的位移振幅;ω 为声波的角频率。由式(9-4-2)可知,声压振幅的大小由 4 个物理量来决定。因为声速的大小仅由声波传播时所经过的介质来决定,所以在传播介质一定的情况下,声压振幅的大小主要取决于声波的振幅及其频率。

声强就是声波的强度,即为

$$I = \frac{1}{2}\rho u A^2 \omega^2 = \frac{1}{2}\frac{p_m^2}{\rho u} \tag{9-4-3}$$

在线性声学范围内,声压随时间呈周期性变化,一段时间内声压的平均值为零(由于正、负抵消);但是,在高声强条件下,声波的非线性效应非常显著,一段时间内声压的平均值不为零,而是具有固定的方向和大小,称为声辐射压力。

声悬浮是利用高强度声波产生的声辐射压力来平衡重力,从而实现物体悬浮的一种技术。由于驻波产生的声辐射压力远大于行波,所以声悬浮实验普遍采用驻波。

一个最简单的驻波系统可由一个声发射端和一个声反射端构成，即形成一个谐振腔。发射端到反射端的距离 L 是可调的，以满足驻波条件。如果将声场近似看作平面驻波，则驻波条件为

$$L = n \frac{\lambda}{2}, \quad n = 1, 2, 3, \cdots \tag{9-4-4}$$

发射面和反射面是声压的两个波腹，声压波节位于 $\lambda/4, 3\lambda/4, 5\lambda/4, \cdots$ 处。声压波节处的声压为零，而其他点的声压均大于零。这相当于在波节处形成了一个负压区。所以，处于波节点附近的小物体，所受的声辐射压力均会指向波节点。这样的声辐射压力，具有回复力的特性；即一旦小物体有所偏离，就会被拉回原位置，所以声压波节就是样品的稳定悬浮位置。因此由式(9-4-4)，可以悬浮的样品数应为 n 个，且两个样品之间的距离为 $\lambda/2$。通常，选择声波的传播方向与重力方向平行，以克服物体的重力。较重的物体，其悬浮位置会偏向声压波节的稍下方。

以悬浮一个半径为 r 的小球为例，对于声压为

$$p = p_\mathrm{m} \cos(kx) \sin(\omega t) \tag{9-4-5}$$

的平面驻波声场，则它在小球上产生的声辐射压力为

$$F = \frac{5}{6} \frac{\pi p_\mathrm{m}^2}{\rho \omega^2} \left(\frac{2\pi r}{\lambda} \right)^3 \sin(2kh) \tag{9-4-6}$$

其中，h 为小球相对于某一声压波节的位置。可见，驻波产生的声辐射压力在空间以半波长为周期变化。

声悬浮需要很高的声强条件，因此在声悬浮实验中普遍采用高频率的超声波。

本实验除了能定性地观察声悬浮现象，还能利用声悬浮现象定量的测量声速。因为声速的大小仅由声波传播时所经过的介质决定，所以在测量声速时，我们通常选择具有波长短、易于定向发射和易被反射等优点的超声波来测定。

声速的测量方法可分为两类。第一类是先测量出声波的传播距离 L 和传播时间 t，然后根据下式

$$u = L/t \tag{9-4-7}$$

计算出声速 u，这称为时差法。第二类是先测量出声波的频率 f 和波长 λ，然后根据下式

$$u = \lambda \cdot f \tag{9-4-8}$$

算出声速 u，此法利用了波的特性来测量声速。频率 f 可通过频率计测得。本实验的主要任务是测出声波的波长 λ。在超声波段进行声速测量的优点还在于，超声波的波长短，可以在短距离内就较精确地测出声速。

1. 利用声悬浮现象测量声速

将一物体置于谐振腔声压波节处，它上下两面受到的压力之差（声辐射压力）足以克服其自身重力时，该物体将悬浮起来。当改变谐振腔 L 的长度时，共振效果遭到破坏，有效声压差不足于支撑物体自身重力，物体落下。若继续改变 L，当物体再次被悬浮起来时，L 的改变量为半波长即 $\lambda/2$，由此可测出声波的波长。

在谐振时，若将多个物体置于相邻的声压波节处，则多个物体会被悬浮并两两相邻。两相邻物体间的间距应为半波长即 $\lambda/2$，由此也可测出声波的波长。

2. 用共振干涉法(驻波法)测量声速

为便于和声悬浮法比较,我们还采用把谐振腔的反射端做成可以接收声压的接收换能器,然后利用示波器直接观察驻波(共振干涉)的方法测量声速。

实验装置如图 9-4-1 所示,图中 S_1 为声波发射换能器,S_2 为声波接收换能器,声波传至 S_2 的接收面上时,再被反射。当 S_1 和 S_2 的表面互相平行时,超声波就在两个平面间来回反射,当两个平面的间距 L 为声波半波长 $\lambda/2$ 的整倍数时,形成驻波。

因为接收换能器 S_2 表面的振动位移可以忽略,所以此表面对声波的位移振幅来说是波节,而对声压振幅来说是波腹。本实验的接收换能器测量的是声压,所以当形成驻波时,接收换能器的输出会出现明显增大,从示波器上观察到的电压信号幅值也是极大值(见图 9-4-2)。

在图 9-4-2 中,各极大值之间的距离均为 $\lambda/2$,由于散射和其他损耗,各极大值幅值随距离增大而逐渐减小。我们只要测出各极大值对应的发射换能器 S_1 的位置,就可测出波长 λ。由频率计读出超声波的频率值后,就可由式(9-4-8)求出声速。

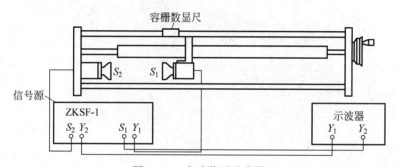

图 9-4-1　实验装置示意图

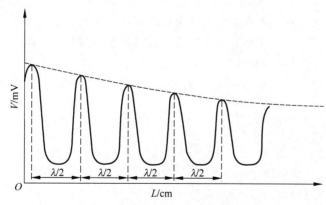

图 9-4-2　接收器表面声压随距离的变化

3. 时差法测量声速

连续波经脉冲调制后由发射换能器发射至被测介质中,声波脉冲在介质中传播,经过时间 t 后,到达距离 L 处的接收换能器。通过测量发射换能器和接收换能器之间的距离 L 和声波脉冲的传播时间 t,就可以由式(9-4-7)求出声波在介质中的传播速度。

【实验方法】

测量速度最直接的方法，是依据速度的定义，通过测量物体（或波）运动的距离和相应的时间来测量速度，即本实验中的时差法。而本实验用到的共振干涉法和声悬浮现象，都是利用驻波的特性，通过测量波长和频率来测量速度，其所用的实验方法可以归属为转换法（驻波法）。

【实验器材】

本实验所用的实验装置如图 9-4-3 所示，包括：信号源（含信号发生器、频率计等）、声速测定仪（含压电换能器、游标卡尺等）、示波器等。

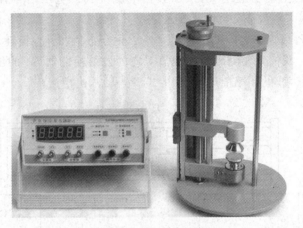

图 9-4-3　声悬浮实验装置

超声波的发射和接收一般通过电磁振动与机械振动的相互转换来实现，最常见的方法是利用压电效应和磁致伸缩效应来实现的。本实验采用的是压电陶瓷制成的换能器（探头），这种压电陶瓷可以在机械振动与交流电压之间双向换能。

声波发射换能器，被信号发生器输出的交流电信号激励后，由于逆压电效应发生受迫振动，并向空气中定向发出一近似的平面声波。

声波接收换能器，当声波传至它表面时，由于压电效应发生受迫振动，产生交流电信号。

【实验内容】

实验时，须注意以下事项。

（1）测量时，调节螺柄使换能器 S_1 单向移动，以免产生回程误差。

（2）应避免信号源的信号输出端短路。

（3）出现声悬浮现象后，应反复微调压电陶瓷输出波源强度和谐振腔长度，以便使悬浮物在尽可能小的波源强度下悬浮起来。这样可较精确地测到谐振腔长度，较大地提高测量精度。

（4）用时差法测量声速的实验中，超声波的发射是个单脉冲，可确定精确的发射时点。但在接收端由于被接收到的单脉冲激发出余波的缘故，单脉冲引起的是衰减波动，其余波可以在两个换能器间产生共振，会对接收时点的测定产生干扰。故测量中必须避免将换能器停在共振的位置上。反射波与余波是否出现共振，可通过示波器观察到。

1. 测量压电换能器的谐振频率

（1）熟悉信号源面板上的各项功能以及示波器的使用方法。按图 9-4-1 连接线路，并将两换能器 S_1 和 S_2 之间的距离调至 1 cm 左右。

（2）打开信号源与示波器的电源，将信号源面板上的"测试方法"调节为连续波，并调节"发射强度"旋钮，使示波器的 Y_1 通道显示发射换能器处的波形。

调节信号源面板上的"信号频率"旋钮，观察示波器的 Y_2 通道，会发现频率调整时接收波的电压幅度会发生变化。在某一频率时电压幅度最大，此频率即为与两压电换能器相匹配时的谐振频率，记下该频率值。

适当改变 S_1 和 S_2 之间的距离，重复上述实验过程，再次测量谐振频率，共测量 6 次并记录，求出平均谐振频率 f。

2. 利用声悬浮现象测量空气中的声速

（1）调节"信号频率"至平均谐振频率 f；转动发射换能器 S_1 的移动螺柄，将两换能器 S_1 和 S_2 之间的距离 L 调至约 0.5 cm。

（2）将物体置于接收换能器 S_2 上，并转动发射换能器 S_1 的移动螺柄，逐步增加 L，观察物体的变化，当物体突然悬浮起来时，记下 S_1 的位置 L_1。

（3）继续增加 L，当物体再次悬浮起来时，记下 L_2。测量 4～10 个数据并记录。

3. 观察多个物体的声悬浮现象

在接收换能器 S_2 上放置一凹面，将物体置于凹面上，转动发射换能器 S_1 的移动螺柄使物体悬浮，当物体能被悬浮 5～6 次时，保持 L 不变，在被悬浮物体上面约 $\lambda/2$ 处，再次放置另一物体，直至离发射换能器 S_1 的距离只有 $\lambda/4$。可以看见，两相邻悬浮物体间的间距为半波长 $\lambda/2$，如图 9-4-4 所示。

图 9-4-4　多个物体的声悬浮现象

4. 用共振干涉法（驻波法）测量空气中的声速

（1）保持谐振频率 f 不变，由近而远移动声波发射换能器 S_1，逐步增加 L，观察示波器上接收换能器 S_2 输出电压的变化，当电压达到极大值时，记下发射换能器 S_1 的位置 L_1。

（2）继续增加 L，当达到下一个极大值点时，记下 L_2。测量 10～20 个数据并记录。

5. 用时差法测量空气中的声速

（1）将信号源面板上的"测试方法"调节为脉冲波。

（2）观察共振与非共振状态下示波器显示的信号的不同表现，并在实验报告中利用文字加以描述。

（3）调节"接收增益"，在接收增益尽量小的前提下使时间读数约为 400 μs（S_1 和 S_2 的间距约为 10 cm），且读数稳定，记录此时的距离值 L_1 和显示时间 t_1。

（4）移动发射换能器 S_1 到另一点，并调节接收增益，保持信号幅度不变，记录距离值 L_2 和显示时间 t_2。

（5）重复（4），保证每次移动的距离一定，测量 8 组数据并记录。

【数据记录与处理】

1. 计算声速的理论值

声速的理论公式为

$$u_0 = 331.45 \sqrt{1 + \frac{t}{273.15}} \tag{9-4-9}$$

其中，t（℃）表示实际室温。根据所测得的实际室温，利用式（9-4-9）计算声速的理论值。

2. 测量压电换能器的谐振频率

将所测得的谐振频率记录于表 9-4-1 中，并求出平均谐振频率。

表 9-4-1   谐振频率的测定

次数 i	1	2	3	4	5	6	$\bar{f}$
f/kHz							

3. 利用声悬浮现象测量空气中的声速

将所测得的数据记录于表 9-4-2 中，用逐差法求出声波波长 λ，并利用式（9-4-8）求出声速。同时与声速的理论值 u_0 比较，计算相对误差。

表 9-4-2   实验数据参考表格

次数 i	1	2	3	4	5	6	7	8	9	10
L/mm										

4. 用共振干涉法（驻波法）测量空气中的声速

将所测得的数据记录于表 9-4-3 中，用逐差法求出声波波长 λ，并利用式（9-4-8）求出声速。同时与声速的理论值 u_0 比较，计算相对误差。

表 9-4-3   实验数据参考表格

次数 i	1	2	3	4	5	6	7	8	9	10
L/mm										

5. 用时差法测量空气中的声速

将所测得的数据记录于表 9-4-4 中，用逐差法处理数据，并利用式（9-4-7）求出声速。同

时与声速的理论值 u_0 比较,计算相对误差。

表 9-4-4 实验数据参考表格

次数 i	1	2	3	4	5	6	7	8
L/mm								
$t/\mu s$								

【思考题】

1. 为什么换能器要在谐振频率条件下进行声速测定?

2. 要让声波在两个换能器之间产生驻波,必须满足哪些条件?

3. 当谐振腔形成驻波时,为什么对声波的位移振幅来说是波节的地方,而对声压振幅来说是波腹?

4. 试举三个超声波应用的例子,它们都是利用了超声波的哪些特性?

【实验拓展】

声悬浮不只是一个有趣的物理现象,由于没有明显的机械支撑,几乎对客体没有附加效应,从而为材料制备和科学研究提供了一种崭新的技术。声悬浮技术在材料科学、流体力学、生物医学和航空领域等有非常广阔的应用前景。

采用声悬浮技术,可以使材料的熔化和凝固在无容器环境下进行,从而消除容器壁对材料的不利影响。例如,在声悬浮条件下,可以使水冷却到 -20℃ 还不结冰,从而获得深过冷状态的水。采用声悬浮技术,还可以实现晶体悬浮生长。声悬浮状态的液滴完全在自由表面的约束下运动,是流体力学研究的一个重要领域。利用声悬浮技术,可以对液体表面张力、黏度和比热等物理量进行非接触测量,不仅提高了精度,还可获得液体在亚稳态的物理性质。在太空微重力环境中,还可以用声悬浮技术对样品进行定位。美国国家航空航天局在航天飞机中熔炼了高纯度的固体材料。声悬浮技术在生物医学领域也有一定应用。例如,可以使培养液中的细胞或微生物在固定区域浓集,以提高检测效率。

对于声波特性的测量(如频率、波速、波长、相位和声压衰减等)是声学应用技术中的一个重要内容,特别是声速的测量,在声波定位、探伤和测距等应用中具有重要的意义。

实验 9.5　空气热机特性

热机是将热能转换为机械能的机器。历史上对热机循环过程及热机效率的研究,曾为热力学第二定律的确立起了奠基性的作用。斯特林 1816 年发明的空气热机,以空气作为工作介质,是最古老的热机之一。虽然现在已发展了内燃机、燃气轮机等新型热机,但空气热机结构简单,便于帮助理解热机原理与卡诺循环等热力学中的重要内容。

【课前预习】

1. 卡诺循环的过程及热功转换效率。

2. 示波器的使用。

3. 空气热机的工作原理。

【实验目的】

1．理解热机原理及循环过程。

2．测量不同冷热端温度时的热功转换值，验证卡诺定理。

3．测量热机输出功率随负载及转速的变化关系，计算热机实际效率。

【实验原理】

空气热机主机由高温区，低温区，工作活塞及汽缸，位移活塞及汽缸，飞轮，连杆，热源等部分组成，如图 9-5-1 所示。

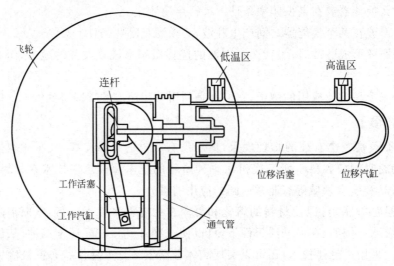

图 9-5-1　空气热机结构示意图

热机中部为飞轮与连杆机构，工作活塞与位移活塞通过连杆与飞轮连接。飞轮的下方为工作活塞与工作汽缸，飞轮的右方为位移活塞与位移汽缸，工作汽缸与位移汽缸之间用通气管连接。位移汽缸的右边是高温区，可用电热方式或酒精灯加热，位移汽缸左边有散热片，构成低温区。

工作活塞使汽缸内气体封闭，并在气体的推动下对外做功。位移活塞是非封闭的占位活塞，其作用是在循环过程中使气体在高温区与低温区间不断交换，气体可通过位移活塞与位移汽缸间的间隙流动。工作活塞与位移活塞的运动是不同步的，当某一活塞处于位置极值时，它本身的速度最小，而另一个活塞的速度最大。

空气热机的工作原理如图 9-5-2 所示。当工作活塞处于最底端时，位移活塞迅速左移，使汽缸内气体向高温区流动，如 9-5-2(a) 所示；进入高温区的气体温度升高，使汽缸内压强增大并推动工作活塞向上运动，如 9-5-2(b) 所示，在此过程中热能转换为飞轮转动的机械能；工作活塞在最顶端时，位移活塞迅速右移，使汽缸内气体向低温区流动，如 9-5-2(c) 所示；进入低温区的气体温度降低，使汽缸内压强减小，同时工作活塞在飞轮惯性力的作用下向下运动，完成循环，如图 9-5-2(d) 所示。在一次循环过程中气体对外所作的净功等于 p-V 图所围的面积。

根据卡诺对热机效率的研究而得出的卡诺定理，对于循环过程可逆的理想热机，热功转换效率为

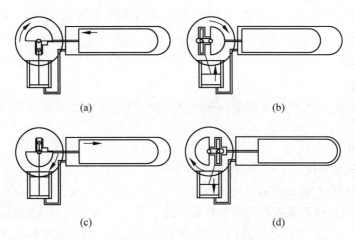

(a) (b)

(c) (d)

图 9-5-2 空气热机工作原理

$$\eta = A/Q_1 = (Q_1 - Q_2)/Q_1 = (T_1 - T_2)/T_1 = \Delta T/T_1 \tag{9-5-1}$$

式中，A 为每一循环中热机做的功；Q_1 为热机每一循环从热源吸收的热量；Q_2 为热机每一循环向冷源放出的热量；T_1 为热源的绝对温度；T_2 为冷源的绝对温度。

实际的热机都不可能是理想热机，由热力学第二定律可以证明，循环过程不可逆的实际热机，其效率不可能高于理想热机，此时热机效率：

$$\eta \leqslant \Delta T/T_1 \tag{9-5-2}$$

卡诺定理指出了提高热机效率的途径，就过程而言，应当使实际的不可逆机尽量接近可逆机。就温度而言，应尽量的提高冷热源的温度差。

根据傅里叶定律，其公式为

$$q = \frac{\mathrm{d}Q}{\mathrm{d}S} = -\lambda \frac{\partial T}{\partial x} \tag{9-5-3}$$

式中，q 为 x 轴方向的导热热流密度，单位为 $\mathrm{W/m^2}$；Q 为 x 轴方向的导热传热速率或热流量，单位为 W；S 为与热流方向垂直的热导面积，单位为 $\mathrm{m^2}$；λ 为热导率，单位为 $\mathrm{W/(m \cdot K)}$，$\mathrm{W/(m \cdot ℃)}$；$\frac{\partial T}{\partial x}$ 为 x 轴方向的温度变化率，单位为 K/m 或 ℃/m。

由式(9-5-3)可知，在几何结构不变的前提下，吸收的热流量 Q 与 ΔT 成正比。单位时间内热机循环 n 次，一次循环吸收的热量为 Q_1，单位时间内吸收的热量应为 nQ_1，即为吸收的热流量。于是 nQ_1 与 ΔT 成正比，即热机每一循环从热源吸收的热量 Q_1 正比于 $\Delta T/n$。又因转换效率 $\eta = A/Q_1$，所以 η 正比 $nA/\Delta T$。

n, A, T_1 及 ΔT 均可测量，测量不同冷热端温度时的 $nA/\Delta T$，观察它与 $\Delta T/T_1$ 的关系，若二者为正比关系，就能证明理想热机的转换效率正比于 $\Delta T/T_1$，即间接验证了卡诺定理。

当热机带负载时，热机向负载输出的功率可由力矩计测量并计算而得，且热机实际输出功率的大小随负载的变化而变化。在这种情况下，可测量计算出不同负载大小时热机实际输出功率。

【实验方法】

斯特林空气热机的热力学循环为由两段等温线和两段等容线围成的封闭循环。本实验的空气热机模拟斯特林空气热机，以空气为工质，采用汽缸外部加热，工质的热力学循环为卡诺循环。

【实验器材】

1. 器材名称

空气热机实验仪（实验装置部分），空气热机测试仪，电加热器及电源，计算机（或双踪示波器）。

2. 器材简介

1）空气热机实验仪

（1）电加热型空气热机实验仪

图 9-5-3 为电加热型空气热机实验仪装置图。飞轮下部装有双光电门，上边的一个光电门用以定位工作活塞的最低位置，下边的一个光电门用以测量飞轮转动角度。空气热机测试仪以光电门信号为采样触发信号。

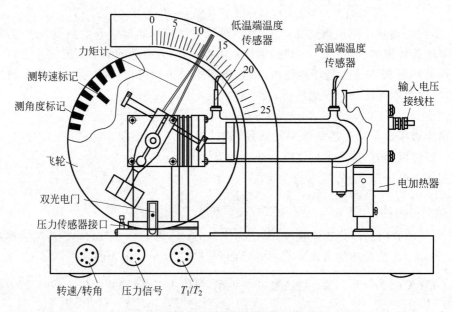

图 9-5-3   电加热型空气热机实验装置图

汽缸的体积随工作活塞的位移而变化，而工作活塞的位移与飞轮的位置有对应关系，在飞轮边缘均匀排列 45 个挡光片，采用光电门信号上沿或下沿触发方式，飞轮每转 4°给出一个触发信号，由光电门信号可确定飞轮位置，进而计算汽缸体积。

压力传感器通过管道在工作汽缸底部与汽缸连通，测量汽缸内的压力。在高温区和低温区都装有温度传感器，测量高低温区的温度。底座上的三个插座分别输出转速/转角信号、压力信号和高低端温度信号，使用专门的线和实验测试仪相连，传送实时的测量信号。电加热器上的输入电压接线柱分别使用黄、黑两种线连接到电加热器电源的电压输出正负极上。

热机实验仪采集光电门信号、压力信号和温度信号，经微处理器处理后，在仪器显示窗口显示热机转速和高低温区的温度。在仪器前面板上提供压力和体积的模拟信号，供连接示波器显示 p-V 图。所有信号均可经仪器前面板上的串行接口连接到计算机。

加热器电源为加热电阻提供能量,输出电压从 24～36 V 连续可调,可以根据实验的实际需要调节加热电压。

力矩计悬挂在飞轮轴上,调节螺钉可调节力矩计与轮轴之间的摩擦力,由力矩计可读出摩擦力矩 M,并进而算出摩擦力和热机克服摩擦力所做的功。经简单推导可得热机输出功率为

$$P = 2\pi nM$$

式中,n 为热机每秒的转速,即输出功率为单位时间内的角位移与力矩的乘积。

（2）电加热器电源

电加热器电源前面板如图 9-5-4 所示,主要由电流/电压输出指示灯、电流电压输出显示表、电压输出旋钮等组成。

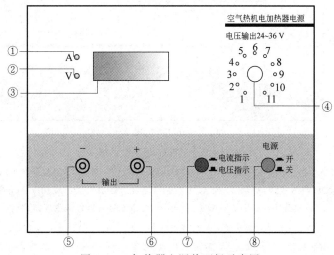

图 9-5-4　加热器电源前面板示意图

①—电流输出指示灯:当显示表显示电流输出时,该指示灯亮;②—电压输出指示灯:当显示表显示电压输出时,该指示灯亮;③—电流电压输出显示表:按切换方式显示加热器的电流或电压;④—电压输出旋钮:根据加热需要调节电源的输出电压,调节范围为"24～36 V",共分为 11 挡;⑤—电压输出"－"接线柱:加热器的加热电压的负端接口;⑥—电压输出"＋"接线柱:加热器的加热电压的正端接口;⑦—电流电压切换按键:按下,显示表显示电流;弹出,显示表显示电压;⑧—电源开关按键:打开和关闭仪器电源

电加热器电源后面板主要有电源输入插座(输入 AC 220 V 电源,配 3.15 A 保险丝)和转速限制接口(当热机转速超过 15 r/s 后,主机会输出信号将电加热器电源输出电压断开,停止对热机加热)。

2）空气热机测试仪

空气热机测试仪分为微机型和智能型两种型号。微机型测试仪可以通过串口和计算机通信,并配有热机软件。通过该软件可在计算机上显示并读取 p-V 图面积等参数,以及观测热机波形;智能型测试仪不能和计算机通信,观测热机波形只能用示波器。

空气热机测试仪前面板如图 9-5-5 所示,主要由 T_1 指示灯、ΔT 指示灯、转速显示等功能组成。

测试仪后面板有电源输入插座、电源开关、转速限制接口(加热源为电加热器时使用的限制热机最高转速的接口,当热机转速超过 15 r/s(测试仪会发出间断蜂鸣声)后,热机测试仪会自动将电加热器电源输出断开,停止对热机加热)。

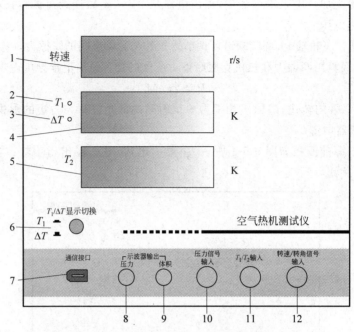

图 9-5-5 主机前面板示意图

1—转速显示：显示热机的实时转速，单位为"转/每秒(r/s)"；2—T_1 指示灯：该灯亮表示当前的显示数值为热源端热力学温度；3—ΔT 指示灯：该灯亮表示当前显示数值为热源端和冷源端热力学温度差；4—$T_1/\Delta T$ 显示：可以根据需要显示热源端热力学温度或冷热两端热力学温度差，单位为开尔文(K)；5—T_2 显示：显示冷源端的热力学温度值，单位为"开尔文(K)"；6—$T_1/\Delta T$ 显示切换按键：按键通常为弹出状态，表示 4 中显示的数值为热源端热力学温度 T_1，同时 T_1 指示灯亮。当按键按下后显示为冷热端热力学温度差 ΔT，同时 ΔT 指示灯亮；7—通信接口：使用 1394 线与热机通信器相连，再用 USB 线将通信器和计算机 USB 接口相连。如此可以通过热机软件在计算机上观测热机运转参数和热机波形（仅适用于微机型）；8—示波器压力接口：通过 Q9 线和示波器 Y 通道连接，可用示波器观测压力信号波形；9—示波器体积接口：通过 Q9 线和示波器 X 通道连接，可用示波器观测体积信号波形；10—压力信号输入口(四芯)：用四芯连接线和热机相应的接口相连，以输入压力信号到测试仪；11—T_1/T_2 输入口(五芯)：用六芯连接线和热机相应的接口相连，以输入 T_1/T_2 温度信号到测试仪；12—转速/转角信号输入口(五芯)：用五芯连接线和热机相应的接口相连，以输入转速/转角信号到测试仪

【实验内容】

1. 仪器装置连接

将整套实验装置各部分仪器摆放在实验桌上，根据实验仪上的标识用配套的连接线将各部分仪器连接起来。其连接方法如下。

（1）用相应的连接线将测试仪的"压力信号输入""T_1/T_2 输入"和"转速/转角信号输入"三个接口与热机底座上对应的三个接口连接；

（2）用一条 Q9 线将主机测试仪的压力信号和双踪示波器的 Y 通道连接，再用另一条 Q9 线将主机测试仪的体积信号和双踪示波器的 X 通道连接（限于智能型热机测试仪）；

（3）用 1394 线将主机测试仪的通信接口和热机通信器相连，再用 USB 线和计算机 USB 接口连接；热机测试仪配有计算机软件，将热机与计算机相连，可在计算机上显示压

力与体积的实时波形,显示 p-V 图,并显示温度、转速、p-V 图面积等参数(限于微机型热机测试仪);

(4) 用两芯的连接线将主机测试仪后面板上的"转速限制接口"和电加热器电源后面板上的"转速限制接口"连接;

(5) 将热机外玻管套入加热器,使外玻管末端紧贴加热器内铜块。加热器尾部的温度传感器接头接入底板的 T_1 接口。用鱼叉线将电加热器电源的输出接线柱和电加热器的"输入电压接线柱"连接,黑色线对黑色接线柱,黄色线对红色接线柱,而在电加热器上的两个接线柱不需要区分颜色,可以任意连接。

2. 验证卡诺定理

用手顺时针拨动飞轮,结合图 9-5-2 仔细观察热机循环过程中工作活塞与位移活塞的运动情况,理解空气热机的工作原理。

取下力矩计,将加热电压加到第 11 挡(36 V 左右)。等待约 6~10 min,待 T_1 与 T_2 温度差为 80~100℃时,用手顺时针拨动飞轮,热机即可运转。

降低加热电压至第 1 挡(24 V 左右),调节示波器,观察压力和容积信号,以及压力和容积信号之间的相位关系等,并把 p-V 图调节到最适合观察的位置。等待约 15 min,待温度和转速平衡后,记录当前加热电压,并从热机测试仪(或计算机)上读取温度和转速和从双踪示波器显示的 p-V 图估算(或计算机上读取)p-V 图面积。

逐步加大加热功率,等待约 15 min,待温度和转速平衡后,重复上述测量 4 次以上,并记录实验数据。

3. 测量热机输出功率

在最大加热功率下,用手轻触飞轮让热机停止运转,然后将力矩计装在飞轮轴上,拨动飞轮,让热机继续运转。调节力矩计的摩擦力(不要停机),待输出力矩、转速、温度稳定后,读取并记录各项参数。保持输入功率不变,逐步增大输出力矩,重复上述测量 5 次以上。

热端温度 T_1、温度差 ΔT、转速 n、加热电压 U、加热电流 I、输出力矩 M 可以直接从仪器上读出来,p-V 图面积 A 可以根据示波器上的图形估算得到,也可以从计算机软件直接读出(仅限于微机型热机测试仪),其单位为焦耳(J);其他的数值可以根据前面的读数计算得到。

示波器 p-V 图面积的估算方法如下:根据仪器介绍和说明,用 Q9 线将仪器上的示波器输出信号和双踪示波器的 X、Y 通道相连。将 X 通道的调幅旋钮旋到"0.1 V"挡,将 Y 通道的调幅旋钮旋到"0.2 V"挡,然后将两个通道都打到交流挡位,并在"X-Y"挡观测 p-V 图,再调节左右和上下移动旋钮,可以观测到比较理想的 p-V 图。再根据示波器上的刻度,在坐标纸上描绘出 p-V 图,如图 9-5-6 所示。以图中椭圆所围部分每个小格为单位,采用割补法、近似法(如近似三角形、近似梯形、近似平行四边形等)等方法估算出每小格的面积,再将所有小格的面积加起来,得到 p-V 图的近似面积,单位为"V^2"。根据容积 V,压强 p 与输出电压的关系,将单位"V^2"换算为 J。

例如,容积(X 通道):1 V 相当于 $1.333 \times 10^{-5} \text{m}^3$;压强($Y$ 通道):1 V 相当于 2.164×10^4 Pa 则有 1 V^2 相当于 0.288 J。

注意事项 (1) 加热端在工作时温度很高,即使在停止加热 1 h 内仍然会有很高温度,请小心操作,谨防被烫伤。

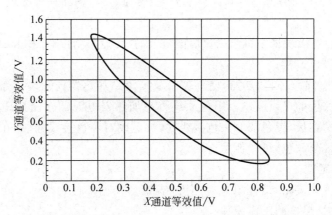

图 9-5-6　示波器观测的热机实验 p-V 曲线图

（2）热机在没有运转状态下，严禁长时间大功率加热。若热机运转过程中因各种原因停止转动，必须用手拨动飞轮帮助其重新运转或立即关闭电源，否则会损坏仪器。

（3）热机汽缸等部位为玻璃制造，容易损坏，请谨慎操作。

（4）记录测量数据前须保证已基本达到热平衡，避免出现较大误差。等待热机稳定读数的时间一般在 15 min 左右。

（5）在读取力矩时，力矩计可能会摇摆。这时可以用手轻托力矩计底部，缓慢放手后可以稳定力矩计。如还有轻微摇摆，则读取中间值。

（6）飞轮在运转时，应谨慎操作，避免被飞轮边沿割伤。

【数据记录与处理】

1. 验证卡诺循环

将所测得的数据记录于表 9-5-1 中，并以 $\Delta T/T_1$ 为横坐标，$nA/\Delta T$ 为纵坐标，在坐标纸上作 $nA/\Delta T$ 与 $\Delta T/T_1$ 的关系图，验证卡诺定理。

表 9-5-1　测量不同冷热端温度时的热功转换值

加热电压 U/V	热端温度 T_1/K	温度差 ΔT/K	$\Delta T/T_1$	A(p-V 图面积)/J	热机转速 n	$nA/\Delta T$

2. 测量热机输出功率

将所测得的数据记录于表 9-5-2 中，并以 n 为横坐标，$P_。$ 为纵坐标，在坐标纸上作出 $P_。$ 与 n 的关系图，其表示同一输入功率下，输出负载不同时输出功率或效率随负载的变化关系。

表 9-5-2　测量热机输出功率随负载及转速的变化关系

热端温度 T_1/K	温度差 $\Delta T/K$	输出力矩 $M/(N \cdot m)$	热机转速 $n/(r/s)$	输出功率 $P_o = 2\pi n M$	输出效率 $\eta_{o/i} = P_o/P_i$

【思考题】

为什么 p-V 图的面积即等于热机在一次循环过程中将热能转换为机械能的数值。

【实验拓展】

斯特林发动机的缺点是装置材料要求高,热量损失大,热转换效率低。因为它的加热器和膨胀腔需要长时间保持较高的温度。而内燃机可以靠散热,把气缸的温度控制在90℃。虽然不能广泛用于实用生产,但是这些缺点也不妨碍它的使用。如今经过研发改良后的斯特林发动机,已被应用在潜艇和小型分布式热电联产系统中。

第 **10** 章

近代和特色实验

实验 10.1　迈克耳孙干涉仪

迈克耳孙干涉仪是一种在近代物理和近代计量技术中经常用到的重要光学仪器。1881 年,美国物理学家迈克耳孙(A. A. Michelson)为测量光速,依据分振幅产生双光束实现干涉的原理精心设计了这种干涉测量装置。迈克耳孙和莫雷(Morley)合作用此装置一起完成了在相对论研究中有重要意义的"以太"漂移实验,从而为爱因斯坦的狭义相对论建立奠定了基础。迈克耳孙干涉仪不仅解决了物理学史上曾经的两朵乌云之一的"以太是否存在问题",还为百年之后的人类发现引力波提供了理论支持,为物理学的发展作出了重大贡献。迈克耳孙干涉仪的基本结构和设计思想在现代科学与生产中依然发挥着巨大的引导作用。

【课前预习】

1. 根据迈克耳孙干涉仪的光路,说明各光学元件的作用。

2. 结合实验调节中出现的现象,总结迈克耳孙干涉仪调节的要点及规律。

3. 从图 10-1-1 中看,如果把干涉仪中的补偿板去掉,会影响到哪些测量?哪些测量不受影响?

4. 测量时,哪些光学元件可以调节?哪些光学元件不能再调节?

【实验目的】

1. 了解迈克耳孙干涉仪的原理、结构和调节方法。

2. 观察各种干涉现象(等倾干涉、等厚干涉和白光干涉)。

3. 掌握测定单色光波长、纳黄光双线波长差及空气折射率的方法。

【实验原理】

1. 迈克耳孙干涉仪的光路

迈克耳孙干涉仪是用分振幅的方法产生双光束以实现干涉的。其光路如图 10-1-1 所示,从光源 S 发出的光束射向背面镀有半透膜的分束器 G_1,经该处反射和透射后分成两路,一路被平面镜 M_1 反射回来,另一路通过补偿板 G_2(由于从 M_1 反射到 E 处的光,自光源发出,三次经过 G_1,而从 M_2 反射到 E 处的光,自光源发出,只经过一次 G_1,故在光路中

放置一个与 G_1 平行的补偿板 G_2，以补偿两束光的光程差。其材料和厚度与 G_1 完全相同后被平面镜 M_2 反射，沿原路返回，两光束在 E 处会合后发生干涉，观察者从 E 处可见明暗相间的干涉图样。M_2' 是 M_2 的虚像，图 10-1-1 所示的迈克耳孙干涉仪光路相当于 M_1 和 M_2' 之间的空气平行平板的干涉光路。平行于 G_1 的补偿板与 G_1 有相同的厚度和折射率，它使两光束在玻璃中的路程相等，并且使不同波长的光具有相同的光程差，所以有利于白光的干涉。

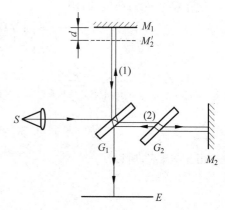

图 10-1-1　迈克耳孙干涉仪光路

对观察者而言，两相干光束等价于从 M_1 及 M_2' 而来（M_2' 是 M_2 经 G_1 反射而成的虚像），迈克耳孙干涉仪所产生的干涉条纹就如同 M_1 与 M_2' 之间的空气膜所产生的干涉条纹一样。当 M_1 与 M_2' 平行时，空气膜厚度相同。当 M_1 与 M_2' 不平行时，空气膜可看作夹角恒定的楔形薄膜。

2. 点光源产生的非定域干涉

一个点光源 S 发出的光束经干涉仪的等效薄膜表面 M_1 与 M_2' 反射后，相当于两个虚光源 S_1，S_2 发出的相干光束（如图 10-1-2 所示）。若原来空气膜厚度（即 M_1 和 M_2' 之间的距离）为 h，则两个虚光源 S_1 和 S_2 之间的距离为 $2h$，显然只要 M_1 和 M_2'（即 M_2）的距离足够大，在光源同侧的任一点上，总能有 S_1 和 S_2 的相干光线相交，从而在 P 点处可观察到干涉现象，因而这种干涉是非定域的。

若 P 点在某一条纹上，则由 S_1 和 S_2 到达该条纹任意点（包括 P 点）的光程差 Δ 是一个常量，故 P 点所在的曲面是旋转双曲线，旋转轴是 S_1、S_2 的连线，显然，干涉图样的形状和观察屏的位置有关，当观察屏垂直于 S_1、S_2 的连线时，干涉图是一组同心圆。下面我们利用图 10-1-3 推导 Δ 的具体形式，则光程差为

$$\Delta = \sqrt{(Z+2h)^2+R^2} - \sqrt{Z^2+R^2}$$

$$= \sqrt{Z^2+R^2}\left[\left(1+\frac{4Zh+4h^2}{Z^2+R^2}\right)\frac{1}{2}-1\right]$$

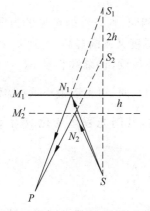

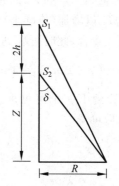

图 10-1-2　点光源的薄膜干涉　　图 10-1-3　薄膜干涉计算示意图

把小括号内的项展开，则

$$\Delta = \sqrt{Z^2 + R^2}\left[\frac{1}{2}\left(\frac{4Zh + 4h^2}{Z^2 + R^2}\right) - \frac{1}{8}\left(\frac{4Zh + 4h^2}{Z^2 + R^2}\right)^2\right]$$

$$\approx \frac{2hZ}{\sqrt{Z^2 + R^2}}\left[\frac{Z^3 + ZR^2 + R^2h - 2h^2Z - h^3}{Z(Z^2 + R^2)}\right]$$

$$= 2h\cos\delta\left[1 + \frac{h}{Z}\sin^2\delta - \frac{2h^2}{Z^2}\cos^2\delta - \frac{h^3}{Z^3}\cos^2\delta\right]$$

由于 $h \ll Z$，所以

$$\Delta = 2h\cos\delta\left(1 + \frac{h}{Z}\sin^2\delta\right) \tag{10-1-1}$$

从式（10-1-1）可以看出，在 $\delta = 0$ 处，即干涉环的中心处光程差有极大值，即中心处干涉级次最高，如果中心处是亮的，则 $\Delta_1 = 2h_1 = m\lambda$。若改变光程差，中心处仍是亮的，则 $\Delta_2 = 2h_2 = (m+n)\lambda$，于是得到

$$\Delta h = h_1 - h_2 = \frac{1}{2}(\Delta_2 - \Delta_1) = \frac{1}{2}n\lambda \tag{10-1-2}$$

即 M_1 和 M_2 之间的距离每改变半个波长，其中心就"涌出"或"消失"一个圆环，两平面反射镜之间的距离增大时，中心就"吐出"一个个圆环，反之，距离减小时中心就"吞没"一个个圆环，同时条纹之间的间隔（即条纹的稀疏）也发生变化。由式（10-1-2）可知，只要读出干涉仪中 M_1 移动的距离 Δh 和数出相应吞进（或吐出）的环数就可求得波长。

把点光源换成扩展光源，扩展光源中各点光源是独立的、互不相干的，每个点光源都有自己的一套干涉条纹，在无穷远处，扩展光源上任意两个独立光源发出的光线，只要入射角相同，都会会聚在同一干涉条纹上，因此在无穷远处就会见到清晰的等倾条纹，当 M_1 和 M_2' 不平行时，用点光源在小孔径接收的范围内，或光源离 M_1 和 M_2' 较远，或光是正入射时，在"膜"附近都会产生等厚条纹。

3. 条纹的可见度

如果使用单一波长的单色光源，当干涉光的光程差连续改变时，条纹的可见度一直是不变的。如果使用的光源包含两种波长 λ_1 和 λ_2，且 λ_1 和 λ_2 相差很小，当光程差为 $L = m\lambda_1 = \left(m + \frac{1}{2}\right)\lambda_2$（其中 m 为正整数）时，两种光产生的条纹重叠的亮纹和暗纹，使得视野中条纹的可见度降低，若 λ_1 和 λ_2 的光的亮度又相同，则条纹的可见度为零，即看不清条纹了。再逐渐移动 M_2 以增加（或减小）光程差，可见度又逐渐提高，直到 λ_1 的亮条纹与 λ_2 的亮条纹重合，暗条纹重合，此时可看到清晰的干涉条纹，再继续移动 M_2，可见度又下降，在光程差为 $L + \Delta L = (m + \Delta m)\lambda_1 = \left(m + \Delta m + \frac{3}{2}\right)\lambda_2$ 时，可见度最小（或为零），因此，从某一可见度为零的位置到下一个可见度为零的位置，其间光程差变化应为 $\Delta L = \Delta m \cdot \lambda_1 = (\Delta m + 1)\lambda_2$，化简后可得

$$\Delta\lambda = \frac{\lambda_1\lambda_2}{\Delta L} = \frac{\lambda^2}{\Delta L} \tag{10-1-3}$$

式中，$\Delta\lambda = |\lambda_1 - \lambda_2|$，$\lambda = \frac{\lambda_1 + \lambda_2}{2}$。利用式（10-1-3）可测出钠黄光双线的波长差。

【实验方法】

本实验通过光学实验中光路的基本调节,理解光学实验中共轴的概念,利用波的干涉原理测量波长和折射率等物理量。在测量时,运用了放大法进行测量。

【实验器材】

1. 器材名称

迈克耳孙干涉仪、He-Ne 激光器、钠钨双灯、气室及气压表等。

2. 器材介绍

迈克耳孙干涉仪的基本结构如图 10-1-4 所示(此图的光源为 He-Ne 激光器,实验中光源可更换)。分束器 G_1、补偿板 G_2 和两个平面镜 M_1、M_2 及其调节架安装在平台式的基座上,利用镜架背后的螺丝可以调节镜面的倾角。M_1、M_2 是可移动镜,它的移动量由各自的螺旋测微器读出,通过传动比为 20:1 的机构,从读数头上读出的最小分度值相当于可移动镜移动 0.0005 mm,在参考镜 M_1 和分束器之间有可以锁紧的插孔,以便做空气折射率实验时固定小气室 A,气压表可以挂在表架上,扩束器 BE 可作上下左右调节,不用时可以转动 90° 离开光路。毛玻璃架有两个位置可放,一个靠近光源(毛玻璃起扩展光源作用);另一个在观测位置(用于接收激光干涉条纹)。

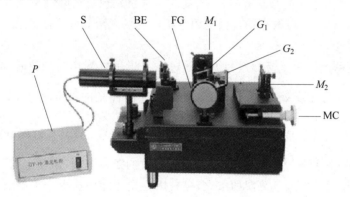

图 10-1-4　迈克耳孙干涉仪结构

P—He-Ne 激光电源；S—He-Ne 激光管；BE—扩束器；FG—毛玻璃；M_1—参考镜；M_2—可移动镜；
G_1—分束器；G_2—补偿板；MC—螺旋测微器

【实验内容】

1. 观察干涉现象(等倾干涉、等厚干涉和白光干涉)

1) 获得干涉条纹

(1) 激光光源光路调整。

调节 He-Ne 激光器支架,使光束平行于仪器的台面。调节激光光源从分束器平面的中心入射后(扩束光斑过分束器、补偿板的中央位置,处于 M_1、M_2 的中央),将扩束器移到光路以外。毛玻璃屏安置在观测位置处,分别调节两个镜架背后的两个螺丝,调节平面镜 M_1 和 M_2 的倾斜,使毛玻璃屏中央两组光点重合,然后再将扩束器移入光路,即可在毛玻璃屏上获得干涉条纹。

（2）钠灯光源光路调整。

使用钠灯做光源时，首先将扩束器移出光路（也可在灯罩前置一针孔屏），靠近钠灯光源放置毛玻璃形成扩展光源，调节两个平面镜 M_1 和 M_2 的倾斜度，同时直接向视场观察（通过分束器 G_1 向参考镜 M_1 观察），直到毛玻璃上两个坐标刻度像完全重合后，此时在视场中可观察到干涉条纹。

2）等倾干涉

使用激光做光源，将毛玻璃屏置于观测位置，面对毛玻璃屏，按上述光路调整方法调出干涉条纹，只要仔细调节平面镜 M_2 的倾斜，逐步把干涉环的圆心调到视场中央，即可认为获得了等倾干涉图样。如果采用钠灯作光源，面对钠黄光产生的干涉圆环，还须对 M_1 和 M_2 进行更细致的调节，直到眼睛上下左右移动时，环心虽然也随之移动，但无明暗变化，即无干涉环涌出或消失，所得一系列明暗相间的同心圆环即相当于某一厚度的平行空气膜产生的等倾干涉图样。

3）等厚干涉

调节 M_1 的测微螺旋器以改变光程差，使得干涉圆环尽可能变粗且动镜 M_2 向条纹逐一消失于环心的方向移动，直到视场内条纹较少时，仔细调节平面镜 M_1 的测微螺旋器（可结合调 M_2），使弯曲条纹向圆心方向移动，此时可观察到视场内陆续出现了一些直条纹，即等厚干涉条纹。调好后，可改用钠灯做光源直接向视场观察等厚干涉条纹。

4）白光干涉

干涉条纹的明暗取决于光程差与波长的关系。当用白光作为光源时，只有在 $d=0$ 的附近才能在 M_1、M_2' 交线处看到干涉条纹，这时对各种光的波长来说，其光程差均为 $\dfrac{\lambda}{2}$ $\left(\text{反射时附加}\dfrac{\lambda}{2}\right)$，故产生直线黑色条纹，即所谓的中央条纹，两旁有对称分布的彩色条纹，当 d 稍大时，因对各种不同波长的光，满足明暗条纹的条件不同，所产生的干涉条纹明暗互相重叠，结果就显现不出颜色分明的条纹，只有用白光才能判断出中央条纹，利用这一点可定出 $d=0$ 的位置。

可先使用激光作光源，在获得了等倾干涉圆环的基础上，仔细调节 M_1 的测微螺旋器，将干涉圆环调至最大，调节 M_2 在等厚干涉产生直条纹之后，接通电源，采用钨灯作光源，缓慢地转动 M_2 的测微螺旋器，直接向视场观察，待逐渐出现彩色条纹，可在其中辨认出中央暗条纹，这是光程差为零处的干涉。

2. 测量波长及折射率

在做各项测量实验前，先要检查动镜的移动方向是否正常，同时使测微螺旋器单向转动约 20 mm，等倾干涉条纹的中心位置应无移动。否则，须调节两个平面镜的倾斜度，直到满足这个条件。

1）测钠黄光波长

移开扩束器，靠近光源位置放置毛玻璃，调出等倾干涉条纹。然后，可以采用如下的方法测量钠黄光的波长。

（1）方法一：调节 M_2 将等倾干涉圆环的中心对准毛玻璃的零刻度线，记下测微螺旋器读数 h_0。沿当前移动方向转动测微螺旋器，同时默数冒出或消失的圆环数，每 50 环记一次读数,直到测至第 250 环为止。

(2) 方法二:调节 M_2 将一清晰的等倾干涉条纹中心对准毛玻璃的零刻度线,记下测微螺旋器读数 h_0;沿当前移动方向转动测微螺旋器,同时默数条纹数,每 50 个条纹记一次读数,直到测至第 250 条为止。

用逐差法计算出 Δh,因每个环的变化相当于动镜移动了半个波长的距离,若观察到 n 个环的变化,则移动距离为

$$\Delta h = \frac{1}{2} n \lambda$$

故

$$\lambda = \frac{2\Delta h}{n}$$

2) 测钠黄光双线的波长差

钠黄光含两个波长相近的单色光,所以在干涉仪动镜移动过程中,两个波长的黄光产生的干涉条纹叠加的干涉图样会发生清晰与模糊的周期性变化(光拍现象)。根据推导,钠黄光双线的波长差为

$$\Delta \lambda = \frac{\bar{\lambda}^2}{2\Delta L}$$

式中,$\bar{\lambda}$ 为两个波长的平均值($\lambda_1 = 589.0$ nm,$\lambda_2 = 589.6$ nm),也可取上一个实验的测量结果;ΔL 是干涉图样出现一个清晰—模糊—清晰的变化周期(通过调节 M_2 的测微螺旋器可观察到)时,平面镜和另一个平面镜的虚像之间的空气膜厚度的改变量。实验中对光拍周期须作多次测量,至少记录 3 个从模糊到模糊的光拍周期。

3) 测定空气的折射率

用激光器作光源,将内壁长 l(80 mm)的小气室置于迈克耳孙干涉仪光路中,调节干涉仪,获得适量等倾干涉条纹之后,向气室里充气(0~40 kPa),再稍微松开阀门,以较低的速率放气的同时,计数干涉环的变化数 N(估计出 1 位小数)直至放气终止,压力表指针回零。在实验室环境里,空气的折射率为

$$n = 1 + \frac{N\lambda}{2l} \times \frac{p_{\text{amb}}}{\Delta p}$$

其中,激光波长 λ 已知为 632.8 nm;环境气压 p_{amb} 从实验室的气压计读出(条件不具备时,可取 101 325 Pa);本实验宜进行多次测量,要求 Δp 至少取 3 个不同值,以计算其平均值。

【数据记录与处理】

1. 列出表格记录各实验数据;

2. 用逐差法计算 Δh,计算钠黄光波长并与理论值($\lambda = 589.3$ nm)对比,求出相对误差。

3. 用逐差法计算 ΔL,计算钠黄光双线的波长差。

4. 计算空气折射率。

【注意事项】

1. 迈克耳孙干涉仪是精密光学仪器,绝不能用手触摸各光学元件。

2. 调节 M_1、M_2 应缓慢均匀地旋动，用力适当，不可强行操作，以免损坏螺牙。

3. 不得用眼睛直接观察激光光束及干涉条纹，应使用毛玻璃屏，以免损伤视网膜。

【思考题】

1. 测量 He-Ne 激光器波长时，要求 n 尽可能大，这是为什么？

2. 如何判断和检验干涉条纹是否属于严格的等倾干涉条纹？

3. 观察下列现象并加以理论解释：当 d 增大或减小时，干涉圆环如何变化？

【拓展思考题】

设计一个实验，利用迈克耳孙干涉仪测量透明液体的浓度。

实验 10.2　全息照相

全息照相的原理是英国科学家丹尼斯·迦伯(Dennis Gabor)为了提高电子显微镜的分辨本领于 1948 年提出的。他曾用汞灯作光源拍摄了第一张全息照片。其后，在这方面的研究进展相当缓慢。直到 1960 年激光出现以后，激光全息存储技术获得迅速发展，现在它已经是一门应用广泛的重要技术。

【课前预习】

1. 什么是物光？什么是参考光？什么是再现光？

2. 物像再现时，实像和虚像分别形成在什么位置？

3. 物光是漫反射光，通常比较弱，如何做才能使参考光与物光的光强之比为 2：1～5：1？

4. 对全息干板进行曝光时，需要注意的问题有哪些？

【实验目的】

1. 了解全息照相的基本原理。

2. 学习全息照相技术。

3. 观察和分析全息图的特点。

【实验原理】

1. 全息照相与普通照相的区别

无论从基本原理还是从拍摄和观察方式上，全息照相与普通照相均有着本质的区别。普通照相基于几何光学的透镜成像原理，它所记录的是物体通过透镜成像后，像平面上的光强度分布。

全息照相则不通过透镜成像，而是使物体所发出的漫反射光(被称为物光)直接投射在感光底片上，然后记录底片所在处波前的振幅(强度)和相位。而用底片不能直接记录相位，必须将一束与物光相干的光(被称为参考光)同时照射在底片上，使底片记录下物光与参考光的干涉条纹。这些干涉条纹的深、浅、粗、细、形状及分布非常复杂，反映的是物光的振幅及其与参考光的相位关系，被称为全息图。再现物像时，移去被拍摄物体，用原来的参考光去照明底片，会产生衍射效应，其±1 级衍射光可形成原物的立体像。由此可见，全息照相的两个基本过程——记录和再现——本质上就是波的干涉和衍射。

2. 全息照相的过程

全息照相分两步：波前记录和波前再现。波前记录是将被物体漫反射的光与另一束与之相干的参考光相干涉，用照相的方法将干涉条纹记录下来，得到全息图。全息图具有类似于光栅的结构（只是要复杂得多），当用原记录的参考光或其他合适的光照射全息图时，光通过全息图发生衍射，其衍射光与物光相似，构成物体的再现像。

1）全息图的记录（波前记录）

全息照相是利用干涉原理记录物体的全部信息（振幅和相位），因此获得与物光高度相干的参考光是全息照相的关键。

图 10-2-1 是拍摄全息图的光路图。由激光器 1 发出的激光束，通过分束镜 4 分成两束，其中一束经反射镜 5 反射后投射到物体 7 上，物体 7 因漫反射而发出的光投射到底片 8 上，这束光称为物光。另一束光经反射镜 6 直接投射到底片 8 上，这束光称为参考光。显然，这两部分光是高度相干的，当它们在底片上相遇时发生干涉。感光底片经曝光、显影、定影及漂白后，就得到载有物光全部信息的全息照片。

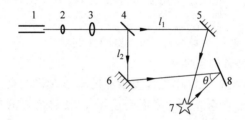

图 10-2-1 拍摄全息照片光路图

1—激光器；2—扩束镜；3—透镜；4—分束镜；5—反射镜；6—反射镜；7—物体；8—底片；

l_1—物光光程：4→5→7→8；l_2—参考光光程：4→6→8；θ—物光与参考光的夹角

在全息照片上，干涉条纹的明暗对比程度（称为反差），反映了物光的强度；干涉条纹的形状和疏密，反映了物光与参考光之间的相位之差，实际上反映了物体上各反射点的位置不同，这也是物像再现时为立体像的原因。

2）物像再现（波前再现）

我们知道，人眼之所以能看到物体，是因为从物体发出或反射的光被人的眼睛所接收。所以，如果要想通过全息照片看到原来物体的像，则必须使全息照片能再现原来物体发出的光，这个过程就被称为全息照片的再现过程。这一过程利用的是光栅衍射原理。

要实现再现过程，需用一束从特定方向或与原来参考光方向相同的激光束照射全息照片，这束光称为再现光。再现过程的光路如图 10-2-2 所示。全息照片上每一组干涉条纹相当于一个复杂的光栅，它使再现光发生衍射。按光栅衍射原理，其 +1 级衍射光是发散光，与物体在原来位置时发出的光完全一样，将形成一个虚像，−1 级衍射光是会聚光，将形成一个共轭实像。

3. 全息图的特点

（1）立体感强。由于记录的是物光的全部信息，因而通过全息照片所看到的像是完整的三维物体。

（2）有视差效应。观察再现像时，如果改变观察方向，可以看到物体各部分之间或不同

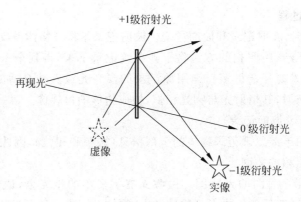

图 10-2-2　全息照片

物体之间相对位置的变化，并且绕过物体前部可看到后边的被挡物体。

（3）可分割性。因为全息照片上的每一点都要受到被拍摄物体漫反射光的照射，每一点都存储了整个物体的信息。所以把全息照片分成许多小块，其中每一块都可用来再现整个物体。

（4）无论是全息照片的正片还是负片，都产生同样的效果。

4. 拍摄全息照片必须具备的条件

（1）必须有一个很好的相干光源，例如，实验中用分束镜将一束激光束分成两束，分别作为物光和参考光。另外，还要求光源的亮度要足够高，要有足够的功率输出（本实验要求激光功率 $P \geqslant 1.2$ mW），相干长度要足够长。

（2）防震装置。全息照相所记录的是参考光和物光的干涉条纹，这些条纹非常细，在照相的过程中，极小的振动和位移都可能引起干涉条纹的模糊不清，甚至使干涉条纹完全不能记录下来。

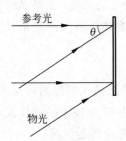

图 10-2-3　物光和参考光

我们可以估计一下条纹的宽度。假设参考光束垂直入射到底片上，而物光则以 θ 角入射，如图 10-2-3 所示，则可算出干涉条纹的宽度为

$$d = \frac{\lambda}{\sin\theta}$$

当 $\theta = 30°, \lambda = 632.8$ nm 时，则 $d = 2\lambda \approx 10^{-3}$ mm。这要求在照相时位移和振动应不大于 10^{-4} mm 的数量级。因此，在照相过程中，光路中各光学元件、被摄物体和感光底片都必须放在防震性能优异的台面上，使外界各种微小的振动不至于干扰干涉条纹的记录。

此外，在曝光前，应使防震台上整个光学系统静置几分钟，使台上的光学元件都稳定下来。

（3）对全息干板和光路的要求。

① 必须用特制的高分辨率的感光底片，物光与参考光的夹角 θ 一般控制在 $30° \sim 60°$（在 $45°$ 以下为宜）。这是因为，θ 越大，条纹越细越多，要求底片的分辨率越高；而若 θ 太小，则 ± 1 级衍射光与零级衍射光重叠，影响再现像的观察。

② 在全息照相中，由于受激光器能量的限制，又不能像普通照相那样采用聚光的方法，

所以照射在干板上的光的照度就比较低,所以应提高底片的感光度,尽量用高感光度的全息干板。

③ 参考光和物光强度的比例要合适。根据所用底片的性能,一般二者光强之比为 $2:1 \sim 5:1$ 为宜。

④ 对全息照相的拍摄系统的几何布局没有严格要求,但参考光束与物光束之间的光程差 $|l_1 - l_2|$ 必须小于激光器的相干长度,而且所用光学元件越少越好。

【实验方法】

普通照相所得的照片,是物体表面的光强分布图,记录的是物体经透镜后所成的像。全息照相所得的全息照片,是物光与参考光的干涉条纹,记录的是物光的全部信息(振幅和相位)。全息照相并未直接记录物体的像,需再现后才能呈现出物体的像,其所用的实验方法,可以归属为转换法。全息照片记录物体时利用了干涉法,再现物体时利用了衍射法。

【实验器材】

全息防震台,激光器,磁座,扩束镜,透镜,分束镜,反射镜,底片架,全息干板,冲洗用具及暗室设备。

【实验内容】

1. 拍摄全息照片

(1) 按图 10-2-1 布置好光路,底片架上放置毛玻璃,打开激光器,调整物光和参考光,保证被摄物体能全部受到光照,底片处光强均匀。参考光束与物光束之间的光程差 $|l_1 - l_2| \leqslant$ 1 cm,参考光束与物光束之间的夹角满足 $30° \leqslant \theta \leqslant 45°$,参考光束与物光束之间光强之比为 $2:1 \sim 5:1$。

(2) 取下毛玻璃,关闭一切光源,在全暗的条件下将全息干板装在底片架上,使乳胶面朝向入射光。静置几分钟后曝光,曝光时间为 20 s。在曝光的过程中,不得触及防震台,并保持室内十分安静。曝光结束,取下全息干板,用黑纸密封包好。

(3) 在暗室中取出全息干板,用显影液显影(注意乳胶面需朝上置于药液中,以保证其与药液充分发生作用);显影温度在 20℃ 左右,时间不超过 3 min,显影过程中应不时搅动显影液。从显影液取出底片,等 2～3 s 后,放入停显液中,停显约 1 min。取出底片再放入定影液中,定影 2～4 min。然后,就可以开灯了。取出底片后用水稍冲洗,再将底片放入漂白液中漂白,漂白时间以干板感光区的黑色褪净而变为淡褐色为准。最后,将底片取出并在水管下冲洗几分钟,用绒布轻轻揩去水珠,再用冷风机吹干,即得全息照片。

2. 观察全息照片的三维再现图

(1) 在白光光源下观察全息底片,并与普通底片比较,记录观察到的现象。

(2) 虚像的观察。按图 10-2-4 布置好光路,尽可能使激光照射方向与原参考光方向一致。观察虚像的大小、位置与原物有什么关系?改变观察角度,物像有什么变化?将观察到的现象做详细记录。

分别把全息照片倒置、旋转、薄膜反向(翻转 180°),观察虚像情况,并做详细记录。

(3) 实像的观察。如图 10-2-5 所示,去掉扩束镜,直接用激光器照射全息照片,在观察位置放一屏,观察实像。前后移动全息照片(或屏)的位置观察实像的特点。

分别把全息照片倒置、旋转、薄膜反向(翻转 180°),观察实像情况,并做详细记录。

图 10-2-4　观察虚像光路　　　　　　　　图 10-2-5　观察实像光路

【数据记录与处理】

将实验中记录的观察结果,写入实验报告,并总结全息照相的特点和个人体会。

【思考题】

1. 拍摄全息照片要注意哪些问题?

2. 全息照相是如何把物光的全部信息记录下来的?

3. 全息照片上的斑纹是干涉条纹吗? 试就全息底片在照相中的作用谈谈你的认识。

4. 全息照相对所用底片有何要求?

【实验拓展】

全息照相技术发展到现阶段,已经产生了大量的应用。如全息显微术(包括全息显微放大、数字全息显微镜等)、全息干涉计量术(可以研究物体的微小形变、内部应力分布、微小振动等)、全息信息存储、特征字符识别等。

除光学全息外,还发展了红外、微波、超声全息术,这些全息技术在军事侦察或监视上具有重要意义。如对可见光不透明的物体,往往对超声波"透明",因而超声全息可用于水下侦察和监视,也可用于医疗透视以及工业无损探伤等。

【附录】

XGZ-5 型全息照相实验(基本型)使用说明书

一般情况下,用点光源再现全息图时,物点仍然是一个点像;若照明光源线度增加,像的线度亦随之增加。当物体靠近记录介质表面照相时,再现光源的线度不会影响像的线度。这时,重现像的像距为零,各波长所对应的重现像,都位于全息图上,因此不会出现像模糊与色模糊,故可以实现白光再现。

当物体靠近记录介质,或者利用成像透镜把物体成像在记录介质附近,或者使一个全息图重现的实像靠近记录介质;再引入一束参考光与之干涉形成的全息图都称为像面全息图。由于像面全息图是把成像光束作为物光,相当于"物"与全息干板重合,物距为零。因此用多波长的复合光(如白光)再现时,重现的像距也相应为零。各波长所对应的重现像位于全息图上,这样不会出现像模糊与色模糊,因此用扩束白光源(如太阳光)再现时,可以观察到清晰的像。

彩虹全息一般是在物体和成像物镜之间加一个狭缝,使物体和狭缝的像都被记录在全息照片上。当再现(观察)时,狭缝的像也将被重现,人的眼睛是通过狭缝观察像,在一定的角度只看到一个准单色像。当眼睛移动时,可以依次看到像的颜色在变化,如同天空的彩虹一样。

1. 反射式全息照相实验光路和步骤

实验光路如图 10-2-6 所示,反射式全息实验只用一束球面波(或平面波),这束光先通过全息干板,形成参考光;透过干板的光照射到物体上,由物体反射回干板上,形成物光。参考光和物光在干板的乳剂上干涉,形成干涉条纹。

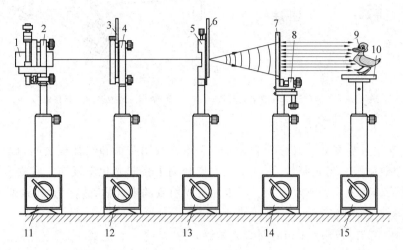

图 10-2-6　反射式全息图

1—半导体激光器;2—光源二维调节架;3—曝光定时器;4—二维架;5—透镜架;6—扩束镜($f = 4.5$);
7—干板;8—干板架;9—小物体;10—载物台;11~15—通用底座

具体的实验步骤如下:

(1) 将光源、快门、扩束镜、物体、干板靠拢在一起,调成同轴(等高)。

(2) 按图 10-2-6 布置光路,使扩束镜出射的光束直径稍大于物体的直径。

注意　扩束后的光束直径大小要合适。光束直径太大了,光能量损失掉;光束直径太小了,照不全物体。

(3) 让干板尽量靠近物体,这样反射的物光强,且有利于白光再现。

(4) 装好干板后,稳定 2 min,以消除振动和夹片的应力。

(5) 给干板曝光,曝光时间根据物体反光强弱、激光器的功率大小,选择适当曝光时间(当激光器的功率为 30 mW 时,反光强的小物体靠近干板,一般曝光 20~30 s)。

(6) 按动快门,给干板曝光。

注意　在曝光过程中,严禁人员走动或大声喧哗,严禁触碰工作台或台上任何物体,否则由于振动影响将前功尽弃。

(7) 将曝光后的干板进行处理(详细步骤请参考光致聚合物干板使用说明书。)

2. 透射式全息照相实验光路和步骤

透射式全息照相实验的光路如图 10-2-7 所示。它的实验步骤同反射式全息照相实验。需要注意的是,按图 10-2-7 布置光路,使扩束镜扩出光的一半照到物体上(比物体稍大一些),由物体反射到干板上,形成物光;另一半通过反射镜反射到干板上,形成参考光。物光与参考光的夹角在 30°~40°。

3. 非银盐记录介质-光致聚合物干板使用说明书

红敏光致聚合物干板是一种相位型全息记录介质。其特点为衍射效率高、分辨率高,

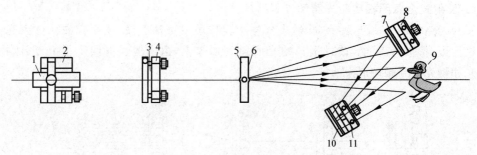

图 10-2-7　透射式全息图

1—半导体激光器；2—光源二维调节架；3—曝光定时器；4、8—二维架；5—透镜架；6—扩束镜（$f=4.5$）；7—反射镜；9—小物体；10—干板；11—干板架

可以和重铬酸明胶板媲美。其感光灵敏度介于重铬酸明胶板和银盐板之间，比重铬酸明胶板高 $1\sim2$ 个数量级。当光照射后，红敏光致聚合物干板起光化学反应。在聚合过程中，小分子或单体聚合成大分子或聚合物。因为是由光引发的聚合物，故称为"光致聚合物"。

（1）性能参数与规格。

波长：$\lambda=632.8\sim647.1$ nm，对红光敏感；

衍射效率：大于 80%；

分辨率：大于 4000 lp/mm；

干板厚度：$d=10\sim20$ μm；

干板尺寸：90 mm×240 mm；

安全灯：在日光灯下（或在明室）操作；

保存期：室内环境下一年以上（最好放在低温处，如冰箱里）。

（2）曝光后的干板处理方法。

① 曝光后的干板，取下后，放在蒸馏水里浸泡 $15\sim30$ s，使曝光后的分子充分吸水，完全溶解干板中多余试剂，使折射率调制度达到最大值。

② 取出放入浓度为 40% 的异丙醇中脱水 1 min。

③ 取出放入浓度为 60% 的异丙醇中脱水 1 min。

④ 取出放入浓度为 80% 的异丙醇中脱水 15 s。

⑤ 取出放入浓度为 100% 的异丙醇中脱水 $60\sim80$ s，以图像清晰、明亮、颜色为浅红或黄绿色为准。

⑥ 迅速取出，尽快用热吹风机将干板吹干，直到全息图变成金黄色、清晰、明亮为止（对反射式全息图）。

⑦ 对于一般全息图，可不必封装。但若要永久保存，还需要按下列方法进行封装：用一块与全息图尺寸一样大小的玻璃片、洗净、擦干，覆盖在全息图乳胶面上，用密封胶密封，在室温固化后，即可得一张永久保存的全息图。

（3）显影中常出现的问题。

① 曝光不足——不出现影像，重现像暗淡，颜色呈浅红色。

② 曝光过度——重现像不亮，呈蓝紫色或白像。

③ 水洗时间短——没有完全溶解干板中多余的试剂；折射率调制度不能达到最大值，

影响像的亮度。

④ 水洗时间过长——干板容易脱膜,膜变"软",易起"雾"。

⑤ 100%异丙醇脱水不够——重现像暗或出现像不全,颜色不均匀,图像易消失。

⑥ 100%异丙醇脱水过度——重现像变蓝、变暗。

⑦ 热吹风不足——感光层中残留异丙醇,密封后夹层中出现"水样斑",重现像亮度受影响。

⑧ 热吹风时间过长——板面易起"白雾",重现像由红→黄→蓝,甚至像消失。

⑨ 全息干板重现像颜色不均——不是高斯光斑,光强均匀性差,热风吹的不均。

⑩ 全息干板重现像上叠加有粗大干涉黑条纹——干板或物体有振动。

⑪ 干板重现像景深不足——激光相干长度不够;或离干板较远,物光太弱。

⑫ 干板重现像不亮——光强不匹配;不是最佳曝光时间;干板或物有振动;100%异丙醇脱水过长;热风吹过头;干板太干。

（4）未感光干板的裁切。

RSP-I型红敏光致聚合物干板在正常情况下乳剂面稍有发黏,板与板之间有两个塑料隔条（避免两片黏在一起）。取出干板（90 mm×240 mm）将药膜面朝下放在已经准备好的两个塑料条上,然后用玻璃刀切割（注意:一定要切玻璃那面,切勿切药膜面）。玻璃断开,乳剂层仍黏连着,用刀片轻轻割断。

（5）裁片、曝光、处理过程可在明室中操作,尽量避免强光照射（太阳光或照明灯）,在所有的操作过程中,要拿片的边缘,严禁手抓乳剂层,否则将在全息图上永久保留手印的痕迹,影响全息图再现效果。

（6）RSP-I型红敏光致聚合物干板适合于彩色全息照相,因其衍射效率高、可在明室操作、操作方法简单,故适合于反射式全息图（光较强）;而像面全息、一步彩虹全息和二步彩虹全息等,因其物光较弱,要求曝光时间增长,因此要求全息台防震效果要好,光具座要稳定。

实验 10.3　密立根油滴法测定电子电荷

电子是人类发现的一种基本粒子,是由英国物理学家约瑟夫·约翰·汤姆逊(Joseph John Thomson,1856—1940)在1897年发现的。由于电子非常小,所以对其电量的测定直到1913年才由美国实验物理学家密立根(Robert Andrews Millikan,1868—1953)首先设计并完成,这就是著名的密立根油滴实验,它是近代物理发展史上一个十分重要的实验。密立根用了十余年的时间,做了大量的油滴实验,通过测量微小的油滴上所带的电荷量,直接验证了电荷的不连续性,并精确地测定了基本电荷的数值,为从实验上测定其他一些基本物理量提供了可能性。密立根也由于这一杰出的贡献而获得1923年的诺贝尔物理学奖。

由于密立根油滴实验设计巧妙、原理清楚、设备简单、结果准确,所以它历来是一个著名而有启发性的物理实验。

【课前预习】

1. 若所加的平衡电压没有使油滴完全静止,将对测量结果有何影响？

2. 为什么实验前一定要调节测试平台的水平？

3. 怎样捕捉油滴并使其匀速下落？

4. 如果油滴在视场中不是垂直下落，试着找出原因。

【实验目的】

1. 学习并体会通过宏观量的测定来研究微观量的方法。

2. 掌握油滴实验测量电子电荷的原理和方法。

3. 验证电荷的不连续性。

4. 测定元电荷值。

【实验原理】

利用油滴法测量电子电荷可以用动态（非平衡）测量法或静态（平衡）测量法，分别介绍如下。

1. 动态（非平衡）测量法

用喷雾器将油滴喷入两块相距为 d、水平放置的平行板之间，油滴在喷射时由于摩擦，一般都是带电的。设某油滴的质量为 m，所带电荷量为 q，当两极板未加电压时，油滴在重力作用下向下运动。由于空气的黏性对油滴产生的阻力与速度成正比，油滴下降一小段距离达到某一速度后，阻力与重力平衡（空气浮力忽略不计），油滴将以速度 v_g 匀速下降，此时有

$$F_g - F_\eta = 0 \tag{10-3-1}$$

式中，$F_g = mg$。由于表面张力的作用，油滴总呈小球状，所以有 $m = \dfrac{4}{3}\pi r^3 \rho$。根据斯托克斯定律，$F_\eta = 6\pi\eta r v_g$，因此，式（10-3-1）可写作

$$g\,\frac{4}{3}\pi r^3 \rho = 6\pi\eta r v_g \tag{10-3-2}$$

式中，η 为空气黏度。故可得

$$r = \sqrt{\frac{9\eta v_g}{2\rho g}}$$

当平板加上适当电压 V 以后，两极板的中心区域形成了均匀电场。若两平行板间距为 d，电场强度为

$$E = \frac{V}{d} \tag{10-3-3}$$

这时悬浮在极板间、带有电荷量 q 的油滴，同时受到重力和电场力的作用。如果适当选择电压 V 的大小和方向，使 $qE > mq$，而且二者方向相反，这时油滴就会向上运动。当油滴的速度逐渐增大时，黏滞阻力也逐渐增大。当油滴速度增至一定值 v_f 后，受力情况就会平衡。这时，油滴将以 v_f 的速度匀速上升。如图 10-3-1 所示，此时空气的黏滞阻力 $F_\eta = 6\pi\eta r v_f$，则有

$$qE - mg = 6\pi\eta r v_f$$

或

$$qE - \frac{4}{3}\pi r^3 \rho g = 6\pi\eta r v_f \tag{10-3-4}$$

将 $r=\sqrt{\dfrac{9\eta v_{\mathrm{g}}}{2\rho g}}$ 及 $E=\dfrac{V}{d}$ 代入式(10-3-4),整理后可得油滴所带电荷量

$$q=\frac{18\pi d\eta^{\frac{3}{2}}}{(2\rho g)^{\frac{1}{2}}}\frac{1}{V}(v_{\mathrm{g}}+v_{\mathrm{f}})v_{\mathrm{g}}^{\frac{1}{2}} \tag{10-3-5}$$

式中,d、g 为已知量,ρ、η 都是与温度有关的数值,可查表得到,V 可直接测量。因此,只要测出油滴在极板间匀速下降一段距离所需要的时间 t_{g} 以及极板加上电压 V 和油滴上升一段距离所需要的时间 t_{f},即可分别算出 v_{g} 和 v_{f},从而可定出油滴所带电荷量 q。

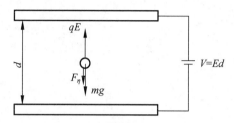

图 10-3-1　油滴受力分析

在导出式(10-3-5)时,认为油滴严格服从斯托克斯定律,但密立根在实验中发现,只有油滴的半径比空气分子的平均自由程大得多,空气可视为均匀介质时,斯托克斯定律在这里才是正确的。而在我们的实验中,油滴半径 r 小到 10^{-6} m 数量级,同实验条件下的空气分子平均自由程十分接近,因此式(10-3-5)需加以修正。

由于空气分子间的空隙相对油滴半径不是很小,于是空气对油滴的阻碍作用也变小,这时可视为黏度也变小。用 η' 表示修正后的黏度,其满足:

$$\eta'=\frac{\eta}{1+\dfrac{b}{pr}} \tag{10-3-6}$$

式中,b 为修正常数,$b=6.17\times10^{-6}$ m·cmHg;p 为大气压强。

比较式(10-3-5)和式(10-3-6),可得

$$q'=\frac{q}{\left(1+\dfrac{b}{pr}\right)^{\frac{3}{2}}} \tag{10-3-7}$$

由于修正项本身不十分精确,故式(10-3-7)中的 r 可用 $r=\sqrt{\dfrac{9\eta v_{\mathrm{g}}}{2\rho g}}$ 计算,因此得

$$q'=\frac{K}{V}\cdot\frac{(v_{\mathrm{g}}+v_{\mathrm{f}})v_{\mathrm{g}}^{\frac{1}{2}}}{\left(1+\dfrac{b}{pr}\right)^{\frac{3}{2}}} \tag{10-3-8}$$

其中,$K=\dfrac{18\pi d\eta^{\frac{3}{2}}}{(2\rho g)^{\frac{1}{2}}}$。式(10-3-8)为动态法测定油滴电荷量的主要计算公式。

实验中,选取不同的油滴进行测量,测得许多不同的 q 值,经过数据处理后,发现这些值都是某一电荷量值的整数倍,即

$$q_i = n_i e \tag{10-3-9}$$

$n_1, n_2, \cdots, n_i$ 都是整数,这就显示出电荷量存在着最小单元 e,即电子电荷量,称为元电荷。

2. 静态（平衡）测量法

当平行板未加电压时,油滴受重力而加速下降,由于空气的黏滞阻力与油滴下降的速度成正比,因此在经过一段路程后,阻力与重力平衡,油滴匀速下降,这时有

$$mg = 6\pi \eta r v_g \tag{10-3-10}$$

当两极板加上电压,调节两极板间的电压,可使作用在油滴上的重力和静电力达到平衡,则

$$mg = qE \tag{10-3-11}$$

由式(10-3-10)、式(10-3-11)可得

$$q = \frac{6\pi r \eta v_g}{E} = \frac{6\pi r \eta d}{V} v_g \tag{10-3-12}$$

把 $r = \sqrt{\dfrac{9\eta v_g}{2\rho q}}$ 代入式(10-3-12),可得

$$q = \frac{18\pi d \eta^{\frac{3}{2}} v_g^{\frac{3}{2}}}{(2\rho g)^{\frac{1}{2}} V}$$

由于 $\eta' = \dfrac{\eta}{1 + \dfrac{b}{pr}}$,可得

$$q = \frac{18\pi d \eta^{\frac{3}{2}}}{(2\rho g)^{\frac{1}{2}}} \cdot \frac{v_g^{\frac{3}{2}}}{V\left(1 + \dfrac{b}{pr}\right)^{\frac{3}{2}}} = \frac{K}{V} \cdot \frac{v_g^{\frac{3}{2}}}{\left(1 + \dfrac{b}{pr}\right)^{\frac{3}{2}}} \tag{10-3-13}$$

其中,K 同式(10-3-8)。式(10-3-13)为静态法测定油滴电量的主要计算公式。

比较上面两种方法,可得出以下结论：

(1) 用静态（平衡）法测量,原理简单、直观,但一定要注意把平衡电压 V 调节准确,油滴必须是静止不动的,否则影响测量数据的准确。而用动态（非平衡）法测量,在原理和数据处理方面较烦琐一些,但它不需要调整平衡电压。

(2) 比较式(10-3-8)和式(10-3-13)可见,平衡法是非平衡法的一个特殊情况,当调节电压使油滴受力达到平衡而油滴静止时,$v_f \to 0$,这时两式一致。

【实验方法】

密立根油滴实验的实验方法不仅有转换法,如测量电子电荷量时就是将微观量的测量转换成对宏观的带电油滴进行力学分析,利用平衡原理建立等式测量；还包括放大法,如对油滴盒中微小油滴放大进行测量。

【实验器材】

1. 器材名称

密立根油滴实验仪。

2. 器材介绍

实验仪由主机、CCD 成像系统、油滴盒、监视器等部件组成。其中主机包括可控高压电

源、计时装置、A/D 采样、视频处理等单元模块。CCD 成像系统包括 CCD 传感器、光学成像部件等。油滴盒包括高压电极、照明装置、防风罩等部件。监视器是视频信号输出设备。仪器部件如图 10-3-2 所示。

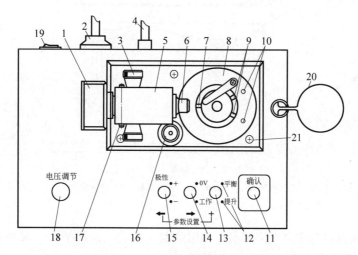

图 10-3-2　实验仪部件示意图

1—CCD 盒；2—电源插座；3—调焦旋钮；4—Q9 视频接口；5—光学系统；6—镜头；7—观察孔；8—上极板压簧；9—进光孔；10—光源；11—确认键；12—状态指示灯；13—平衡、提升切换键；14—0 V、工作切换键；15—定时开始、结束切换键；16—水准泡；17—紧定螺钉；18—电压调节旋钮；19—电源开关；20—油滴管收纳盒安放环；21—调平螺钉（3 颗）

CCD 模块及光学成像系统用来捕捉暗室中油滴的像，同时将图像信息传给主机的视频处理模块。实验过程中可以通过调焦旋钮来改变物距，使油滴的像清晰地呈现在 CCD 传感器的窗口内。

电压调节旋钮可以调整极板之间的电压，用来控制油滴的平衡、下落及提升。

定时开始、结束按键用来计时；0 V、工作按键用来切换仪器的工作状态；平衡、提升按键可以切换油滴平衡或提升状态；确认按键可以将测量数据显示在屏幕上，从而省去了每次测量完成后手工记录数据的过程，使操作者能将更多的注意力集中到实验本质上来。

油滴盒是一个关键部件，具体构成如图 10-3-3 所示。上、下极板之间通过胶木圆环支撑，三者之间的接触面经过机械精加工后可以将极板间的不平行度、间距误差控制在 0.01 mm 以下；这种结构基本上消除了极板间的"势垒效应"及"边缘效应"，较好地保证了油滴室处在匀强电场之中，从而有效地减小了实验误差。

胶木圆环上开有两个进光孔和一个观察孔，光源通过进光孔给油滴室提供照明，而成像系统则通过观察孔捕捉油滴的像。照明由带聚光的高亮发光二极管提供，其使用寿命长、不易损坏；油雾杯可以暂存油雾，使油雾不至于过早地散失；进油量开关可以控制落油量；防风罩可以避免外界空气流动对油滴的影响。

【实验内容】

1. 仪器调节

1）水平调整

调整实验仪底部的旋钮（顺时针仪器升高，逆时针仪器下降），通过水准仪将实验仪调

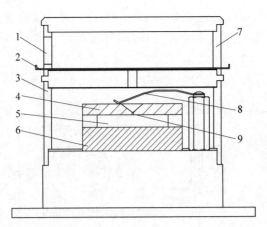

图 10-3-3   油滴盒装置示意图

1—喷雾口；2—进油量开关；3—防风罩；4—上极板；5—油滴室；6—下极板；7—油雾
杯；8—上极板压簧；9—落油孔

平,使平衡电场方向与重力方向平行以免引起实验误差。极板平面是否水平决定了油滴在
下落或提升过程中是否发生前后、左右的偏移。

2）喷雾器的使用

将少量钟表油缓慢地倒入喷雾器的储油腔内,油不要倒入太多,取油管能取油即可。
喷雾时喷雾器应竖拿,喷雾器对准油雾室的喷雾口,用力挤压气囊,喷入油雾。

3）实验界面设置

（1）打开实验仪电源及监视器电源,监视器出现欢迎界面。

（2）按任意键,监视器出现参数设置界面。首先,设置实验方法,然后根据该地的环境
适当设置重力加速度、油密度、大气压强、油滴下落距离。"←"表示左移键、"→"表示右移
键、"+"表示数据设置键。

（3）按确认键出现实验界面：将工作状态切换至"工作",红色指示灯亮,将平衡/提升
按键设置为"平衡"。

4）CCD 成像系统调整

从喷雾口喷入油雾,此时监视器上应该出现大量运动油滴的像。若没有看到油滴的
像,则需调整调焦旋钮或检查喷雾器是否有油雾喷出,直至得到油滴清晰的图像。

2. 选择适当的油滴并练习控制油滴

1）平衡电压的确认

仔细调整平衡电压旋钮使油滴平衡在某一格线上,等待一段时间,观察油滴是否飘离
格线,若其向同一方向飘动,则需重新调整；若其基本稳定在格线或只在格线上下作轻微的
布朗运动,则可以认为其基本达到了力学平衡。由于油滴在实验过程中处于挥发状态,在
对同一油滴进行多次测量时,每次测量前都须重新调整平衡电压,以免引起较大的实验误
差。事实证明,同一油滴的平衡电压将随着时间的推移有规律地递减,且其对实验误差的
贡献很大。

2）控制油滴的运动

选择适当的油滴，在"工作"和"平衡"（仪器面板相应的指示灯亮）状态下，调整平衡电压大小，可使油滴在一定平衡电压下静止不动。

如果将工作状态按键切换至"0 V"（仪器面板上指示灯点亮），此时上下极板同时接地，电场力为零，油滴将在重力、浮力及空气阻力的作用下作下落运动。测量油滴下落时间，在某一标记的刻度线上按下"计时"键（仪器面板上"开始"指示灯点亮），计时器开始记录油滴下落的时间；待油滴下落一定距离时（例如 1.6 格），按下"计时"键（仪器面板上"结束"指示灯点亮）时计时器停止计时。按"确认"键，仪器就将这段距离油滴下落的时间、平衡电压等测量数据记录在屏幕上。

将工作状态按键切换至"工作"状态，按"提升"键（仪器面板相应的指示灯亮），则极板电压将在原平衡电压的基础上再增加 200 V 的电压，用来向上提升油滴。

3）选择适当的油滴

选择油滴的大小要合适，太大的油滴下降速度太快，导致时间测不准；太小的油滴受布朗运动或气流的影响太大，也容易测不准。一种选择标准是：当平衡电压在 150～300 V 时油滴下降 5 格所需要的时间为 12～20 s；另一种选择标准是油滴所带电量尽可能的少，判断办法是极板加上 200～300 V 平衡电压后，油滴反向运动的速度也不是太大，这表示油滴所带电荷不多。

3. 正式测量

（1）动态法（非平衡法）（拓展选择）

测量油滴下降速度 v_g 和上升速度 v_f。为保证油滴匀速运动，应让它先下降（或上升）一段距离后，再开始计时，记下下降（或上升）5 格所需的时间。将工作状态按键切换至"0 V"，测量一次下降时间 t_g 后，待油滴下降到屏幕底线处时，迅速调节至"工作"状态，加上已选定的电压，油滴就向上运动，测出 t_f；待油滴上升到屏幕顶线处时，迅速调节至"0 V"，再测一次 t_g。这样交替进行，对同一个油滴要测 6 次以上，求出 t_g 和 t_f 各自的平均值，并计算出修正后的 q 值。

（2）静态法（平衡法）

必须仔细调节平衡电压，使油滴悬于屏幕某一条横线附近，并且过一段时间，看看油滴是否真静止。若已平衡，调节工作状态至"0 V"处（即去掉平衡电压），让油滴匀速下降，测出下降 5 格的时间 t_q。然后在"工作"状态下按"提升"键，使油滴回升到所需位置。这样反复进行，对一个油滴要测 6 次以上，取其平均值，并计算出修正后的 q 值。

选择 5～8 个不同的油滴进行测量。

注意 要求油滴下降一格再开始计时，为什么？

【数据记录与处理】

由于油滴很小（直径约 10^{-6} m，质量约 10^{-15} kg），单一测量数据起伏较大，本实验要求对每一个油滴要测 6 次以上，至少要选择 5～8 个油滴进行测量，并参照表 10-3-1 记录实验数据，同时进行误差分析。

表 10-3-1 油滴下降时间记录表

电荷序号	平衡电压/V	下降时间/s							q	n
		t_1	t_2	t_3	t_4	t_5	t_6	$\bar{t}$		
1										
2										
3										
4										
5										

记录 d、ρ、V、l、g、p、b 及室温 $t(℃)$ 由 η-t 曲线求出 η。

计算出每个油滴所带电荷 q_i 之后，用 e 的公认值去除，得每个油滴所带电荷数目的近似值 n_i（取整数），从而得出 $e_i=\dfrac{q_i}{n_i}$，然后取平均值。若测得的数据 n_i 值不大，可以通过求 q_i 的最大公约数的办法得出 e 值。

附 MOD-4 型密立根油滴仪参考数据如下：

油的密度　　　　　　$\rho=981$ kg/m^3

重力加速度　　　　　$g=9.80$ m/s^2

空气粘滞系数　　　　$\eta=1.83\times10^{-5}$ kg/(m·s)

油滴匀速下降距离　　$l=2.00\times10^{-3}$ m

修正常数　　　　　　$b=6.17\times10^{-6}$ m·cmHg

大气压强　　　　　　$p=1.01\times10^5$ Pa

平行极板距离　　　　$d=5.00\times10^{-3}$ m

【注意事项】

1. 仪器使用环境宜在室温和没有空气对流的情况。
2. 注意控制进油量，不易太多，以免糊住喷雾口。
3. 仪器内有高电压，擦拭油滴盒时要断电操作。
4. 实验过程中注意油滴盒的清洁。

【思考题】

1. 在本实验中，为什么要对斯托克斯定律的公式加以修正？
2. 对选定的油滴进行测量时，为什么有时油滴会变模糊？应该怎样调节？
3. 选择油滴有什么要求？对实验结果有什么影响？
4. 在调节平衡电压的同时，可否加上升降电压？
5. 从喷雾口喷入油滴后，视场中为什么有的油滴上升，而有的油滴下降？

【实验拓展】

1. 理解实验原理，分析密立根油滴实验的巧妙之处在哪里？
2. 针对目前的仪器设备，你觉得是否有进一步改进的地方？如何改进？

实验 10.4　光电效应法测量普朗克常量

1900 年,普朗克为了解释黑体辐射的实验结果,做了如下假设:黑体吸收或发射电磁辐射时,只能以能量子的整数倍形式不连续地进行;每个能量子的能量为 $h\nu$,其中 ν 是电磁辐射的频率,h 是一个普适常量,后来称为普朗克常量。1905 年,爱因斯坦为了解释光电效应的实验结果,进一步假设:光(电磁辐射)的能量不是连续分布在空间中的,而是由有限个能量为 $h\nu$ 的能量子(后称为光量子或光子)组成的;这些能量子(光子)在运动时不分裂,只能以完整的单元产生或被吸收。普朗克是第一个引入能量量子化观念的人,而量子化的观念在爱因斯坦的助推下,把物理学引向了一个崭新的时代——量子时代。

【课前预习】

1. 光子和光电子的定义分别是什么?
2. 截止频率和截止电压的定义分别是什么?
3. 光电流、暗电流、本底电流、反向电流的定义分别是什么?
4. 交点法和拐点法分别适用于什么情形?

【实验目的】

1. 通过对光电效应方程的验证,加深对光的量子性的理解。
2. 通过运用光电转换法,掌握用光电管的伏安特性曲线测量普朗克常量的方法。

【实验原理】

当光束照射在金属表面时,电子会从金属表面逸出,这种现象称为光电效应。1887 年,赫兹首先在实验中发现了光电效应现象。利用光电效应制作成的器件,称为光电管。光电效应的实验原理如图 10-4-1 所示。当以一定频率、强度为 P 的单色光照射光电管的阴极 K 时,从阴极表面会逸出电子,称为光电子。光电子在电场加速下向阳极 A 运动,在回路中就形成了电流,称为光电流。实验发现光电效应的基本规律如下。

(1)光电管的伏安特性曲线,如图 10-4-2 所示。光强 P 一定时,随着光电管两端电压 U 的增大,光电流 I 逐渐增大达到饱和;对不同的光强,饱和电流 I_M 与入射光强 P 成正比。当光电管两端增加反向电压时,光电流将逐步减小;当光电流减小到零时,所对应的反

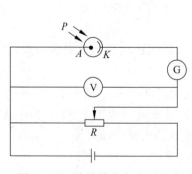

图 10-4-1　光电效应实验原理图

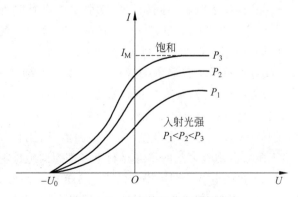

图 10-4-2　光电管的伏安特性曲线

向电压值,称为截止电压 U_0。这表明,此时具有最大动能的光电子刚好被反向电场所阻挡,即

$$\frac{1}{2}mV_{\mathrm{m}}^2 = eU_0 \tag{10-4-1}$$

式中,m、V_{m} 和 e 分别为电子的质量、最大速度和电荷量。

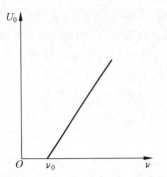

图 10-4-3　截止电压与光频率的关系

（2）截止电压 U_0 与入射光频率 ν 有线性关系,如图 10-4-3 所示。只有当入射光频率 ν 大于某一频率 ν_0 时,才能产生光电效应,这一频率 ν_0 被称为截止频率(亦称红限频率)。此外,对于不同金属材料做成的阴极,截止频率 ν_0 会不同,但 U_0 与 ν 所成线性关系的斜率是相同的。

（3）光电效应是瞬时效应,一经频率大于 ν_0 的光线照射,立刻产生光电子。

上述光电效应的实验结果,是经典电磁波理论所不能解释的(想一想为什么?)。1905 年,为了解释光电效应,爱因斯坦提出了如下假设:光(电磁辐射)是由能量为 $h\nu$ 的光子组成的;当光照射到金属表面时,光子一个一个地打在金属表面上,金属中的电子要么不吸收能量,要么就吸收一个光子的全部能量;只有当这个能量大于电子脱离金属表面约束所需的逸出功 W 时,电子才会以一定的初动能逸出金属表面。于是,根据能量守恒可得

$$h\nu = \frac{1}{2}mV_{\mathrm{m}}^2 + W \tag{10-4-2}$$

上式称为爱因斯坦光电效应方程。它能成功地解释上述光电效应的实验结果。

将式(10-4-2)代入式(10-4-1),整理后可得

$$U_0 = \frac{h}{e}\nu - \frac{W}{e} \tag{10-4-3}$$

由式(10-4-3)可见,U_0 与 ν 成线性关系,与实验结果一致。

由实验测得的 U_0-ν 关系的直线的斜率 k,可求得普朗克常量

$$h = ek \tag{10-4-4}$$

本实验要求测出不同频率的光照射光电管时的 I-U 特性曲线,从而确定 U_0;再作出 U_0 与频率 ν 的关系曲线,若如图 10-4-3 所示为一直线,则光电效应方程可以得到验证,并可从其斜率算出普朗克常量 h 的值。

实际测得的 I-U 特性曲线比图 10-4-2 复杂,这是因为实际测得的光电管中的电流,除了阴极光电流之外,还有其他因素引起的干扰电流,主要有以下三种。

（1）暗电流。光电管在没有受到光照时,所产生的电流,称为暗电流。暗电流与外加电压成线性变化。它由热电流(在一定温度下,阴极发射的热电子所形成的电流)和漏电流(由于阳极和阴极之间的绝缘材料不是理想的绝缘材料而形成的电流)组成。

（2）本底电流。因周围杂散光进入光电管而形成的光电流,称为本底电流。

（3）反向电流。制作光电管时,阳极 A 上往往溅有阴极光电材料,并且光电管长时间工作时,阴极光电材料也会因升华而沉积到阳极上,因此阳极上会附着微量的阴极光电材

料。实验时,当有光照射到阳极上时,阳极上也会逸出光电子。此外,有一些由阴极 K 飞向阳极 A 的电子会被阳极表面反射回来。这两种方式形成的电流的方向,与从阴极发射的电子所形成的电流方向是相反的,称为反向电流。

分析实测的 I-U 特性曲线时,还需考虑电子初始运动的方向与电场方向之间的关系。当在阳极 A 和阴极 K 之间加正向电压时,对从阴极逸出的光电子和热电子起加速作用,而对从阳极逸出的光电子以及从阳极反射的电子起减速作用。当在阳极 A 和阴极 K 之间加反向电压时,对从阴极逸出的光电子和热电子起减速作用,而对从阳极逸出的光电子和反射的电子起加速作用。

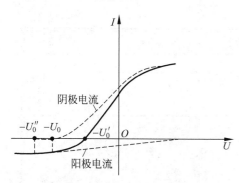

图 10-4-4 实际的伏安特性曲线

实际光电管的 I-U 曲线,如图 10-4-4 的实线所示。由于干扰电流的存在,当实测的光电管电流为零时,阴极光电流并不等于零,即 $-U_0'$ 并不为截止电压 $-U_0$。但对于阳极电流较小,并且在截止电压附近阳极电流上升得很快的光电管,其 $-U_0'$ 很接近 $-U_0$,因此可以选择 $-U_0'$ 作为 $-U_0$ 的近似,这种确定 U_0 的方法称为"交点法"。另外,反向电流刚刚达到饱和时的拐点电压 $-U_0''$,显然它也不是截止电压,但对于反向电流很容易饱和的光电管,$-U_0''$ 很接近 $-U_0$,因此可以选择 $-U_0''$ 作为 $-U_0$ 的近似,这种方法称为"拐点法"。这种实测曲线中直线部分抬头和曲线部分相接处的点,称为"抬头点"。究竟用哪一种方法,应根据所用光电管而定。本实验所用的光电管,既可采用拐点法又可采用交点法。

【实验方法】

普朗克常量 h,是在定义一个能量子(或一个光子)的能量值 $h\nu$ 时,所引入的普适常量。如果能测量出单个光子的能量和相应的频率 ν,则可以由能量子的定义 $h\nu$ 算出普朗克常量。但是,无论是产生单个光子,还是测量单个光子,都是至今仍无法完全实现的科学难题。本实验利用爱因斯坦提出的光电效应方程,把对单个光子 $h\nu$ 的测量转化为了对光电流的测量。其所用的实验方法,可以归属为光电转换法。

【实验器材】

本实验所用的实验装置如图 10-4-5 所示,它包括五个主要部分。

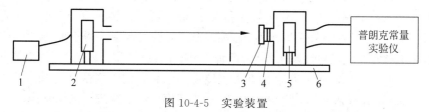

图 10-4-5 实验装置

1—汞灯电源;2—汞灯;3—滤色片;4—光阑;5—光电管;6—基座

(1) 汞灯及其电源。本实验用到的几条谱线的波长分别为:365.0 nm(紫外线),404.7 nm(紫光),435.8 nm(蓝光),546.1 nm(绿光),577.0 nm(黄光)。

（2）滤色片。五种滤色片可透过的波长分别为：365.0 nm(紫外线)，404.7 nm(紫光)，435.8 nm(蓝光)，546.1 nm(绿光)，577.0 nm(黄光)。

（3）光阑。光阑有三种孔径：2 mm、4 mm、8 mm。

（4）光电管。阳极为镍圈，阴极为银-氧-钾(Ag-O-K)，光窗材料为无铅多硼硅玻璃，光谱响应范围为 $340\sim700$ nm，暗电流不大于 2×10^{-12} A。为了避免杂散光和外界电磁场对弱光电信号的干扰，光电管放置在金属暗盒中，暗盒的光窗可以安放光阑和滤色片。

（5）普朗克常量实验仪前面板，如图 10-4-6 所示。实验仪有手动和自动两种工作模式，具有数据自动采集、存储，实时显示采集数据，动态显示采集曲线(连接普通示波器，可同时显示 5 个存储区中存储的曲线)及采集完成后查询数据的功能。

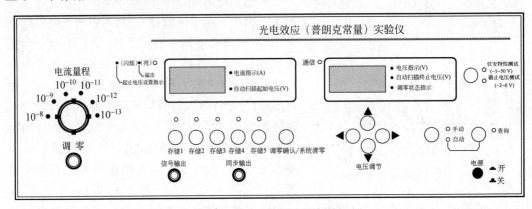

图 10-4-6　普朗克常量实验仪前面板

【实验内容】

实验时，应注意以下事项。

（1）本机配套滤色片是精加工的组合滤色片，注意避免污染，以保持良好的透光率。

（2）仪器不宜在强磁场、强电场、高湿度和温度变化率大的场合下工作。

（3）在进行正式测量前，普朗克常量实验仪和汞灯必须首先充分预热约 20 min。

（4）实验结束后，须关闭电源，并盖上汞灯和光电管暗盒的挡光盖。

1. 测量前的准备

（1）盖上汞灯和光电管暗盒的挡光盖，将汞灯、光电管暗盒和普朗克常量实验仪安放在适当位置(光源出射孔与光电管暗盒光窗的距离保持在 $15\sim40$ cm)。

（2）用专用连接线将光电管暗盒电压输入端与普朗克常量实验仪电压输出端(后面板上)连接起来(红—红，蓝—蓝)。将实验仪和汞灯电源接通，预热约 20 min。

（3）将"电流量程"选择开关置于所选挡位，进行测试前调零。调零时，应将光电管暗盒电流输出端 K 与实验仪微电流输入端(后面板上)断开，旋转"调零"旋钮使电流指示为"＋""－"零转换点处。调零结束后，用高频匹配电缆将光电管暗盒电流输出端 K 与实验仪微电流输入端(后面板上)连接起来，按"调零确认/系统清零"键，系统进入测试状态。

注意　实验仪在开机或改变电流量程后，都会自动进入调零状态，需要重新调零。

2. 测量光电管的暗电流

（1）盖上汞灯和光电管暗盒的挡光盖。

（2）测量暗电流。将"伏安特性测试/截止电压测试"状态键调为"伏安特性测试"状态，

"电流量程"开关置于所选挡位,"手动/自动"模式调为"手动"模式;"电压调节"从-1 V 调起,缓慢增加到 50 V,观察和记录暗电流随电压的变化情况(自拟表格记录)。

3. 测量光电管的 *I-U* 特性曲线

(1) 使光源出射孔与光电管暗盒光窗的距离保持在 15~40 cm;将暗盒光窗换上滤色片,让光源出射孔对准暗盒光窗。

(2) 先粗测。将"伏安特性测试/截止电压测试"状态键调为"伏安特性测试"状态,"电流量程"开关置于所选挡位,"手动/自动"模式调为"手动"模式;"电压调节"从-1 V 调起,缓慢增加到 50 V,先观察一遍不同滤色片下的光电流变化情况;再任意选择一滤色片进行粗测,"电压调节"从-1 V 调起,缓慢增加,直到测量到饱和电流 I_M 时为止(自拟表格记录)。

(3) 在粗测的基础上进行精密测量。将"伏安特性测试/截止电压测试"状态键调为"截止电压测试"状态,"电流量程"开关置于所选挡位,"手动/自动"模式调为"手动"模式。首先选择 365.0 nm 滤色片进行测量。"电压调节"从-2 V 逐渐增大到 0 V,观察光电流的变化并记录数据,且每组测量数据不少于 20 个。

注意 在光电流开始变化的地方多测量几个值,以便准确找出抬头点。

(4) 变换滤色片,依次选择 404.7 nm、435.8 nm、546.1 nm、577.0 nm 的滤色片,重复步骤(3)。

4. 研究入射光强度与饱和电流和截止电压的关系

改变光源与暗盒的距离 L 或光阑孔径,重做实验内容 3。测量饱和电流和截止电压,验证其随光强度的变化情况(自拟表格记录)。

【数据记录与处理】

1. 根据所测量的数据绘制暗电流的 *I-U* 特性曲线,并对其进行分析和解释。

2. 将 365.0 nm、404.7 nm、435.8 nm、546.1 nm、577.0 nm 的滤色片所测得的数据记录于表 10-4-1 中,并根据数据绘制光电管的在不同波长(频率)下的 *I-U* 特性曲线,并对其进行分析和解释。

表 10-4-1 电压 *U* 与对应的光电流 *I* 关系

($L = $ _____ cm $\varphi = $ _____ mm)

波长/nm	测量量	1	2	3	4	5	6	…
365.0	U/V							
	$I/(\times 10^{-11}\ A)$							
404.7	U/V							
	$I/(\times 10^{-11}\ A)$							
435.8	U/V							
	$I/(\times 10^{-11}\ A)$							
546.1	U/V							
	$I/(\times 10^{-11}\ A)$							
577.0	U/V							
	$I/(\times 10^{-11}\ A)$							

选择合适的方法(交点法或拐点法,并说明理由)确定截止电压 U_0,并将所得的数据记入表 10-4-2。根据表 10-4-2 中的数据绘制 U_0-ν 的关系曲线,如果 U_0-ν 曲线是一条直线,则

光电效应方程可以得到验证。求出直线的斜率：

$$k = \frac{\Delta U_0}{\Delta \nu}$$

再由式(10-4-4)(已知 $e=1.602\times10^{-19}$ C)就可以求出普朗克常量 h，并算出所测值与公认值($h=6.626\times10^{-34}$ J·s)之间的误差。

表 10-4-2　入射光频率 ν 与截止电压 U_0 关系

波长/nm	365.0	404.7	435.8	546.1	577.0
频率/10^{14} Hz					
U_0/V					

【思考题】

1. 在普朗克引入能量子概念之前，有人提出过量子化(不连续)的概念吗？

2. 为什么经典电磁波理论无法解释光电效应的实验结果？

3. 光电管的正向电流和反向电流都会达到饱和，饱和电流的大小是由什么因素决定的？

4. 光电管中的干扰电流(暗电流、本底电流和反向电流)，对确定截止电压的影响能消除吗？

5. 如果实验所用的光电管特性，既不符合交点法的条件，也不符合拐点法的条件，你能想出其他确定截止电压的方法吗？

【实验拓展】

1905 年，当爱因斯坦提出光电效应方程时，由于微电流测量的困难性，截止电压 U_0 与入射光频率 ν 之间的精确关系，其实并没有从实验上测量出来。直到 1916 年，U_0-ν 的线性关系，才第一次被物理学家密立根测量出来。同时，那也是第一次用光电效应测量了普朗克常量，与普朗克 1900 年从黑体辐射求得的结果非常一致。

对普朗克常量的精确测量，一直到延续到今天，也发展出了很多种测量方法。除了黑体辐射法、光电效应法，还有很多其他方法，如康普顿散射法、量子霍耳效应法、约瑟夫森效应法、力学平衡法等。

实验 10.5　弗兰克-赫兹实验

1913 年，丹麦物理学家玻尔在卢瑟福模型的基础上，提出了电子在核外的量子化轨道模型，解决了原子结构的稳定性问题，描绘出了完整而令人信服的原子结构理论。

1914 年，德国物理学家弗兰克(J. Franck)和赫兹(G. Hertz)用慢电子穿过汞蒸气，实验发现电子和原子碰撞时会交换某一定值的能量，可以使原子从低能级激发到高能级，测定了汞原子的第一激发电位。后来他们又观测了实验中被激发的原子回到正常态时所辐射的光，测出了辐射光的频率。他们的实验直接证明了原子发生跃迁时吸收和发射的能量是分立的、不连续的，证明了原子能级的存在，从而证明了玻尔理论的正确性。

玻尔因其原子模型理论而获得 1922 年的诺贝尔物理学奖,而弗兰克与赫兹也因发现原子受电子碰撞的规律而获得 1925 年的诺贝尔物理学奖。弗兰克-赫兹实验与玻尔理论在物理学的发展史中起到了重要的作用。

【课前预习】

1. 什么是第一激发电位?

2. 电子在不同区间的运动情况。

3. 为什么手动测量时不能回调 U_{G_2K} 测阳极电流 I_A?

【实验目的】

1. 研究弗兰克-赫兹管中电流变化的规律。

2. 测量氩原子的第一激发电位;证实原子能级的存在,加深对原子结构的了解。

3. 了解在微观世界中,电子与原子的碰撞概率。

【实验原理】

1. 玻尔假设与激发电位

玻尔提出的原子理论,其所做的假设如下。

(1) 原子只能较长地停留在一些稳定状态(简称为定态)。原子在这些状态时,不发射或吸收能量,各定态有一定的能量,其数值是彼此分隔的。原子的能量无论通过什么方式发生改变,它只能从一个定态跃迁到另一个定态。

(2) 原子从一个定态跃迁到另一个定态而发射或吸收辐射时,辐射频率是一定的。如果用 E_m 和 E_n 分别代表有关两定态的能量的话,则辐射的频率 ν 由如下关系决定:

$$h\nu = E_m - E_n \tag{10-5-1}$$

式中,普朗克常量

$$h = 6.63 \times 10^{-34} \text{ J} \cdot \text{s}$$

为了使原子从低能级向高能级跃迁,可以通过具有一定能量的电子与原子相碰撞进行能量交换的办法来实现。

设初速度为零的电子在电位差(电势差,电压)为 U_0 的加速电场作用下,获得能量 eU_0。当具有这种能量的电子与稀薄气体的原子(比如氩原子)发生碰撞时,就会发生能量交换。如果以 E_1 代表氩原子的基态能量、E_2 代表氩原子的第一激发态能量,那么当氩原子吸收从电子传递来的能量恰好为

$$eU_0 = E_2 - E_1 \tag{10-5-2}$$

时,氩原子就会从基态跃迁到第一激发态,而相应的电位差称为氩的第一激发电位(或称氩的中肯电位)。测定出这个电位差 U_0,就可以根据式(10-5-2)求出氩原子的基态和第一激发态之间的能量差了(其他元素气体原子的第一激发电位(电势)亦可依此法求得)。

2. 弗兰克-赫兹实验原理

如图 10-5-1 所示,氧化物阴极为 K,阳极为 A,第一、第二栅极分别为 G_1、G_2。

K-G_1-G_2 加正向电压,为电子提供能量。U_{G_1K} 的作用主要是消除空间电荷对阴极电子发射的影响,提高发射效率。G_2-A 加反向电压,形成拒斥电场。

电子从 K 发出,在 K-G_2 区间获得能量,在 G_2-A 区间损失能量。如果电子进入 G_2-A 区域时动能大于或等于 eU_{G_2A},就能到达板极形成板极电流 I。

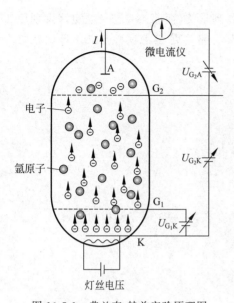

图 10-5-1　弗兰克-赫兹实验原理图

电子在不同区间的运动情况如下。

（1）K-G_1 区间：电子迅速被电场加速而获得能量。

（2）G_1-G_2 区间：电子继续从电场获得能量并不断与氩原子碰撞。当其能量小于氩原子第一激发态与基态的能级差 $\Delta E = E_2 - E_1$ 时，氩原子基本不吸收电子的能量，碰撞属于弹性碰撞。当电子的能量达到 ΔE，则可能在碰撞中被氩原子吸收这部分能量，这时的碰撞属于非弹性碰撞。ΔE 称为临界能量。

（3）G_2-A 区间：电子受阻，被拒斥电场吸收能量。若电子进入此区间时的能量小于 eU_{G_2A}，则不能到达板极。

由此可见，若 $eU_{G_2K} < \Delta E$，则电子带着 eU_{G_2K} 的能量进入 G_2-A 区域。随着 U_{G_2K} 的增加，电流 I 增加（如图 10-5-2 中 Oa 段所示）。

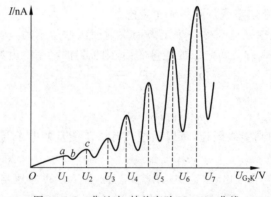

图 10-5-2　弗兰克-赫兹实验 U_{G_2K}-I 曲线

若 $eU_{G_2K} = \Delta E$，则电子在达到 G_2 处刚够临界能量，不过它立即开始消耗能量了。继续增大 U_{G_2K}，电子能量被吸收的概率逐渐增加，板极电流逐渐下降（见图 10-5-2 中 ab 段）。

继续增大 U_{G_2K}，电子碰撞后的剩余能量也增加，到达板极的电子又会逐渐增多（见图 10-5-2 中 bc 段）。

若 $eU_{G_2K} > n\Delta E$，则电子在进入 G_2-A 区域之前可能 n 次被氩原子碰撞而损失能量。板极电流 I 随加速电压 U_{G_2K} 变化曲线就形成 n 个峰值，如图 10-5-2 所示。相邻峰值之间的电压差 ΔU 称为氩原子的第一激发电位。氩原子第一激发态与基态间的能级差

$$\Delta E - e\Delta U \tag{10-5-3}$$

【实验方法】

本实验通过测量不同加速电压下，与氩原子进行碰撞的电子形成的板极电流 I 的变

化,实现对氩原子的第一激发电位的测量,将能量的测量转换为电学量的测量。

【实验器材】

弗兰克-赫兹实验仪(见图 10-5-3),示波器。

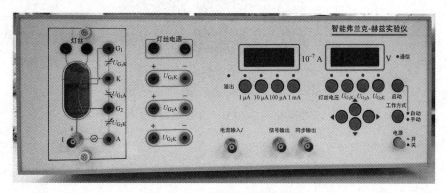

图 10-5-3　弗兰克-赫兹实验仪

【实验内容】

1. 准备工作

(1) 连接对应各组工作电源线,仔细检查,以确定无误。连接示波器,以便直观观察 I_A-U_{G_2K} 的波形变化情况。将实验仪上的"同步输出"与示波器的"同步信号"相连,"信号输出"与示波器的"Y"通道相连。"Y 增益"一般置于"0.1 V"挡;"扫描时间"一般置于"1 ms"挡。

(2) 检查开机后的初始状态(如下),确认仪器工作正常。

① 实验仪的"1 mA"电流挡位指示灯亮,电流显示值为 0000.(10^{-7}A);

② 实验仪的"灯丝电压"挡位指示灯亮,电压显示值为 000.0(V);

③ "手动"指示灯亮。

2. 氩原子的第一激发电位测量

1) 用示波器测量原子的第一激发电位

(1) 打开电源开关,将"手动/自动"挡切换开关置于"自动"挡。

(2) 先将灯丝电压 U_H、控制栅(第一栅极)电压 U_{G_1K}、拒斥电压 U_{G_2A} 缓慢调节到仪器机箱上所贴的"出厂检验参考参数"。栅极电压 U_{G_2K} 的终止值建议不超过 85 V 为宜。

(3) 按下面板上的"启动"键,自动开始测量,实验仪将自动产生 U_{G_2K} 扫描电压。实验仪默认 U_{G_2K} 扫描电压的初始值为零,U_{G_2K} 扫描电压大约每 0.4 s 递增 0.2 V,直到扫描终止电压。

(4) 在自动测试过程中,观察示波器上弗兰克-赫兹管(F-H 管)极板电流 I_A 随扫描电压 U_{G_2K} 变化的输出波形。

(5) 测试结束后,示波器上显示出弗兰克-赫兹曲线。调节"扫描微调"旋钮,使一个扫描周期正好布满示波器 10 格,如图 10-5-4 所示;如果 U_{G_2K} 终止值为 82 V,则扫描电压最大为 82 V,量出各峰值的水平距离(读出格数),乘以 8.2 V/格,即为各峰值对应的 U_{G_2K} 的值(峰间距),可用逐差求出氩原子的第一激发电位的值。

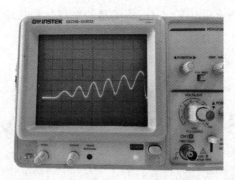

图 10-5-4　示波器显示弗兰克-赫兹曲线

2）手动测量求出氩原子的第一激发电位

（1）将"手动/自动"挡切换开关置于"手动"挡，设定电流量程（电流量程可参考机箱盖上提供的数据）。

（2）先将灯丝电压 U_H、控制栅（第一栅极）电压 U_{G_1K}、拒斥电压 U_{G_2A} 缓慢调节到一起机箱上所贴出的"出厂检验参考参数"。

（3）将电压源选择为栅极 U_{G_2K}，使栅极电压 U_{G_2K} 逐渐缓慢增加（太快电流稳定时间将变长），每增加 0.5 V 或 1 V，待阳极电流表读数稳定（一般都可以立即稳定，个别测量点需若干秒后稳定）后，记录相应的电压 U_{G_2K} 和阳极电流 I_A 的值（此时显示的数值至少可稳定10 秒以上），根据所取数据点，列表作图，测定 I_A-U_{G_2K} 曲线。

注意事项　（1）每个 F-H 管所需的工作电压是不同的，灯丝电压 U_H 过高会导致 F-H 管被击穿（表现为控制栅（第一栅极）电压 U_{G_1K} 和 U_{G_2K} 的表头读数会失去稳定）。因此灯丝电压 U_H 一般不高于出厂检验参考参数 0.2 V 以上，以免击穿 F-H 管，损坏仪器。

（2）因有微小电流通过阴极 K 而引起电流热效应，致使阴极发射电子数目逐步缓慢增加，从而使阳极电流 I_A 缓慢增加。在仪器上表现为：某一恒定的 U_{G_2K} 下，随着时间的推移，阳极电流 I_A 会缓慢增加，形成"飘"的现象。虽然这一现象无法消除，但此效应非常微弱，只要实验时方法正确，就不会对数据处理结果产生太大的影响：即 U_{G_2K} 应从小至大依次逐渐增加，每增加 0.5 V 或 1 V 后读阳极电流表读数，不回读，不跨读。

（3）实验完毕，请勿长时间将 U_{G_2K} 置于最大值，应将其旋至较小值。

【数据记录与处理】

1. 用示波器测量氩原子的第一激发电位。

参照表 10-5-1 设计数据记录表格，并将所测得的数据记录于所设计的表格中。

表 10-5-1　第一激发电位测量数据

序号 i	1	2	3	4	5	6	7	8
峰值格数/div								
U_{G_2K}/V								

2. 手动测量氩原子的第一激发电压。

参照表 10-5-2 设计数据记录表格，并将所测得的数据记录于所设计的表格中。

表 10-5-2　手动测量方法数据记录

N	1	2	3	4	5	6	7	8	9
U_{G_2K}/V									
I_A/nA									

N	10	11	12	13	14	15	16	17	...
U_{G_2K}/V									
I_A/nA									

3. 作出 U_{G_2K}-I 曲线,确定出 I 极大时所对应的电压 U_{G_2K}。

4. 用逐差法求氩原子的第一激发电位,其中

$$U_{G_2K} = a + n\Delta U$$

式中,n 为峰序数,ΔU 为第一激发电位。

【思考题】

1. U_{G_2K}-I 曲线电流下降并不十分陡峭,主要原因是什么?

2. U_{G_2K}-I 曲线为什么不是从零点开始?

3. 第一峰值所对应的电压是否等于第一激发电位? 原因是什么?

4. I 的谷值并不为零,而且谷值依次沿 U_{G_2K} 轴升高,如何解释?

5. 为什么要在 F-H 管内 G_2-A 间加反向电压?

【实验拓展】

在弗兰克-赫兹实验中,该如何进一步改进仪器测得氩原子的第二激发电压?

实验 10.6　用拉脱法测量液体的表面张力系数

在自然界和日常生活中,很多有趣的现象都与液体的表面张力有关。例如,球状露珠、昆虫在水面上的运动、荷叶的超疏水性、肥皂泡、固液界面的浸润性等。液体的表面张力系数是表征液体性质的一个重要参数。测量液体的表面张力系数有多种方法,拉脱法是其中常用的方法之一。该方法的特点是,用称量仪器直接测量液体的表面张力,测量方法直观、概念清楚。由于用拉脱法测量的液体表面张力较小(约在 $10^{-3} \sim 10^{-2}$ N),因此需要一种量程范围较小、灵敏度高且稳定性好的测量力的仪器。硅压阻式力敏传感器可以满足本实验的需要。

【课前预习】

1. 液体表面张力的形成原因是什么?

2. 根据力的平衡条件,分析提拉金属圆环过程中的变量和不变量。

【实验目的】

1. 通过用拉脱法测量液体表面张力系数的过程,加深对液体表面张力的理解。

2. 通过运用力学平衡的转换法,掌握用拉脱法测量液体表面张力系数的方法。

3. 通过对比不同类型液体的表面张力系数,加深对液体表面张力的理解。

【实验原理】

处于液体表面层(其厚度等于分子的作用半径,约 10^{-10} m)内的分子,所处的环境与液体内部的分子不同。在液体内部,每个分子的四周都被同种液体的其他分子所包围,周围分子对它的作用力的矢量和为零;而处于液体表面层中的分子,由于液面上方气相层中的分子数很少,故而受到向上的引力比向下的引力小,合力不为零,这个合力垂直于液面并指向液体的内部;因此,表面层中的液体分子有挤入液体的倾向,会使液体表面自然收缩,这就是形成表面张力的原因。

在液体与固体接触处,若固体和液体分子间的吸引力大于液体分子间的吸引力,液体就会沿固体表面扩张,形成薄膜附着在固体上(如玻璃毛细管插入水或酒精中),这种现象称为浸润;反之,若固体和液体分子间的吸引力小于液体分子间的吸引力,液体就不会沿固体表面扩张,不附着在固体上(如玻璃毛细管插入水银中),这种现象称为不浸润。

将一表面洁净的金属片竖直地浸入液体,然后轻轻地提起它,由于水对金属片是浸润的,金属片将带起部分液体,液面呈弯曲状,如图 10-6-1 所示。由于液面收缩而产生的沿切线方向的力 f 为表面张力,角 θ 为接触角,金属片脱离液体前各力的平衡条件为

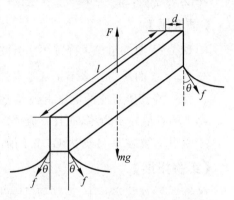

图 10-6-1　金属片的受力分析

$$F = mg + f\cos\theta$$

式中,F 为向上的拉力,mg 为金属片的重力(黏附在金属片上水的重力远小于金属片的重力,可忽略),f 为表面张力。

若金属片为金属圆环吊片时,由于 f 的值与接触面的周界长成正比,即

$$f = \alpha \cdot \pi(D_1 + D_2)$$

式中,D_1、D_2 分别为圆环的外径和内径;α 为液体的表面张力系数,其值与液体的种类、纯度、温度及其上方的气体成分有关。实验表明,液体的温度越高,α 值越小;液体所含杂质越多,α 值也越小,当上述条件一定时,α 值就是一个常数。

渐渐提起金属圆环吊片,$\theta \rightarrow 0$,则有

$$F = mg + f$$

金属圆环吊片从液体中提起时,由于表面张力作用,一部分液体被金属圆环吊片带起,形成液体薄膜;当所施加的外力 $F > mg + f$ 时,液体薄膜破裂,金属圆环吊片脱出液面。只要测出 $\theta \rightarrow 0$ 时的外力 F 和金属圆环吊片的重力 mg,其差值 $F - mg$ 即为表面张力 f;再测出金属圆环吊片的外径 D_1 和内径 D_2,就可计算出液体表面张力系数:

$$\alpha = f/[\pi(D_1 + D_2)]$$

这种通过测量已知周长的金属圆环吊片从待测液体表面脱离时需要的力,求得液体表面张力系数的实验方法称为拉脱法。

实验所用的硅压阻式力敏传感器,由弹性梁和贴在梁上的传感器芯片组成,其中芯片是由 4 个硅扩散电阻集成的非平衡电桥。当外界压力作用于金属梁时,在压力作用下,电桥

失去平衡,此时将有电压信号输出,此信号经过放大电路和信号处理系统后的输出电压 U 的大小与所加外力成正比,即

$$U = KF$$

式中,F 为外力的大小;K 为硅压阻式力敏传感器的灵敏度;U 为传感器输出电压的大小。

【实验方法】

用拉脱法测量液体表面张力系数时,利用拉力、重力和表面张力之间的平衡,把对表面张力的测量转换为对拉力和重力的测量。因此,本实验主要用了两种基本实验方法,一种是力-力转换法,一种是力学平衡法。如果考虑实验所用的硅压阻式力敏传感器,则还用到了力电转换法。

【实验器材】

本实验所用的实验装置如图 10-6-2 所示。其中,液体表面张力系数测定仪包括:硅压阻式扩散电阻组成的非平衡电桥的电源和测量电桥输出电压大小的数字电压表;其他装置包括:铁架台、微调升降台、装有力敏传感器的固定杆、盛液体的玻璃皿、圆环型吊片、砝码盘、砝码、镊子等。

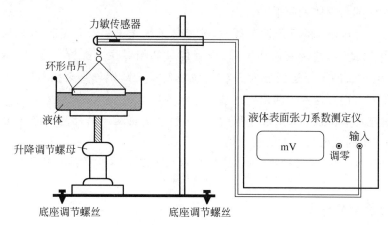

图 10-6-2　实验装置示意图

实验表明,当环的直径在 3 cm 左右而液体和金属圆环吊片接触的接触角近似为零时,运用公式 $\alpha = f / [\pi(D_1 + D_2)]$ 测量各种液体的表面张力系数的结果较为准确。

【实验内容】

实验时,必须注意以下事项。

(1) 仪器开机需预热约 15 min。

(2) 力敏传感器非常精密,操作过程中动作一定要轻,以免损坏;且使用时用力不宜大于 0.098 N,过大的拉力会损坏传感器。

(3) 金属圆环吊片和玻璃皿必须严格处理干净后方可使用,且使用过程中不要被油污或杂质污染(可以用 NaOH 溶液洗净油污或杂质后,用清洁水冲洗干净,并用热吹风烘干,或用无水酒精擦洗后吹干),以满足浸润的实验要求;实验过程中,手指一定不要接触金属圆环吊片或被测液体,并防止油污和杂质的污染。

（4）测量前必须先调节吊环，使之处于水平状态。

注意 偏差 1°，测量结果引入误差约为 0.5%；偏差 2°，则误差约为 1.6%。

（5）在旋转升降台时，动作一定要轻，尽量减小液体的晃动。

（6）实验室不宜风力较大，以免吊环摆动致使零点波动，导致误差甚至测量结果错误。

1. 硅压阻式力敏传感器的定标

（1）整机已预热约 15 min 以上。

（2）将砝码盘轻轻地挂在力敏传感器的固定杆上，调整底座调节螺丝，使底座处于水平状态。

（3）加砝码前，先对液体表面张力系数测定仪调零。

（4）用镊子把 7 个 0.5 g 的砝码依次放到砝码盘中（放砝码时动作应尽量轻），记录相应的电压输出值。

2. 测量液体的表面张力系数

（1）将待测液体倒入洁净、干燥的玻璃皿中，置于升降台上；将清洗干净的金属圆环吊片轻轻地挂在力敏传感器的固定杆上；轻轻调节调节悬挂金属圆环吊片的三根金属丝，使金属圆环吊片底部与液体表面平行。

（2）轻轻转动升降台的升降调节螺母，使液体液面上升；当金属圆环下沿部分浸入液体后，反向转动该螺母，这时液面往下降（或者说吊环相对往上提拉）。当吊环拉起到某一位置时，数字电压表的示值达到最大值 U_1；继续转动升降螺母直至拉断液膜，此时数字电压表的示值为 U_2，记下这两个输出电压值。重复 6 次。

（3）在测定液体表面张力系数过程中，注意观察金属圆环吊片浸入液体中及从液体中拉起时，液体产生的浮力与张力的变化情况。

（4）更换液体的类型（如盐水、糖水或肥皂水），重复上述步骤测量相应液体的表面张力系数。

【数据记录与处理】

北京地区重力加速度 $g = 9.800$ m/s^2；金属圆环吊片：外径 $D_1 = 3.496$ cm，内径 $D_2 = 3.310$ cm。

1. 计算硅压阻式力敏传感器的灵敏度

将相应的测量数据记录于表 10-6-1 中，并用逐差法或最小二乘法求出传感器的灵敏度 K。用最小二乘法拟合时，拟合的线性相关系数 r 应大于 0.9995。

表 10-6-1 力敏传感器定标

砝码质量 m/g							
输出电压 U/mV							

2. 计算液体的表面张力系数

将所测得的数据记录于表 10-6-2 中，由输出电压 U_1、U_2 得 $\Delta U = U_1 - U_2$，计算出拉力差 ΔF（即液体的表面张力 f），并求出液体的表面张力系数的平均值和扩展不确定度。

表 10-6-2　　液体的表面张力系数测量（实验室温度_____℃）

测量次数 i	U_1/mV	U_2/mV	$\Delta U/\text{mV}$	$\Delta F/(\times 10^{-3}\text{ N})$	$\alpha/(\times 10^{-3}\text{ N/m})$
1					
2					
3					
4					
5					
6					

【思考题】

1. 实验过程中，为什么要避免手指接触金属环和被测液体？

2. 若不考虑黏附在金属圆环吊片上水的重力，计算出的 α 值是偏大还是偏小？为什么？

【实验拓展】

除了拉脱法，液体表面张力的测量还有很多其他方法。例如，毛细管上升法、最大气泡压力法、滴重法、表面波法等。

本实验所用的实验装置，也有其缺点。例如，金属圆环吊片的水平状态调节困难，液面下降采用手控旋转平稳度不够；这些都容易带来测量误差，因此仍有改进的空间。

实验 10.7　　落球法测量液体黏度

当液体内各部分之间有相对滑动时，接触面之间产生内摩擦力阻碍液体的相对运动，这种性质称为液体的黏滞性，液体的内摩擦力称为黏性力。它的方向平行于接触面，其大小与速度梯度及接触面积成正比，比例系数 η 称为黏度。液体黏滞性的测量是非常重要的，对液体黏滞性的研究在医疗、航空、水利、机械润滑和液压传动等领域有广泛的应用。例如，现代医学发现，许多心血管疾病都与血液黏度的变化有关，血液黏度的增大会使流入人体器官和组织的血流量减少，血液流速减缓，使人体处于供血和供氧不足的状态，这可能引起多种心脑血管疾病和其他许多身体不适症状。因此，测量血黏度的大小是检查人体血液健康的重要标志之一。又如，石油在封闭管道中长距离输送时，其输运特性与黏滞性密切相关，所以要根据石油的流量、压力差、输送距离及液体黏度来设计输送管道的口径。

测量液体黏度的方法有落球法、毛细管法、转筒法等。本实验所采用的落球法适用于测量黏度较高的液体。如果一小球在黏滞液体中铅直下落，由于附着于球面的液层与周围其他液层之间存在着相对运动，因此小球受到黏性力作用，它的大小与小球下落的速度有关。当小球作匀速运动时，测出小球下落的速度，就可以计算出液体的黏度。

【课前预习】

1. 为什么要测量室温？

2. 为什么要对斯托克斯定律的公式进行修正？

3. 黏度测定仪的调节顺序是否可以颠倒过来进行？

【实验目的】

1. 掌握激光光电计时仪的原理、调节及使用方法。
2. 掌握螺旋测微器、游标卡尺、秒表的使用方法。
3. 学会使用落球法测定液体的黏度。

【实验原理】

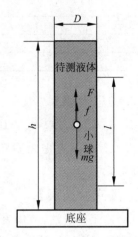

如图 10-7-1 所示，当金属小球在黏性液体中下落时，它受到三个铅直方向的力：小球的重力 mg（m 为小球质量）、液体作用于小球的浮力 $F = \rho g V$（V 是小球体积，ρ 是液体密度）和黏性力 f（其方向与小球运动方向相反）。如果液体无限深广，在小球下落速度 v 较小情况下，根据斯托克斯定律，有

$$f = 6\pi \eta r v \qquad (10\text{-}7\text{-}1)$$

上式称为斯托克斯公式。式中，r 是小球的半径；η 称为液体的黏度，其单位是 Pa·s 或 N·m^{-2}·s。在实际中，黏度还常用单位 P（泊），1 P = 0.1 Pa·s。

小球开始下落时，由于速度尚小，所以黏性力也不大；但随着下落速度的增大，黏性力也随之增大。最后，三个力达到平衡，即

图 10-7-1 小球受力分析

$$mg = \rho g V + 6\pi \eta v r$$

于是，小球作匀速直线运动，由上式可得：

$$\eta = \frac{(m - V\rho)g}{6\pi v r}$$

令小球的直径为 d，并用 $m = \frac{\pi}{6}d^3 \rho'$，$v = \frac{l}{t}$，$r = \frac{d}{2}$ 代入上式得

$$\eta = \frac{(\rho' - \rho)gd^2 t}{18l} \qquad (10\text{-}7\text{-}2)$$

式中，ρ' 为小球材料的密度；l 为小球匀速下落的距离；t 为小球下落 l 距离所用的时间。

实验时，待测液体盛于如图 10-7-1 所示的容器中，显然它不能满足无限深广的条件，但实验证明，若小球沿筒的中心轴线下降，式（10-7-2）须做如下修正后方能符合实际情况：

$$\eta = \frac{(\rho' - \rho)gd^2 t}{18l} \cdot \frac{1}{\left(1 + 2.4\dfrac{d}{D}\right)\left(1 + 1.6\dfrac{d}{h}\right)} \qquad (10\text{-}7\text{-}3)$$

其中，D 为容器内径；h 为液柱高度。

【实验方法】

利用在液体中下落的小球受力平衡时所受到三个力之间的关系式，推导出黏度的表达式，通过此表达式将液体黏度的测量转化为小球速度的测量。

【实验器材】

落球法液体黏度测定仪如图 10-7-2 所示。除此之外，还有小钢球、蓖麻油、米尺、千分尺、游标卡尺、秒表、温度计、重锤、镊子等。

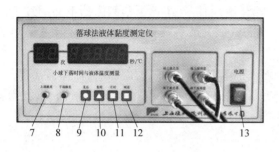

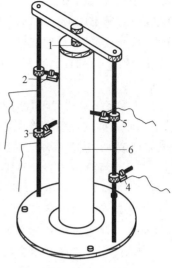

图 10-7-2　落球法液体黏度测定仪

1—导管；2—激光发射器 A；3—激光发射器 B；4—激光接收器 A；5—激光接收器 B；6—量筒；

7—上端触发；8—下端触发；9—复位；10—查阅；11—计时；12—测温；13—开关

【实验内容】

1. 调整黏度测定仪及实验准备。

(1) 调整底盘水平。在仪器横梁中间部位放重锤部件,调节底盘旋钮,使重锤对准底盘的中心圆点。

(2) 将实验架上的上、下两个激光器接通电源,可看见其发出红光。调节上、下两个激光发射器的位置和角度,使两个发射器之间的距离 10 cm 左右,且使其激光束平行地对准垂线。

(3) 收回重锤部件,调节上、下两个激光器接收器的位置和角度,使激光束刚好入射到接收端,此时黏度测定仪上的两个激光信号指示灯亮起,表明黏度测定仪满足使用条件,可以计时。

(4) 将盛有被测液体的量筒放置到实验架底盘中央,调整其位置(注意:激光束必须通过玻璃圆筒中心轴)让黏度测定仪上的激光信号指示灯亮起,在实验中保持量筒位置不变。

(5) 在实验架上放上钢球导管。用镊子将小球放入导管,让其落入量筒中,观察其在下落过程是否能阻挡上、下激光光线,如果多次不能阻挡,则需要重新调整黏度测定仪。

2. 用千分尺测量小球直径 d,测 5 个小球,取平均值作为小球直径。

3. 用游标卡尺测量筒的内径 D,取不同的位置共测 3 次;用直尺测量油柱深度 h;用直尺测量上、下二个激光束之间的距离 l。

4. 用温度计测量量筒里蓖麻油的温度,待全部小球下落完后再测量一次,取平均值作为实际油温。

5. 小球在油中下落作匀速运动的判定:设上、下二个激光束之间的距离为全程距离 l,用光电计时器分别测量小球下落全程距离 l 所用时间 t_1 和下落近似半程距离 $l/2$ 所用时间 t_2,分别计算下落全程距离的平均速度 v_1 和下落近似半程距离的平均速度 v_2,若 $v_1 \approx$

v_2，则可认为小钢球在油中下落作匀速运动。

6. 用秒表测量小球匀速下落的下落时间。将小球放入导管，当小球落下，阻挡上面的红色激光束时，光线受阻，此时光电计时器开始计时，到小球下落到阻挡下面的红色激光束时，计时停止，读出下落时间，重复测量 6 次以上。最后根据式（10-7-2）计算蓖麻油的黏度及扩展不确定度。

7. 用黏度测定仪上的光电计时器测量小球匀速下落的下落时间。小球在下落过程中，如果阻挡上面和下面的红色激光束，则黏度测定仪将自动测量小球下落时间，重复测量 6 次以上，代入式（10-7-3）计算液体的黏度，将测量结果与公认值（见附录）进行比较。

注意 （1）量筒内油须长时间的静止放置，以排除气泡，使液体处于静止状态。实验过程中不可捞取小球，不可搅动。待全部测量完成后，再取出小球（如何取？）。

（2）让小球沿量筒中心轴线近液面处自由落下。

（3）液体黏度随温度的变化而变化，因此测量中不要用手摸量筒。

（4）小钢珠直径用千分尺测量，但千分尺必须正确使用，以免引起误差。

（5）激光束不能直射人的眼睛，以免损伤眼睛。

（6）黏度测定仪的调节顺序不能颠倒。

【数据记录与处理】

待测液体是蓖麻油，密度 $\rho = 0.960 \times 10^3$ kg/m^3，钢珠密度 $\rho' = 7.90 \times 10^3$ kg/m^3。

1. 将千分尺、直尺和秒表所测得数据分别记录于表 10-7-1～表 10-7-5 中。

表 10-7-1　仪器误差

千分尺仪器误差 $\Delta_{千分尺}$/mm	直尺仪器误差 $\Delta_{直尺}$/mm	秒表仪器误差 $\Delta_{秒表}$/s

表 10-7-2　仪器数据记录

油温 T/℃	激光束距离 l/mm	油柱深度 h/mm

表 10-7-3　量筒直径

次数 i	1	2	3	平均值
D/mm				

表 10-7-4　小钢球直径

次数 i	1	2	3	4	5	平均值
d/mm						

表 10-7-5　秒表测量的小钢球下落时间

次数 i	1	2	3	4	5	6	平均值
t/s							

2. 根据表 10-7-1～表 10-7-5 中的数据，利用下式计算小钢球下落时间的不确定度 σ。

$$\sigma = \sqrt{(s_{\bar{t}})^2 + u^2}.$$

其中，$s_{\bar{t}} = \dfrac{s_t}{\sqrt{n}} = \sqrt{\dfrac{\displaystyle\sum_{i=1}^{n}(t_i - \bar{t})^2}{n(n-1)}}$；$u = \dfrac{\Delta_{秒表}}{\sqrt{3}}$。

3. 将上述测量结果代入式（10-7-2）中计算 $\eta_{测量}$，并计算其扩展不确定度。

4. 将激光光电计时器测量的小钢球下落时间填入表 10-7-6 中，并根据式（10-7-3），计算得 $\eta_{测量}$。

表 10-7-6　激光光电计时器测量的小钢球下落时间

次数 i	1	2	3	4	5	6	平均值
t'/s							

5. 根据附录中的 η-θ 图像得出 $\eta_{公认值}$，并计算测量结果与公认值的相对误差。

【思考题】

1. 如何判断小球是否在作匀速运动？

2. 在黏度测定仪的调节过程中，为什么要使上面的激光发射器的位置距离液面一定的高度？

3. 利用黏度测定仪测量小球下落时间的方法来测量液体黏度，这种方法有何优点？

【实验拓展】

测定液体在不同温度的黏度有很大的实际意义，欲准确测量液体的黏度，必须精确控制液体温度，请设计用落球法测定变温液体黏度的实验方法。

【附录】

蓖麻油黏度与温度关系

蓖麻油在不同温度下的黏度如表 10-7-7 所示，作出黏度 η 与温度 θ 的关系图，如图 10-7-3 所示。

表 10-7-7　蓖麻油的黏度

温度 θ/℃	0	10	15	20	25	30	35	40
黏度 η/(Pa·s)	5.300	2.418	1.514	0.950	0.621	0.451	0.312	0.231

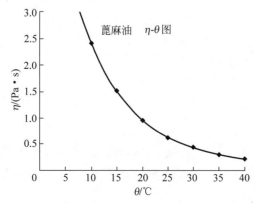

图 10-7-3　黏度 η 与温度 θ 的关系图（0℃时黏度未画出）

实验 10.8　新能源电池综合特性实验

燃料电池是一种直接把燃料和氧化剂所具有的化学能直接转换成电能的化学装置，又称为电化学发电器。由于电池的能量转化过程不受"卡诺循环"限制，转化效率高，所以燃料电池技术被认为是继火电、水电和核电之后的第四代发电技术，具有清洁、高效、适用性强、能连续工作以及环境友好等特点。燃料电池按照所采用电解质的不同，可以分为 5 大类：碱性燃料电池（alkaline fuel cell，AFC）、磷酸型燃料电池（phosphoric acid fuel cell，PAFC）、熔融碳酸盐燃料电池（molten carbonate fuel cell，MCFC）、固体氧化物燃料电池（solid oxide fuel cell，SOFC）以及质子交换膜型燃料电池（proton exchange membrane fuel cell，PEMFO）。质子交换膜型燃料电池是继碱性燃料电池、磷酸燃料电池、熔融碳酸盐燃料电池和固体氧化物燃料电池后开发的第五代燃料电池，与以往的燃料电池相比，质子交换膜型燃料电池具有室温快速启动、密封性能好（无漏液）、低腐蚀性、高比能量和比功率、较简化的系统设计等优点。

太阳能电池又称为光伏电池或光电池，是一种利用太阳能直接转换为电能的光电半导体部件。它只要在一定照度条件的太阳光照射，瞬间就可输出电压并可在有回路的情况下产生电流。在物理学上，太阳能电池也称为太阳能光伏，简称光伏。太阳能电池是通过光电效应或者光化学效应直接把光能转化成电能的装置。

本实验以质子交换膜燃料电池为例，了解该类燃料电池的原理和特性；同时研究表征太阳能电池基本特性与性能的参数。实验包含太阳能电池发电（光能-电能转换），电解水制取氢气（电能-氢能转换），燃料电池发电（氢能-电能转换）几个环节，形成了完整的能量转换、储存、使用的过程。

【课前预习】

1. 燃料电池的基本结构。
2. 简述质子交换膜电解池工作原理。
3. 太阳能电池的基本结构。

【实验目的】

1. 了解燃料电池的工作原理。
2. 测量质子交换膜电解池的特性，验证法拉第电解定律。
3. 测量质子交换膜燃料电池的输出特性。
4. 测量太阳能电池的输出特性。
5. 观察能量转换的过程。

【实验原理】

1. 燃料电池

质子交换膜（proton exchange membrane，PEM）燃料电池在常温下工作，具有启动快速、结构紧凑的优点，最适宜作为汽车或其他可移动设备的电源，近年来发展很快，其基本结构如图 10-8-1 所示。

目前广泛采用的全氟磺酸质子交换膜为固体聚合物薄膜，厚度为 0.05～0.1 mm，它提

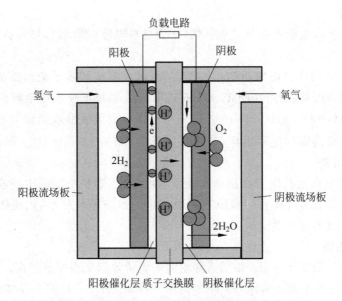

图 10-8-1　质子交换膜燃料电池结构示意图

供氢离子(质子)从阳极到达阴极的通道,而电子或气体不能通过。

催化层是将纳米量级的铂粒子用化学或物理的方法附着在质子交换膜表面,厚度约 0.03 mm,对阳极氢的氧化和阴极氧的还原起催化作用。

膜两边的阳极和阴极由石墨化的碳纸或碳布制作而成,厚度为 0.2~0.5 mm,导电性能良好,其上的微孔提供气体进入催化层的通道,又称为扩散层。

商品燃料电池为了提供足够的输出电压和功率,需将若干单体电池串联或并联在一起,流场板一般由导电良好的石墨或金属做成,与单体电池的阳极和阴极形成良好的电接触,称为双极板,其上加工有供气体流通的通道。教学用的燃料电池为直观起见,将有机玻璃作为流场板。

进入阳极的氢气通过电极上的扩散层到达质子交换膜。氢分子在阳极催化剂的作用下解离为 2 个氢离子,即质子,并释放出 2 个电子,阳极反应为:

$$H_2 = 2H^+ + 2e^-　　　　　　　　　　　　　　　　　　　(10\text{-}8\text{-}1)$$

氢离子以水合质子 $H^+(nH_2O)$ 的形式,在质子交换膜中从一个璜酸基转移到另一个璜酸基,最后到达阴极,实现质子导电,质子的这种转移导致阳极带负电。

在电池的另一端,氧气或空气通过阴极扩散层到达阴极催化层,在阴极催化层的作用下,氧与氢离子和电子反应生成水,阴极反应为:

$$O_2 + 4H^+ + 4e^- = 2H_2O　　　　　　　　　　　　　　　(10\text{-}8\text{-}2)$$

阴极反应使阴极缺少电子而带正电,结果在阴阳极间产生电压,在阴阳极间接通外电路,就可以向负载输出电能。总的化学反应如下:

$$2H_2 + O_2 = 2H_2O　　　　　　　　　　　　　　　　　　(10\text{-}8\text{-}3)$$

在电化学中,失去电子的反应叫氧化反应,得到电子的反应叫还原反应。产生氧化反应的电极是阳极,产生还原反应的电极是阴极。对电池而言,阴极是电的正极,阳极是电的负极。

2. 水的电解

在电解池中将水电解产生氢气和氧气(作为燃料电池的燃料)，与燃料电池中氢气和氧气反应生成水互为逆过程。

水的电解装置同样因电解质的不同而各异，碱性溶液和质子交换膜是最好的电解质。若以质子交换膜为电解质，可在图 10-8-1 右边电极接电源正极形成电解的阳极，在其上产生氧化反应 $2H_2O=O_2+4H^++4e^-$。左边电极接电源负极形成电解的阴极，阳极产生的氢离子通过质子交换膜到达阴极后，产生还原反应 $2H^++2e^-=H_2$。即在右边电极析出氧，左边电极析出氢。

燃料电池和电解池的电极在制造上通常有些差别，燃料电池的电极应利于气体吸纳，而电解池需要尽快排出气体。燃料电池阴极产生的水应随时排出，以免阻塞气体通道，而电解池的阳极必须被水淹没。

3. 太阳能电池

太阳能电池利用半导体 PN 结受光照射时的光伏效应实现能量转换。太阳能电池的基本结构是一个大面积平面 PN 结，图 10-8-2 为 PN 结示意图。P 型半导体中有相当数量的空穴，几乎没有自由电子。N 型半导体中有相当数量的自由电子，几乎没有空穴。当两种半导体结合在一起形成 PN 结时，N 区的电子(带负电)向 P 区扩散，P 区的空穴(带正电)向 N 区扩散，在 PN 结附近形成空间电荷区与势垒电场。势垒电场会使载流子向扩散的反方向作漂移运动，最终扩散与漂移达到平衡，使流过 PN 结的净电流为零。在空间电荷区内，P 区的空穴被来自 N 区的电子复合，N 区的电子被来自 P 区的空穴复合，使该区内几乎没有能导电的载流子，又称为结区或耗尽区。当光电池受光照射时，部分电子被激发而产生电子空穴对，在结区激发的电子和空穴分别被势垒电场推向 N 区和 P 区，使 N 区有过量的电子而带负电，P 区有过量的空穴而带正电，PN 结两端形成电压，这就是光伏效应，若将 PN 结两端接入外电路，就可向负载输出电能。

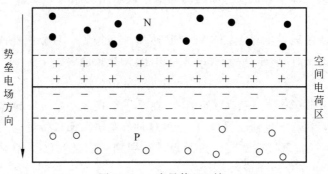

图 10-8-2　半导体 PN 结

【实验器材】

1. 器材名称

燃料电池板(板上由燃料电池、电解池、气水塔、风扇等组件组成)，测试仪，太阳能电池，电阻箱，秒表等。

2. 器材介绍

燃料电池板的结构如图 10-8-3 所示。燃料电池及电解池都通过细软水管与气水塔连

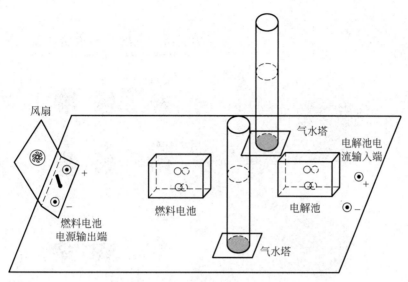

图 10-8-3 燃料电池板结构示意图

通,细软水管上装有夹子,捏紧夹子能使软管断开。

电解池里的质子交换膜,必须含有足够的水分,才能保证质子的传导。但水含量又不能过高,否则电极被水淹没,水阻塞气体通道,燃料不能传导到质子交换膜参与反应。如何保持良好的水平衡关系是燃料电池设计的重要课题。为保持水平衡,燃料电池正常工作时排水口打开,在电解电流不变时,燃料供应量是恒定的。若负载选择不当,燃料电池输出电流太小,未参加反应的气体从排水口泄漏,燃料利用率及转换效率都低。在适当选择负载时,燃料利用率约为 90%。

气水塔为电解池提供纯水(二次蒸馏水),可分别储存电解池产生的氢气和氧气,为燃料电池提供燃料气体。每个气水塔都是上下两层结构,上下层之间通过插入下层的连通管连接,下层顶部有一输气管连接到燃料电池。初始时,下层近似充满水,电解池工作时,产生的气体会汇聚在下层顶部,通过输气管输出。若关闭输气管开关,气体产生的压力会使水从下层进入上层,而将气体储存在下层的顶部,通过管壁上的刻度可知储存气体的体积。两个气水塔之间还有一个水连通管,加水时打开使两塔水位平衡,实验时切记关闭该连通管。

风扇作为定性观察时的负载;电阻箱作为定量测量时的负载。

测试仪面板如图 10-8-4 所示。测试仪可测量电流、电压。若不将太阳能电池作为电解池的电源,可从测试仪恒流源输出端向电解池供电。实验前需预热约 15 min。

电流表有两个量程:200 mA 和 2 A。使用时通过"电流量程"切换键选择合适的量程,"电流测量"切换键根据电路连接线插入的电流测量接口来选择。

电压表有两个量程:2 V 和 20 V。测量时通过电压量程切换键选择合适的量程使用。

恒流源为电解池提供 0~350 mA 的恒流电源。

注意 (1) 该实验系统必须使用去离子水或二次蒸馏水,容器必须清洁干净,否则将损坏系统。

(2) PEM 电解池所加的电源极性必须正确,否则将毁坏电解池并有起火燃烧的可能。

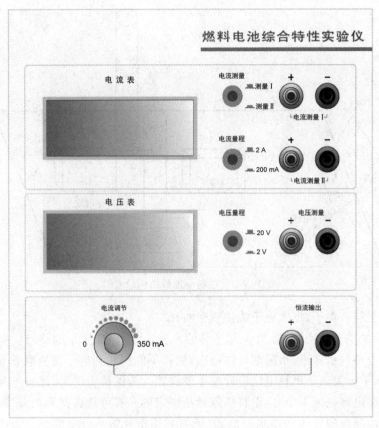

图 10-8-4　燃料电池测试仪前面板示意图

（3）PEM 电解池的最高工作电压为 6 V，最大输入电流为 1000 mA，超过其最大值，将极大地伤害 PEM 电解池。

（4）绝不允许将任何电源加于 PEM 燃料电池输出端，否则将损坏燃料电池。

（5）气水塔中所加入的水面高度必须在上水位线与下水位线之间，以保证 PEM 燃料电池正常工作。

（6）该系统主体由有机玻璃制成，使用时需小心操作，以免打坏和损伤。

（7）太阳能电池板和配套光源在工作时温度很高，切不可用手触摸，以免被烫伤。

（8）绝不允许用水打湿太阳能电池板和配套光源，以免触电和损坏该部件。

（9）配套电阻箱所能承受的最大功率是 1 W，只能使用于该实验系统中。

（10）电流表的输入电流不得超过 2 A，否则将烧毁电流表。

（11）电压表的最高输入电压不得超过 25 V，否则将烧毁电压表。

（12）实验时必须关闭两个气水塔之间的连通管。

【实验内容】

1. 质子交换膜电解池的特性测量

（1）确认气水塔水位在水位上限与下限之间。

（2）将测试仪的恒流输出端串联电流表后再接入电解池，将电压表并联到电解池两端。

（3）将气水塔输气管夹子关闭，调节恒流源输出到最大（旋钮顺时针旋转到底），使电解池迅速的产生气体。当气水塔下层的气体低于最低刻度线的时候,打开气水塔输气管夹子,排出水容下层的空气。如此反复2~3次后,气水塔下层的空气基本排尽,剩下的就是纯净的氢气和氧气了。将电解池输入电流大小分别设定为0.100 A、0.200 A和0.300 A,调节恒流源的输出电流,待电解池输出气体稳定后(约1 min),关闭气水塔输气管,测量此时的输入电流、输入电压及产生一定体积的气体的时间。

2. 质子交换膜燃料电池的输出特性测量

(1) 将测试仪的恒流输出端串联电流表后再接入电解池,并保持输入电流为0.300 A,关闭风扇。

(2) 将测试仪的电压测量端口接到燃料电池输出端;电流测量端口与电阻箱(可变负载调至最大)串联后接到燃料电池输出端。打开燃料电池与气水塔之间的氢气、氧气软管夹子,等待约10 min,让电池中的燃料浓度达到平衡值,电压稳定后记录开路电压值(断开电阻箱的连线)。

(3) 将电流量程键切换到200 mA。改变电阻箱电阻的大小,稳定后记录输出电压和电流值,并计算输出功率(输出电压值须从开路电压测量至最小值,间隔0.05 V左右)。

(4) 实验完毕后,切断电解池输入电源后,关闭燃料电池与气水塔之间的氢气、氧气输气管。

注意 负载电阻猛然调得很低时,电流会同步增大到很大,甚至超过电解电流值,这种情况是不稳定的,重新恢复稳定需要较长时间。为避免出现这种情况,输出电流高于210 mA后,每次调节减小电阻0.5 Ω;输出电流高于240 mA后,每次调节减小电阻0.2 Ω;每测量一点的平衡时间稍长一些(约需5 min)。稳定后记录实际输出电压和电流值。

3. 太阳能电池的输出特性测量

(1) 将电流测量端口与电阻箱串联后接入太阳能电池的输出端,将电压表并联到太阳能电池两端。

(2) 点亮测试光源,预热约5 min,待光源稳定后测量开路电压(断开电阻箱)、短路电流(短接电阻箱或将电阻箱阻值调至零)。

(3) 保持光照条件不变,改变太阳能电池负载电阻的大小,测量输出电压和电流值,并计算输出功率(输出电压值须从开路电压测量至最小值)。

4. 观察能量转换过程

把太阳能电池作为电解池的电源,观察以下能量转换过程:光能→太阳能电池→电能→电解池→氢能(能量储存)→燃料电池→电能→风扇转动动能。

【数据记录与处理】

1. 质子交换膜电解池的特性测量

(1) 理论分析表明,若不考虑电解池的能量损失,在电解池上加1.48 V电压就可使水分解为氢气和氧气,实际由于各种损失,输入电压高于1.6 V电解池才开始工作。

电解池的效率为

$$\eta_{\text{电解}} = \frac{1.48}{U_{\text{输入}}} \times 100\% \tag{10-8-4}$$

输入电压较低时虽然能量利用率较高,但电流小,电解的速率低,通常使电解池输入电压在2 V左右。

根据法拉第电解定律，电解生成物的量与输入电荷量成正比。在标准状态下（温度为 0℃，电解池产生的氢气保持在 1 atm），设电解电流为 I，经过时间 t 产生的氢气体积（氧气体积为氢气体积的一半）的理论值为

$$V_{氢气} = \frac{It}{2F} \times 22.4 \tag{10-8-5}$$

式中，$F = e \cdot N_A = 9.65 \times 10^4$ C/mol，称为法拉第常数，$e = 1.602 \times 10^{-19}$ C，为电子电荷量，$N_A = 6.022 \times 10^{23}$ /mol，为阿伏伽德罗常数；$It/2F$ 为产生的氢分子的摩尔（克分子）数；22.4 L 为标准状态下气体的摩尔体积。

若实验时的摄氏温度为 T，所在地区气压为 p，根据理想气体状态方程，可对式（10-8-5）作如下修正：

$$V_{氢气} = \frac{273.16 + T}{273.16} \cdot \frac{p_0}{p} \cdot \frac{It}{2F} \times 22.4 \tag{10-8-6}$$

式中，P_0 为标准大气压。自然环境中，大气压受各种因素的影响，如温度和海拔高度等，其中海拔对大气压的影响最为明显。由国家标准 GB 4797.2—2005 可查到，海拔每升高 1000 m，大气压下降约 10%。

由于水的分子量（相对分子质量）为 18，且每克水的体积为 1 cm^3，故电解池消耗的水的体积为

$$V_{水} = \frac{It}{2F} \times 18 \ cm^3 = 9.33It \times 10^{-5} \tag{10-8-7}$$

应当指出，式（10-8-6）和式（10-8-7）对燃料电池同样适用，只是其中的 I 代表燃料电池输出电流，$V_{氢气}$ 代表燃料消耗量，$V_{水}$ 代表电池中水的生成量。

（2）将所测得数据记录于表 10-8-1 中，并根据式（10-8-6）计算氢气产生量的理论值，同时与氢气产生量的测量值比较。若不管输入电压与电流大小，氢气产生量只与电荷量成正比，且测量值与理论值接近，即验证了法拉第电解定律。

表 10-8-1　电解池的特性测量（室温＝_____ ℃）

输入电流 I/A	输入电压/V	时间 t/s	电量 It/C	氢气产生量测量值	氢气产生量理论值
0.100					
0.200					
0.300					

2. 质子交换膜燃料电池的输出特性测量

（1）在一定的温度与气体压强下，改变负载电阻的大小，测量燃料电池的输出电压与输出电流之间的关系，可得如图 10-8-5 所示的图像，称为极化特性曲线。

理论分析表明，如果燃料的所有能量都被转换成电能，则理想电动势为 1.48 V。实际燃料的能量不可能全部转换成电能，例如，总有一部分能量转换成热能，少量的燃料分子或电子穿过质子交换膜形成内部短路电流等，故燃料电池的开路电压低于理想电动势。

随着电流从零增大，输出电压有一段下降较快，主要是因为电极表面的反应速度有限，有电流输出时，电极表面的带电状态改变，驱动电子输出阳极或输入阴极时，产生的部分电压会被损耗掉，这一段被称为电化学极化区。

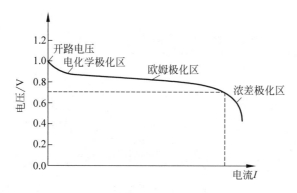

图 10-8-5　燃料电池的极化特性曲线

输出电压线性下降区的电压降,主要是电子通过电极材料及各种连接部件,离子通过电解质的阻力引起的,这种电压降与电流成比例,所以被称为欧姆极化区。

输出电流过大时,燃料供应不足,电极表面的反应物浓度下降,使输出电压迅速降低,而输出电流基本不再增加,这一段被称为浓差极化区。

综合考虑燃料的利用率(恒流供应燃料时可表示为燃料电池电流与电解电流之比)及输出电压与理想电动势的差异,可得燃料电池的效率为

$$\eta_{电池} = \frac{I_{电池}}{I_{电解}} \cdot \frac{U_{输出}}{1.48} \times 100\% = \frac{P_{输出}}{1.48 \times I_{电解}} 100\% \tag{10-8-8}$$

当输出电流为某一值时,燃料电池的输出功率相当于图 10-8-5 中虚线围出的矩形区域面积,在使用燃料电池时,应根据伏安特性曲线,选择适当的负载匹配,使效率与输出功率达到最大。

(2) 将所测得的数据记录于表 10-8-2 中,并作出所测燃料电池的极化特性(伏安特性)曲线和该燃料电池输出功率随输出电压的变化曲线,同时求出该燃料电池的最大输出功率及最大输出功率所对应的效率。

表 10-8-2　燃料电池输出特性的测量(电解电流 $I =$ _____ A)

输出电压 U/V				...			
输出电流 I/mA	0			...			
功率 $P = UI$/mW	0			...			

3. 太阳能电池的输出特性测量

(1) 在一定的光照条件下,改变太阳能电池负载电阻的大小,测量输出电压与输出电流之间的关系,如图 10-8-6 所示。

在图 10-8-6 中,U_{oc} 代表开路电压,I_{sc} 代表短路电流,图中虚线围出的面积为太阳能电池的输出功率。与最大功率对应的电压称为最大工作电压 U_m,对应的电流称为最大工作电流 I_m。

表征太阳能电池特性的基本参数还包括光谱响应特性、光电转换效率、填充因子等。填充因子 FF 定义为

$$FF = \frac{U_m I_m}{U_{oc} I_{sc}} \tag{10-8-9}$$

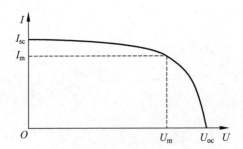

图 10-8-6   太阳能电池的伏安特性曲线

它是评价太阳能电池输出特性好坏的一个重要参数，它的值越高，表明太阳能电池输出特性越趋近于矩形，电池的光电转换效率越高。

（2）将所测得的数据记录于表 10-8-3 中，并作出所测太阳能电池的伏安特性曲线和该太阳能电池输出功率随输出电压的变化曲线，同时求出该太阳能电池的开路电压 U_{oc}、短路电流 I_{sc}、最大输出功率 P_m、最大工作电压 U_m、最大工作电流 I_m 及填充因子 FF。

表 10-8-3   太阳能电池输出特性的测量

输出电压 U/V					···				
输出电流 I/mA	0				···				
功率 $P=UI$/mW	0				···				

【思考题】

1. 简述实验装置中的两个气水塔上连接的各软管的功能。

2. 燃料电池的输出特性曲线（极化特性曲线）可分成哪几个部分？各个部分的特点是什么？

3. 太阳能电池的填充因子 FF 有什么特殊意义？

【实验拓展】

自制小电池实验：用水果、铝质易拉罐等做一个电池。

参 考 文 献

[1] 孙为,唐军杰,王爱军,等.大学物理实验[M].东营:中国石油大学出版社,2007.

[2] 李艳萍,苏中乾,刘忠坤.大学物理实验教程[M].北京:机械工业出版社,2019.

[3] 杨述武,孙迎春,沈国土.普通物理实验[M].5版.北京:高等教育出版社,2015.

[4] 黄志高,郑卫峰,冯卓宏.大学物理实验[M].3版.北京:高等教育出版社,2020.

[5] 全国法制计量管理计量技术委员会.测量不确定度评定与表示:JJF 1059.1—2012[S].北京:中国标准出版社,2012.

[6] 全国法制计量管理计量技术委员会.通用计量术语及定义:JJF 1001—2011[S].北京:中国标准出版社,2011.

[7] 全国统计方法应用标准化技术委员会.数值修约规则与极限数值的表示和判定:GB/T 8170—2008[S].北京:中国标准出版社,2008.

[8] 盛骤,谢式千,潘承毅.概率论与数理统计[M].北京:高等教育出版社,1989.

[9] 朱鹤年.基础物理实验讲义[M].北京:清华大学出版社,2013.

[10] 丁慎训,张连芳.物理实验教程[M].北京:清华大学出版社,2002.

[11] 张皓晶.光学平台上的综合设计性物理实验[M].北京:科学出版社,2017.

[12] 周惟公,张自力,郑志远.大学物理实验[M].3版.北京:高等教育出版社,2020.

[13] 江美福,方建兴.大学物理实验教程(下册)[M].3版.北京:高等教育出版社,2021.

[14] 黄耀清,赵宏伟,葛坚坚.大学物理实验教程:基础综合性实验[M].北京:机械工业出版社,2020.

[15] 郑志远,张自力,高华,等.大学物理实验[M].北京:清华大学出版社,2022.

[16] 唐芳,董国波.基础物理实验(上册)[M].北京:机械工业出版社,2020.

附 录 **A**

附表 A-1　本书中实验项目所用到的一般和典型实验方法

序号	实验项目名称	所测的主要物理量	一般实验方法	其他典型实验方法
1	刚体转动惯量的测定	角位移/时间	比较法	
2	用玻尔共振仪研究受迫振动	周期/振幅/相位	比较法	
3	空气密度与气体普适常量测量	质量/体积/压强	比较法	
4	电热法测定液体的比热容	电压/电流/时间/质量/温度	比较法	热平衡 漏热补偿
5	数字万用表的设计、制作与校准	电压/电流/电阻	比较法	
6	新能源电池综合特性实验	输出电压/电流	比较法	
7	直流电桥测量电阻	电阻	比较法	电学平衡 交换补偿
8	铜丝电阻温度系数的测定	不同温度时的电阻	比较法	电学平衡
9	用非平衡电桥测量电阻	不同温度时的电阻	比较法	电学平衡
10	CCD棱镜摄谱仪测波长	谱线间距	比较法	
11	电位差计的原理与应用	电动势（电压）	比较法	电学平衡 电压补偿
12	用电位差计校准电表和测电阻	电压/电阻	比较法	电学平衡 电压补偿
13	用拉伸法测量钢丝的弹性模量	钢丝伸长量	光学放大法	换向补偿
14	旋转液体的物理特性研究	液面的倾角	光学放大法	
15	自组式等厚干涉实验	曲率半径/微小厚度	光学放大法	转换法
16	分光计的调节及应用	衍射角	机械放大法	
17	利用分光计测固体折射率	折射角	机械放大法	
18	双棱镜干涉测定光波波长	干涉条纹间距	电子放大法	
19	典型传感器特性研究	力学量	力电转换法	
20	弗兰克-赫兹实验	原子的能级差	力电转换法	
21	准稳法测热导率和比热容	温度差	热电转换法	稳态平衡
22	利用磁电阻传感器测量地磁场	地磁场	磁电转换法	换向补偿
23	利用霍耳效应测量磁场	螺线管的磁场	磁电转换法	换向补偿
24	光电效应法测量普朗克常量	普朗克常量	光电转换法	
25	温度传感器特性研究	不同温度时的电阻	转换法	电学平衡

序号	实验项目名称	所测的主要物理量	一般实验方法	其他典型实验方法
26	用拉脱法测量液体的表面张力系数	表面张力	力力转换法	力学平衡
27	落球法测量液体黏度	黏滞阻力/速度	力力转换法	力学平衡
28	密立根油滴法测定电子电荷	电荷所受电场力	力力转换法	力学平衡
29	超声检测综合实验	声速/界面深度	转换法(反射)	
30	声悬浮实验	声悬浮现象	转换法(驻波)	
31	用动态法测定杨氏模量	杨氏模量	转换法(驻波)	
32	等厚干涉	曲率半径/小厚度	转换法(干涉)	
33	全息照相	物体的图像	转换法(干涉)	
34	偏振光的观察和应用	糖溶液浓度	转换法(偏振)	
35	多普勒效应综合实验	物体运动的速度	转换法(多普勒)	
36	双光栅微弱振动测量	微小振动	转换法(多普勒)	
37	固体、液体及气体中声速的测量	声波的传播速度	转换法(驻波/相位)	
38	用超声光栅测量声速	声波的传播速度	转换法(驻波/衍射)	
39	晶体电光调制及其应用	电光调制现象	转换法(偏振/干涉)	
40	气轨上的实验——动量守恒定律的验证	无摩擦时的速度	物理模拟法	
41	示波器的原理与使用	振动周期和振幅	物理模拟法	
42	空气热机实验	热机效率	物理模拟法	
43	迈克耳孙干涉仪	波长/折射率	物理模拟法	光程补偿
44	用模拟法研究静电场	静电场的电势	数学模拟法	

附 录 B

B.1 中华人民共和国法定计量单位

附表 B-1-1 国际单位制的基本单位

量 的 名 称	单 位 名 称	单 位 符 号
长度	米	m
质量	千克(公斤)	kg
时间	秒	s
热力学温标	开[尔文]	K
电流	安[培]	A
物质的量	摩[尔]	mol
发光强度	坎[德拉]	cd

附表 B-1-2 国际单位制的辅助单位

量 的 名 称	单 位 名 称	单 位 符 号
平面角	弧度	rad
立体角	球面度	sr

附表 B-1-3 国家选定的非国际单位制单位

量 的 名 称	单 位 名 称	单 位 符 号	换算关系和说明
时间	分	min	$1\ \text{min}=60\ \text{s}$
	[小]时	h	$1\ \text{h}=60\ \text{m}=360\ \text{s}$
	天(日)	d	$1\ \text{d}=24\ \text{h}=86\ 400\ \text{s}$
平面角	[角]秒	(″)	$1''=(\pi/64\ 800)\ \text{rad}$
	[角]分	(′)	$1'=60''=(\pi/10\ 800)\ \text{rad}$
	度	(°)	$1°=60'=(\pi/180)\ \text{rad}$
旋转速度	转每分	$\text{r}\cdot\text{min}^{-1}$	$1\ \text{s}\cdot\text{min}^{-1}=(1/60)\ \text{s}^{1}$
长度	海里	n mile	$1\text{n mile}=1852\ \text{m}$(只用于海程)
速度	节	kn	$1\ \text{kn}=1\ \text{n mile}\cdot\text{h}^{-1}=1852\ \text{m}$(只用于海程)

续表

量 的 名 称	单 位 名 称	单 位 符 号	换 算 关 系 和 说 明
质量	吨 原子质量单位	t u	$1\ t=10^3\ kg$ $1\ u\approx1.660\ 565\times10^{-27}\ kg$
体积	升	l	$1\ l=1\ dm^3=10^3\ m^3$
能	电子伏	ev	$1\ ev\approx1.602\ 189\ 2\times10^{-19}\ J$
级差	分贝	dB	
线密度	特〔克斯〕	tex	$1\ tex=1\ g\cdot km^{-1}$

附表 B-1-4　单位词冠

因　　　数	词　　　　　冠		代　　号	
			中　文	国　际
倍数	10^{18}	艾可萨	（exa）	艾	E
	10^{15}	拍它	（peta）	拍	P
	10^{12}	太拉	（tera）	太	T
	10^{9}	吉加	（giga）	吉	G
	10^{6}	兆	（mega）	兆	M
	10^{3}	千	（kilo）	千	K
	10^{2}	百	（hecto）	百	h
	10^{1}	十	（deca）	十	da
分数	10^{-1}	分	（deci）	分	d
	10^{-2}	厘	（centi）	厘	c
	10^{-3}	毫	（milli）	毫	m
	10^{-6}	微	（micro）	微	μ
	10^{-9}	纳诺	（nano）	纳	n
	10^{-12}	皮可	（pico）	皮	p
	10^{-15}	飞母托	（femto）	飞	f
	10^{-18}	阿托	（atto）	阿	a

附表 B-1-5　国际单位制中具有专门名称的导出单位

量 的 名 称	单位名称	单位符号	其他表示示例	备　　注
频率	赫〔兹〕	Hz	s^{-1}	
力；重力	牛〔顿〕	N	$kg\cdot m\cdot s^{-2}$	1 达因$=10^{-5}\ N$
压力；压强；应力	帕〔斯卡〕	Pa	$N\cdot m^{-2}$	
能量；功；热	焦〔耳〕	J	$N\cdot m$	1 尔格$=10^{-7}\ J$
功率；辐射通量	瓦〔特〕	W	$J\cdot s^{-1}$	1 尔格/秒$=10^{-7}\ W$
电荷量	库仑	C	$A\cdot S$	1 静库仑$=\dfrac{10^{-9}}{2.998}\ C$
电位；电压；电动势	伏特	V	$W\cdot A^{-2}$	1 静伏特$=2.993\times10^2\ V$
电容	法拉	F	$C\cdot V^{-1}$	
电阻	欧姆	Ω	$V\cdot A^{-1}$	
电导	西门子	S	$A\cdot V^{-1}$	
磁通量	韦〔伯〕	Wb	$V\cdot s$	

续表

量 的 名 称	单位名称	单位符号	其他表示示例	备 注
磁通量密度；磁感应强度	特［斯拉］	T	$Wb \cdot m^{-2}$	1 高斯(Gs)$=10^{-4}$ T
电感	亨［利］	H	$Wb \cdot A^{-1}$	
摄氏温度	摄［氏度］	℃		
光通量	流［明］	lm	$cd \cdot sr$	
光照度	勒［克斯］	lx	$lm \cdot m^{-2}$	
放射性活度	贝可［勒尔］	Bq	s^{-2}	
吸收剂量	戈［瑞］	Gy	$J \cdot kg^{-1}$	
剂量当量	希［沃特］	Sv	$J \cdot kg^{-1}$	

B.2　一些常用的物理数据表

附表 B-2-1　基本的和重要的物理常数表

名　称	符　号	数　值	单位符号
真空中的光速	c	$2.997\ 924\ 58\times10^{8}$	$m \cdot s^{-1}$
基本电荷	e	$1.602\ 189\ 2\times10^{-19}$	C
电子的静止质量	m_0	$9.109\ 534\times10^{-31}$	kg
中子的质量	m_n	1.675×10^{-27}	kg
质子的质量	m_p	1.675×10^{-27}	kg
原子质量单位	u	$1.660\ 565\ 5\times10^{-27}$	kg
普朗克常数	h	$6.626\ 176\times10^{-34}$ 或 4.136×10^{-15}	$J \cdot s$ $eV \cdot s$
阿伏伽德罗常数	N_0	$6.022\ 045\times10^{-23}$	mol^{-1}
摩尔气体常数	R	$8.314\ 41$	$J \cdot mol^{-1} \cdot K^{-1}$
玻尔兹曼常数	k	$1.318\ 066\ 2\times10^{-23}$ 或 8.617×10^{-15}	$J \cdot K^{-1}$ $eV \cdot K^{-1}$
万有引力常数	G	6.67×10^{-11}	$N \cdot m^2 \cdot kg^{-2}$
法拉第常数	F	$9.648\ 456\times10^{4}$	$C \cdot mol^{-1}$
热功当量	Q	4.186	$J \cdot cal^{-1}$
里德堡常数	R_∞ R_H	$1.097\ 383\ 177\times10^{7}$ $1.096\ 775\ 76\times10^{7}$	m^{-1}
洛喜密德常数	n	$2.687\ 19\times10^{25}$	m^{-1}
库仑常数	$e^2/4\pi\varepsilon_0$	14.42	$eV \cdot Å$
电子荷质比	e/m_e	$1.758\ 804\ 7\times10^{11}$	$C \cdot kg^{-1}$
电子经典半径	$r_e = e^2/4\pi\varepsilon_0 Mc^2$	2.818×10^{-13}	m
电子静止能量	$m_e c^2$	0.5110	MeV
质子静止能量	$m_p c^2$	938.3	MeV
原子质量单位的等价能量	Mc^2	9315	MeV
电子的康普照顿波长	$\lambda_c = h/Mc$	2.426×10^{-12}	m
电子磁矩	$\mu = E\pi/2M$	0.9273×10^{-23}	$J \cdot m^2 \cdot Wb^{-1}$
玻尔半径	$a = 4\pi\varepsilon_0 h^2/me^2$	0.5292×10^{-10}	m

续表

名　称	符　号	数　值	单位符号
标准大气压	p_0	101 325	Pa
冰点绝对温度	T_0	273.15	K
标准状态下声音在空气中的速度	c	331.46	$m \cdot s^{-1}$
标准状态下干燥空气密度	$\rho_{空气}$	1.293	$kg \cdot m^{-3}$
标准状态下水银密度	$\rho_{水银}$	13 595.04	$kg \cdot m^{-3}$
标准状态下理想气体的摩尔体积	V_m	$22.413\,83 \times 10^{-3}$	$m^3 \cdot mol^{-1}$
真空介电常数(电容率)	ε_0	$8.954\,188 \times 10^{-22}$	$F \cdot m^{-1}$
真空的磁导率	μ_0	$12.566\,371 \times 10^{-7}$	$H \cdot m^{-1}$
钠光谱中黄线波长	D	589.3×10^{-7} $\left(\begin{array}{l} D_1\,589.0 \times 10^{-9} \\ D_2\,589.6 \times 10^{-9} \end{array}\right)$	m
在15℃、101 325 Pa时镉光谱中红线的波长	λ_{cd}	$643.846\,96 \times 10^{-9}$	m

转换因子

$1\ eV = 1.602 \times 10^{-19}\ J$

$1\ \text{Å} = 10^{-10}\ m$

$1\ u = 1.661 \times 10^{-27}\ kg$

附表 B-2-2　在标准大气压下不同温度的水的密度

温度 $t/℃$	密度 $\rho/(kg \cdot m^{-3})$	温度 $t/℃$	密度 $\rho/(kg \cdot m^{-3})$	温度 $t/℃$	密度 $\rho/(kg \cdot m^{-3})$
0	999.841	17	998.774	34	994.371
1	999.900	18	998.595	35	994.031
2	999.941	19	998.405	36	993.68
3	999.965	20	998.203	37	993.33
4	999.973	21	997.992	38	992.96
5	999.965	22	997.770	39	992.59
6	999.941	23	997.638	40	995.21
7	999.902	24	997.296	41	991.83
8	999.849	25	997.044	42	991.44
9	999.781	26	996.783	50	988.04
10	999.700	27	996.512	60	983.21
11	999.605	28	996.232	70	977.78
12	999.498	29	995.944	80	971.80
13	999.377	30	995.646	90	965.31
14	999.244	31	995.340	100	958.35
15	999.099	32	995.025		
16	998.943	33	994.702		

附表 B-2-3　在 20℃时常用固体和液体的密度

物质	密度 $\rho/(\mathrm{kg \cdot m^{-3}})$	物质	密度 $\rho/(\mathrm{kg \cdot m^{-3}})$
铝	2698.9	水晶玻璃	2900～3000
铜	8960	窗玻璃	2400～2700
铁	7874	冰(0℃)	800～920
银	10 500	甲醇	792
金	19 320	乙醇	789.4
钨	19 300	乙醚	714
铂	21 450	汽车用汽油	710～720
铅	11 350	氟利昂-12(氟氯烷-12)	1329
锡	7298	变压器油	840～890
水银	13 546.2	甘油	1060
钢	7600～7900	蜂蜜	1435
石英	2500～2800		

附表 B-2-4　气体的密度(在 101 325 Pa,0℃下)

物质	密度 $\rho/(\mathrm{kg \cdot m^{-3}})$	物质	密度 $\rho/(\mathrm{kg \cdot m^{-3}})$
Ar	1.7837	Cl_2	3.214
H_2	0.0899	NH_3	0.7710
He	0.1785	乙炔	1.173
Ne	0.9003	乙烷	1.356(10℃)
N_2	1.2505	甲烷	0.7168
O_2	1.4290	丙烷	2.009
CO_2	1.977		

附表 B-2-5　液体的黏度　　　　　　　　　　10^{-4} Pa · s

温度 $t/℃$	水	水银	乙醇	氯苯	苯	四氯化碳
0	17.94	16.85	18.43	10.56	9.12	13.5
10	13.10	16.15	15.25	9.15	7.58	11.3
20	10.09	15.54	12.0	8.02	6.52	9.7
30	8.00	14.99	9.91	7.09	5.64	8.4
40	6.54	14.50	8.29	6.35	5.03	7.4
50	5.49	14.07	7.06	5.74	4.42	6.5
60	4.70	13.67	5.91	5.20	3.91	5.9
70	4.07	13.31	5.03	4.76	3.54	5.2
80	3.57	12.98	4.35	4.38	3.23	4.7
90	3.17	12.68	3.76	3.97	2.86	4.3
100	2.84	12.40	3.25	3.67	2.61	3.9

附表 B-2-6   液体的黏度

液体	温度 $t/℃$	黏度 $\eta/(10^{-4}\ Pa \cdot s)$	液体	温度 $t/℃$	黏度 $\eta/(10^{-4}\ Pa \cdot s)$
汽油	0	1788	甘油	-20	134×10^6 B
	18	530		0	121×10^5
甲醇	0	717		20	1499×10^3
	20	584		100	12 945
乙醇	-20	2780	蜂蜜	20	650×10^4
	0	1780		80	100×10^8
	20	1190	鱼肝油	20	45 600
乙醚	0	296		80	4600
	20	243	水银	-20	1855
变压器油	20	19 800		0	1685
蓖麻油	10	242×10^4		20	1554
葵花油	20	5000		100	1224

附表 B-2-7   在不同温度下与空气接触的水的表面张力系数

温度/℃	表面张力系数/$(10^{-3}\ N \cdot m^{-1})$	温度/℃	表面张力系数/$(10^{-3}\ N \cdot m^{-1})$
0	75.62	20	72.75
5	74.90	21	72.60
6	74.76	22	72.44
8	74.48	23	72.28
10	74.20	24	72.12
11	74.07	25	71.96
12	73.92	30	71.15
13	73.78	40	69.55
14	73.64	50	67.90
15	73.48	60	66.17
16	73.34	70	64.41
17	73.20	80	62.60
18	73.05	90	60.74
19	72.89	100	58.84

附表 B-2-8   在 20℃ 时与空气接触的液体的表面张力系数

液体	表面张力系数/$(10^{-3}\ N \cdot m^{-1})$	液体	表面张力系数/$(10^{-3}\ N \cdot m^{-1})$
航空汽油(10℃)	21	甘油	63
石油	30	水银	513
煤油	24	甲醇(20℃)	22.6
松节油	28.8	甲醇(0℃)	24.5
水	72.75	乙醇(20℃)	22.0
肥皂溶液	40	乙醇(60℃)	18.4
氟利昂-12	9.0	乙醇(0℃)	24.1
蓖麻油	36.4		

附表 B-2-9   固体中的声速（沿棒传播的纵波）

固体	声速/(m·s⁻¹)	固体	声速/(m·s⁻¹)
铝	5000	锡	2730
黄铜(Cu70%,Zn30%)	3480	钨	4320
铜	3750	锌	3850
硬铝	5150	银	2680
金	2030	硼硅酸玻璃	5170
电解铁	5120	重硅钾铅玻璃	3720
铅	1210	轻氯铜银冕玻璃	4540
镁	4940	丙烯树脂	1840
莫涅尔合金	4400	呢绒	1800
镍	4900	聚乙烯	920
铂	2800	聚苯乙烯	2240
不锈钢	5000	熔融石英	5760

附表 B-2-10   液体中的声速（20℃）

液体	声速/(m·s⁻¹)	液体	声速/(m·s⁻¹)
CCl_4	935	$C_3H_8O_3$(甘油)	1923
C_6H_6	1324	CH_3OH	1121
$CHBr_3$	928	C_2H_5OH	1168
$C_6H_5CH_3$	1327.5	CS_2	1158.0
CH_3COCH_3	1190	H_2O	1482.9
$CHCl_3$	1002.5	Hg	1451.0
C_6H_5Cl	1284.5	NaCl(4.8%水溶液)	1542

附表 B-2-11   气体中的声速（在 101 325 Pa,0℃ 下）

气体	声速/(m·s⁻¹)	气体	声速/(m·s⁻¹)
空气	331.45	H_2O(水蒸气)(100℃)	404.8
Ar	319	He	970
CH_4	432	N_2	337
C_2H_4	314	NH_3	415
CO	337.1	NO	325
CO_2	258.0	N_2O	261.8
CS_2	189	Ne	435
Cl_2	205.3	O_2	317.2
H_2	1269.5		

附表 B-2-12   在水平面上不同纬度处的加速度[*]

纬度 φ/(°)	g/(m·s⁻²)	纬度 φ/(°)	g/(m·s⁻²)
0	9.780 49	20	9.786 52
5	9.780 88	25	9.789 69
10	9.780 24	30	9.793 38
15	9.783 94	35	9.797 46

续表

纬度 $\varphi/(°)$	$g/(m \cdot s^{-2})$	纬度 $\varphi/(°)$	$g/(m \cdot s^{-2})$
40	9.801 80	70	9.826 14
45	9.806 29	75	9.828 73
50	9.810 79	80	9.830 65
55	9.815 15	85	9.831 82
60	9.819 24	90	9.832 21
65	9.822 94		

* 表中所列的数值系根据公式 $g=9.780\,49(1+0.005\,288\,\sin^2\varphi-0.000\,006\,\sin^2 2\varphi)$ 算出，其中 φ 为纬度。

附表 B-2-13   在 20℃时某些金属的弹性模量(杨氏模量*)

金属	杨氏模量 Y	
	吉帕/GPa	牛顿·米^2/(N·m^{-2})
铝	70.00~71.00	7.000~7.100×10^{10}
钨	415.0	4.150×10^{11}
铁	190.0~210.0	1.900~2.100×10^{11}
铜	105.0~130.0	1.050~1.300×10^{11}
金	79.00	7.900×10^{10}
银	70.00~82.00	7.000~8.200×10^{10}
锌	800.0	8.000×10^{10}
镍	205.0	2.050×10^{11}
铬	240.0~250.0	2.400×10^{11}
合金钢	210.0~220.0	2.100~2.200×10^{11}
碳钢	200.0~210.0	2.000~2.100×10^{11}
康铜	163.0	1.630×10^{11}

* 杨氏弹性模量的值与材料的结构、化学成分及加工制造方法有关，因此在某些情况下，Y 的值可能跟表中所列的平均值不同。

附表 B-2-14   固体的比热容

物质	温度/℃	比 热 容	
		kcal/(kg·K)	kJ/(kg·K)
铝	—	0.214	0.895
黄铜	20	0.0917	0.380
铜	20	0.092	0.385
铂	20	0.032	0.134
生铁	20	0.013	0.54
铁	0~100	0.115	0.481
铅	20	0.0306	0.130
镍	20	0.115	0.481
银	20	0.056	0.234
钢	20	0.107	0.477
锌	20	0.093	0.389
玻璃	20	0.14~0.22	0.585~0.920

续表

物质	温度/℃	比 热 容	
		kcal/(kg·K)	kJ/(kg·K)
冰	0	0.43	1.797
水	−40～0	0.999	4.176

附表 B-2-15　某些金属或合金的电阻率及其温度系数 *

金属或合金	电阻率/($\mu\Omega$·m)	温度系数/℃$^{-1}$	金属或合金	电阻率/($\mu\Omega$·m)	温度系数/℃$^{-1}$
铝	0.028	42×10^{-4}	锌	0.059	42×10^{-4}
铜	0.0172	43×10^{-4}	锡	0.12	44×10^{-4}
银	0.016	40×10^{-4}	水银	0.958	10×10^{-4}
金	0.024	40×10^{-4}	武德合金	0.52	37×10^{-4}
铁	0.098	60×10^{-4}	钢(0.10％～0.15％碳)	0.10～0.14	6×10^{-3}
铅	0.205	37×10^{-4}	康铜	0.47～0.51	$(-0.04～0.01)\times10^{-3}$
铂	0.105	39×10^{-4}	铜锰镍合金	0.34～1.00	$(-0.03～0.02)\times10^{-3}$
钨	0.055	48×10^{-4}	镍铬合金	0.98～1.10	$(0.03～0.4)\times10^{-3}$

* 电阻率与金属中的杂质有关,因此表中列出的只是 20℃时电阻率的平均值。